一流本科专业一流本科课程建设系列教材

数字电子技术

姜春玲　田中俊　崔祥霞　编　著

本书配有以下教学资源：电子课件、课后习题答案和各章自测题答案

U0179459

机械工业出版社

本书按照教育部数字电子技术基础课程教学基本要求，基于优质的线上课程，建设了丰富的学习资源，是一本互联网+新形态一体化教材。

全书共9章，包括逻辑代数的基本知识、组合逻辑电路的实现、常用组合逻辑器件、时序逻辑电路的实现、常用时序逻辑器件、脉冲波形的产生和整形电路、数/模和模/数转换、半导体存储器与可编程逻辑器件、综合项目设计。每章均配有思维导图、项目研究、仿真电路、拓展链接等。

本书可作为应用型本科院校电子信息、自动化、计算机、电气等相关专业的基础课教材，也可作为相关专业学生的自学参考书和培训教材。

本书配有电子课件、习题答案等教学资源，欢迎选用本书作为教材的教师登录www.cmpedu.com注册后下载。

图书在版编目（CIP）数据

数字电子技术/姜春玲，田中俊，崔祥霞编著. —北京：机械工业出版社，2022.12（2025.1重印）
一流本科专业一流本科课程建设系列教材
ISBN 978-7-111-71793-5

Ⅰ.①数… Ⅱ.①姜… ②田… ③崔… Ⅲ.①数字电路-电子技术-高等学校-教材 Ⅳ.①TN79

中国版本图书馆CIP数据核字（2022）第188027号

机械工业出版社（北京市百万庄大街22号　邮政编码100037）
策划编辑：吉　玲　　　　　责任编辑：吉　玲　王　荣
责任校对：潘　蕊　王明欣　封面设计：张　静
责任印制：常天培
北京机工印刷厂有限公司印刷
2025年1月第1版第4次印刷
184mm×260mm · 15印张 · 371千字
标准书号：ISBN 978-7-111-71793-5
定价：43.80元

电话服务　　　　　　　　　网络服务
客服电话：010-88361066　　机　工　官　网：www.cmpbook.com
　　　　　010-88379833　　机　工　官　博：weibo.com/cmp1952
　　　　　010-68326294　　金　书　网：www.golden-book.com
封底无防伪标均为盗版　机工教育服务网：www.cmpedu.com

前　言

我们生活的这个时代是一个科技的时代，更是一个信息的时代，联系科技和信息的就是数字化的发展。所谓数字化，就是运用计算机将信息转化为 0 和 1 的过程，数字技术正在渗入到人们生活的各个领域，数字电子技术的知识、理论和方法在相关专业中越来越重要。

本书基于山东省一流线上课程"数字电子技术"编写而成，配有相关视频、电子课件、习题答案等，可以登录"国家高等教育智慧教育平台""山东省高等学校在线开放课程平台"或"智慧树"网站，下载相关资源。

本书内容力求通俗易懂，注重数字集成电路的实际应用。本书按照项目引导、任务驱动的方式和教、学、做一体化的原则编写，将思政内容与相关知识点进行了有机的融合。本书以中、小规模集成电路为主，适当介绍了大规模集成电路，拓展了 VHDL 语言编程应用。每一章都以思维导图做引导，给出学习目标，每个知识点都提出了思考问题，并可通过扫描二维码观看相关视频，还配备了自测题及课后思考与练习。前 7 章分别提出了一个项目研究，并在章末给出了设计电路和仿真电路运行。每章的最后还给出了拓展链接，展示了相关领域的新技术和中国成就。第 9 章介绍了两个综合项目设计。

本书系统性和实用性强，内容覆盖面广，可作为应用型本科院校电子信息、计算机、自动化、电气等专业的基础课教材，也可作为相关专业学生的自学参考书和培训教材。

本书由姜春玲、田中俊、崔祥霞共同完成编写工作，其中，姜春玲编写了绪论部分和第 1~6 章，田中俊编写了第 7~9 章，崔祥霞编写了思考与练习部分。在编写过程中很多老师提出了宝贵的建议，指出了初稿的不足之处，并提出了修改意见，在此表示衷心的感谢。本书在编写过程中除了结合编者自己的相关研究成果，还参考了其他文献资料，对这些参考文献的作者一并致以诚挚的感谢。

由于编者水平有限，书中难免会有疏漏和错误之处，殷切希望读者多提宝贵意见，并批评指正。

编　者

目　录

绪　　论

当今世界，在计算机、工业自动化、交通、电信、家用电器等几乎所有的领域中，数字技术都得到了广泛应用。通过本书的学习，可掌握数字电子技术的基本知识，并能将所学到的知识应用于数字系统的分析和设计中。

1. 模拟量和数字量

自然界中存在的物理量千变万化，但就其变化规律而言，可以分成连续量和离散量两大类，通常把连续量称为模拟量，离散量称为数字量。

0绪论

模拟量是指在时间上和幅度上都连续变化的物理量，把表示模拟量的信号称为模拟信号，并把工作在模拟信号下的电子电路称为模拟电路。如一天中的温度是连续变化的模拟量，热电偶测温度时输出的电压或电流信号就是一种模拟信号。

数字量是指时间上和幅度上都不连续变化的物理量，或者说离散的物理量。数字量数值的大小和每次的增减变化都是某一个最小量单位的整数倍，而小于这个最小量单位的数值没有任何物理意义。如人口统计的数量得到的就是一个数字量，最小数量单位为"1"，代表"一个"人，小于1的数值没有任何物理意义。表示数字量的信号称为数字信号，以处理数字信号方式工作的电路称为数字电路。

在计算机控制系统中，控制对象一般为非电量，如温度、压力、位移等，首先由传感器将它们转化成连续变化的模拟量，再由模/数转换器转换成数字量，送到计算机中进行处理和计算。处理后要经过数/模转换器将计算机输出的数字量转换成模拟量，加到执行机构，以调节控制对象的大小。计算机控制系统框图如图0-1所示。

2. 数字信号的表示

数字信号的表示方式可以有以下几种：

1）采用二值数字0和1来表示，0为逻辑0，1为逻辑1。

2）采用逻辑电平来表示，即 H 和 L。

3）采用数字信号波形来表示，如图0-2所示。

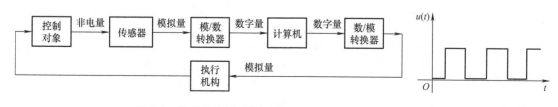

图 0-1　计算机控制系统框图　　　　　　　　　　　图 0-2　数字信号波形

3. 数字电路的特点

1）工作信号是二进制的数字信号，在时间上和数值上是离散的（不连续），反映在电路上就是低电平和高电平两种状态（即0和1两个逻辑值）。

由于数字信号是二值信号，因此在数字信号运算时采用二进制计数制，与人们习惯的十进制有所不同。

2）在数字电路中，研究的主要问题是电路的逻辑功能，即输入信号的状态和输出信号的状态之间的关系。

3）对组成数字电路的元器件的精度要求不高，只要在工作时能够可靠地区分0和1两种状态即可。

相对于模拟电路而言，数字电路具有误差小、抗干扰能力强、精度高、信号容易保存等优点。

4. 数字电路主要研究的内容

本书主要研究的内容包括：逻辑代数的基本知识、组合逻辑电路和时序逻辑电路的分析与设计、脉冲信号产生与整形电路以及模/数、数/模转换电路。

在数字电路中使用的器件往往是集成电路，集成电路按规模可分为：小、中、大、超大、甚大等规模。

1）小规模IC（Small Scale IC，SSI）：出现于1965年，每片集成块中包含10个以下的门电路，主要产品有：门电路和触发器（Flip Flop）等。

2）中规模IC（Medium Scale IC，MSI）：1970年开始使用，每片集成块中包含10~100个门电路，主要产品有：逻辑功能部件、4位ALU（8位寄存器）等。

3）大规模IC（Large Scale IC，LSI）：出现于1976年，每片集成块中包含100~1000个门电路，主要产品有：规模更大的功能部件、存储器、8位CPU等。

4）超大规模IC（Very Large Scale IC，VLSI）：20世纪80年代初开始应用，每片集成块中包含1000个以上的门电路，主要产品如多个子系统集成等。

5）甚大规模IC（Ultra Large Scale IC，ULSI）：如微处理器等。

本书主要以小规模和中规模集成器件为主。

集成电路按半导体制造工艺可分为：双极型和单极型。本书中双极型主要介绍了TTL电路，单极型主要介绍了CMOS电路。目前，在大规模的集成电路中以CMOS电路为主。

本书总体内容结构如图0-3所示。

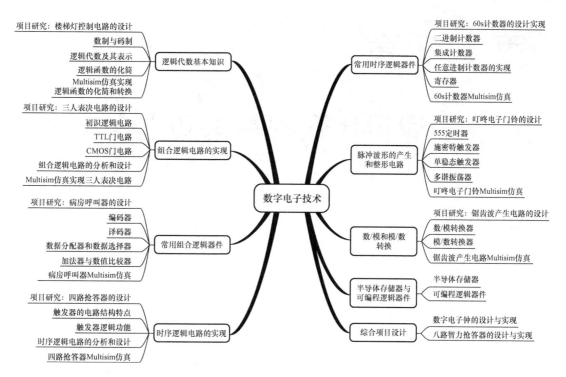

图 0-3　课程总体内容结构

第 1 章

逻辑代数的基本知识

☑ 内容及目标

◆ 本章内容

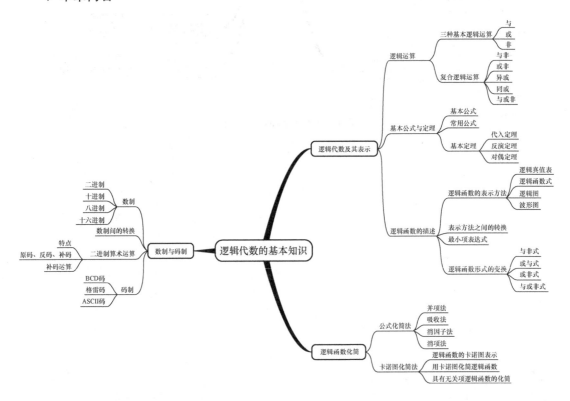

◆ 学习目标

1. 知识目标

1）了解常用数制及其转换。

2）掌握逻辑代数及其运算规则。

3）掌握逻辑函数的表示方法及各种形式。

4）掌握逻辑函数化简的方法。

2. 能力目标

1）熟练实现逻辑函数的化简。

2）掌握逻辑函数各种表示方法之间相互转换，以及逻辑函数形式变换的能力。

3. 价值目标

1）了解中国古代文化，增强文化自信。

2）建立努力拼搏，为国争光的意识。

 项目研究：楼梯灯控制电路的设计

1. 任务描述

设计一个楼上、楼下开关都能控制楼梯灯打开和关闭的控制电路，使得在上楼前可以用楼下的开关打开灯，上楼后能用楼上开关关闭灯；反之可以在下楼前用楼上的开关打开灯，下楼后用楼下的开关关闭灯。

2. 任务要求

1）根据任务描述列出真值表。

2）写出逻辑函数最简表达式。

3）画出逻辑电路图。

如何把实际的问题抽象为逻辑函数来描述，需要首先学习一些逻辑代数的基本知识。本章将要学习以下内容：数制与码制、二进制算术运算、逻辑代数的相关知识以及逻辑函数的表示及化简。

1.1　数制与码制

本节思考问题：

1）有几种常用的数制形式？分别如何表示？各种进制之间如何转换？

2）二进制算术运算可以由哪两种操作实现？

3）正数和负数的反码、补码如何得到？如何利用补码实现两个二进制数减法运算？

4）什么是 BCD 码？常用的 BCD 码有哪些？8421 码、2421 码、5211 码、余 3 码、余 3 循环码在编码规则上各有何特点？

5）格雷码有什么特点？格雷码与二进制码对应关系是怎样的？

1.1.1　数制

表示数时，仅用一位数码往往不够用，必须用进位计数的方法组成多位数码。多位数码每一位的构成以及从低位到高位的进位规则称为进位计数制，简称数制。常用的数制有：十进制、二进制、八进制、十六进制等。

1.1.1 数制

基数：进位制的基数，就是在该进位制中可能用到的数码个数。

位权：在某一进位制的数中，每一位的大小都对应着该位上的数码乘上一个固定的数，这个固定的数就是这一位的权数，权数是一个幂。

1. 十进制

十进制是日常生活和工作中最常使用的进位计数制。在十进制数中，每一位有 0~9 十个数码，所以计数的基数是 10，其进位规则是"逢十进一"。可以用字母 D（Decimal）表示十进制数。

任意一个十进制数 N 的按权展开式为

$$(N)_D = \sum k_i \times 10^i$$

式中，k_i 是第 i 位的系数，若整数部分的位数是 n，小数部分的位数为 m，则 i 包含从 $n-1$ 到 0 的所有正整数和从 -1 到 $-m$ 的所有负整数。

例如：

$$(213.05)_{10} = 2 \times 10^2 + 1 \times 10^1 + 3 \times 10^0 + 0 \times 10^{-1} + 5 \times 10^{-2}$$

2. 二进制

目前在数字电路中应用最广泛的是二进制，二进制可以说是信息时代电子计算机运用的计算基础。

在二进制数中，每一位仅有 0 和 1 两个可能出现的数码，所以计数基数为 2，进位规则是"逢二进一"，即：$1 + 1 = 10$。可以用字母 B（Binary）表示二进制数。

任意一个二进制数均可展开为

$$(N)_B = \sum k_i \times 2^i$$

例如：

$$(110.01)_2 = 1 \times 2^2 + 1 \times 2^1 + 0 \times 2^0 + 0 \times 2^{-1} + 1 \times 2^{-2} = (6.25)_{10}$$

3. 八进制

在某些场合有时也使用八进制。八进制数的每一位有 0~7 八个不同的数码，计数的基数为 8，进位规则是"逢八进一"，即：$7 + 1 = 10$。可以用字母 O（Octal）表示八进制数。

任意一个八进制数均可展开为

$$(N)_O = \sum k_i \times 8^i$$

例如：

$$(125.04)_8 = 1 \times 8^2 + 2 \times 8^1 + 5 \times 8^0 + 0 \times 8^{-1} + 4 \times 8^{-2} = (85.0625)_{10}$$

4. 十六进制

十六进制数的每一位有 16 个不同的数码，分别用数字 0~9 和字母 A~F 表示，实际上字母 A~F 对应十进制数中的 10~15。十六进制基数为 16，进位规则是"逢十六进一"，即：$F + 1 = 10$。可以用字母 H（Hexadecimal）表示十六进制数。十六进制可以用来表示处理器里的寄存器、存储器的地址、数据。

任意一个十六进制数均可展开为

$$(N)_H = \sum k_i \times 16^i$$

例如：

$$(1B.7E)_{16} = 1 \times 16^1 + 11 \times 16^0 + 7 \times 16^{-1} + 14 \times 16^{-2} = (27.4921875)_{10}$$

十进制数 0~15 与等值二进制、八进制、十六进制数的对照表，见表 1-1。

大家知道有一个成语"半斤八两"，这里半斤等于八两，是因为我国古代的一斤有十六两，采取的是十六进制。相传古代秤杆一斤有 16 颗星，分别代表北斗七星、南斗六星，加上旁边的福、禄、寿三星。卖东西时少一两，福星就减福；少给二两，禄星就减禄，少给三两，寿星就减寿。告诫人们诚信为本，不可欺诈。

表 1-1　不同进制数的对照表

十进制（Decimal）	二进制（Binary）	八进制（Octal）	十六进制（Hexadecimal）
0	0000	0	0
1	0001	1	1
2	0010	2	2
3	0011	3	3
4	0100	4	4
5	0101	5	5
6	0110	6	6
7	0111	7	7
8	1000	10	8
9	1001	11	9
10	1010	12	A
11	1011	13	B
12	1100	14	C
13	1101	15	D
14	1110	16	E
15	1111	17	F

1.1.2　数制间的转换

1.1.2 数制间的转换

1. 二进制转换为十进制

方法：将二进制数按权展开再相加，即可以转换为十进制数。

例如：

$$(1001.11)_2 = 1 \times 2^3 + 0 \times 2^2 + 0 \times 2^1 + 1 \times 2^0 + 1 \times 2^{-1} + 1 \times 2^{-2} = (9.75)_{10}$$

2. 十进制转换为二进制

方法：基数连除、连乘法。将整数部分和小数部分分别进行转换，整数部分采用"基数连除取余"，小数部分采用"基数连乘取整"，将两部分合并后即得到完整的结果。

具体到十进制转换成二进制，即为"整数部分除 2 取余，小数部分乘 2 取整"。例如：将十进制数 $(44.375)_{10}$ 转换为二进制数。

$$
\begin{array}{r|l}
2 & 44 \\
2 & 22 \\
2 & 11 \\
2 & 5 \\
2 & 2 \\
2 & 1 \\
\hline
& 0
\end{array}
$$

2 | 44 …… 余数 $0=K_0$　低位
2 | 22 …… 余数 $0=K_1$　↑
2 | 11 …… 余数 $1=K_2$
2 | 5 …… 余数 $1=K_3$
2 | 2 …… 余数 $0=K_4$
2 | 1 …… 余数 $1=K_5$
　 0　　　　　　　　　　　高位

　　　　　0.375
　　　　 × 2　　　　整数　高位
　　　　0.750 …… $0=K_{-1}$
　　　　0.750
　　　　 × 2
　　　　1.500 …… $1=K_{-2}$
　　　　0.500
　　　　 × 2　　　　　　　↓
　　　　1.000 …… $1=K_{-3}$　低位

因此，$(44.375)_{10} = (101100.011)_2$。

3. 二进制转换为十六进制

方法：将二进制数由小数点开始，整数部分向左，小数部分向右，每 4 位分成一组，不够 4 位补零，则每组二进制数便是一位十六进制数。

例如：将 $(1101101.11100011)_2$ 转换为十六进制数，即

$$(0110\ 1101.1110\ 0011)_2 = (6D.E3)_{16}$$

4. 十六进制转换为二进制

方法：将每位十六进制数用 4 位二进制数表示即可。

例如：将 $(5E9.B7)_{16}$ 转换为二进制数，即

$$(5E9.B7)_{16} = (0101\ 1110\ 1001.1011\ 0111)_2$$

5. 八进制与二进制之间的转换

方法：二进制数与八进制数的相互转换，按照每 3 位二进制数对应于一位八进制数进行转换，不够 3 位补零，则每组二进制数便对应一位八进制数。

例如：$(1001110.01)_2$ 转换为八进制数，即

$$(001\ 001\ 110.010)_2 = (116.2)_8$$
$$(216.53)_8 = (010\ 001\ 110.101\ 011)_2$$

将十进制数转换成八进制数或者十六进制数时，可先转换成二进制数，再将得到的二进制数转换成等值的八进制数或者十六进制数。

1.1.3 二进制算术运算

1. 二进制算术运算的特点

二进制算术运算和十进制算术运算规则基本相同，区别是"逢二进一"。下面以两个二进制数 1001 和 0101 为例，来观察二进制加、减、乘、除运算的特点。

```
加法运算          减法运算         乘法运算              除法运算

                                                            1.11…
                                                      0101)1001
                                                           0101
                                    1001                   1000
                                  × 0101                    0101
                                    1001                    0110
                                    0000                    0101
        1001        1001            1001                    0110
      + 0101      - 0101            0000                    0101
        1110        0100          0101101                    0010
```

从上面的例子可以看出二进制运算的两个特点，即二进制数的乘法运算可以通过若干次的"被乘数（或零）左移 1 位"和"被乘数（或零）与部分积相加"这两种操作完成；而二进制的除法运算可以通过若干次的"除数右移 1 位"和"从被除数或余数中减去除数"这两种操作完成。

如果再能设法将减法操作转化为某种形式的加法操作，那么加、减、乘、除运算就全部可以用"移位"和"相加"两种操作实现了。利用上述特点能使运算电路的结构大为简化。

2. 原码、反码和补码及其运算

原码：最高位作为符号位，正数为 0，负数为 1。

反码：对于一个带符号的数来说，正数的反码与其原码相同，负数的反码为其原码除符号位以外的各位按位取反。

补码：正数的补码与其原码相同，负数的补码是在其反码的最低位加 1。

当前的计算机系统使用的基本上是二进制系统，数据在计算机中主要是以补码的形式存储的。两个二进制数的减法运算可以用其补码相加来实现。

【例 1-1】 计算 $(1001)_2 - (0101)_2$

解：

$$
\begin{array}{ccc}
1001 & \xrightarrow{\text{补码}} & 01001 \\
-\ 0101 & \xrightarrow{\text{补码}} & +\ 11011 \\
\hline
0100 & \xrightarrow{\text{减法变加法}} & 1\!\!\!\bigcirc00100 \quad \text{舍去}
\end{array}
$$

两个补码表示的二进制数相加时的符号位讨论：将两个加数的符号位和来自最高位数字位的进位相加，结果就是和的符号。

1.1.4 码制

1.1.4 码制

用特定的数码来表示不同事物的过程称为编码。日常生活中关于编码的实例很多，如计算机、手机等，都是通过编码的原理将输入操作转换为设备能够识别的二进制代码。经过编码后得到的特定数码已经没有表示数量大小的含义，只是表示不同事物的代号，这些数码通常称为代码。例如在举行体育比赛时，为便于识别运动员，通常给每个运动员编一个号码，这些号码仅仅表示不同的运动员，还有同学们的学号也是一种编码，都已经失去了数量大小的含义。

为便于记忆和处理，在编制代码时总要遵循一定的规则，从而形成不同的编码形式。数字电路中常用的编码为二进制编码，常见的二进制编码有 BCD 码、格雷码、ASCII 码等。

1. 二-十进制码（BCD 码）

人们日常生活中习惯使用十进制，而计算机硬件是基于二进制的，因此需要用二进制编码表示十进制的 0 ~ 9 十个码元，即 BCD（Binary Coded Decimal）码。

至少要用四位二进制数才能表示 0 ~ 9，因为四位二进制有 16 种组合。现在的问题是要在 16 种组合中挑出 10 个，分别表示 0 ~ 9，怎么挑呢？不同的挑法构成了不同的 BCD 码。表 1-2 中列出了常见的几种 BCD 码。

表 1-2 几种常见的 BCD 码

十进制数	8421 码	余 3 码	2421 码	5211 码	余 3 循环码
0	0000	0011	0000	0000	0010
1	0001	0100	0001	0001	0110
2	0010	0101	0010	0100	0111

（续）

十进制数	8421 码	余 3 码	2421 码	5211 码	余 3 循环码
3	0011	0110	0011	0101	0101
4	0100	0111	0100	0111	0100
5	0101	1000	1011	1000	1100
6	0110	1001	1100	1001	1101
7	0111	1010	1101	1100	1111
8	1000	1011	1110	1101	1110
9	1001	1100	1111	1111	1010
权	8421		2421	5211	

各种编码的特点如下：

1）8421 码是 BCD 编码中最常用的一种。用四位自然二进制码中的前十个码字来表示十进制数码，因各位的权值依次为 8、4、2、1，故称 8421 BCD 码，简称 8421 码。

比如，想要显示十进制数 25，可以用 8421BCD 码来表示这个十进制数为 00100101，然后利用两个数码管，第一个数码管输入 0010，第二个数码管输入 0101，此时就可以看到 25 这个数值的显示了。

2）余 3 码由 8421 码加 0011 得到，属于无权码。其特点是：当两个十进制数的和是 9 时，相应的余 3 码的和正好是 15，于是可自动产生进位信号，而无须修正。

余 3 码是一种对 9 的自补编码，因而可给运算带来方便。另外，在将两个余 3 码表示的十进制数相加时，能正确产生进位信号，但对"和"必须修正。修正的方法是：如果有进位，则结果加 3；如果无进位，则结果减 3。

3）2421 码的权值依次为 2、4、2、1，是一种对 9 的自补编码，即每一个 2421 码只要与自身按位取反，便可得到该数按 9 的补数的 2421 码，比如 4 的 2421 码 0100 自身取反后就变为了 1011，即 5 的 2421 码。2421 码可以给运算带来方便，因为可以利用其对 9 的补数将减法运算转变为加法运算。

4）5211 码的权值依次为 5、2、1、1。

5）余 3 循环码属于无权码，它的主要特点是相邻两个编码之间仅有一位不同。因此，按照余 3 循环码接成计数器时，每次状态转换过程中只有一个触发器翻转，译码时不会发生竞争-冒险现象。

2. 格雷码

格雷码又称循环码，是一种无权码。表 1-3 是 4 位格雷码与十进制数的对应关系，可以看出格雷码的特点是：

1）编码具有折叠反射特性，即最后一位的顺序为 01 10，01 10，…，倒数第 2 位的顺序为 0011，1100，0011，1100…，倒数第 3 位的顺序为 00001111，11110000。

2）任何相邻的两个码字中仅有一位代码不同，其他代码是一样的。

格雷码是一种具有反射特性和循环特性的单步自补码，其循环和单步特性消除了随机取数时出现重大错误的可能，其反射和自补特性使得对其进行求反操作也非常方便。所以，格雷码属于一种可靠性编码，是一种错误最小化的编码方式，其在通信和测量技术中得到广泛应用。

表1-3 4位格雷码与十进制数的对应关系

十进制数	格雷码	十进制数	格雷码
0	0000	8	1100
1	0001	9	1101
2	0011	10	1111
3	0010	11	1110
4	0110	12	1010
5	0111	13	1011
6	0101	14	1001
7	0100	15	1000

3. ASCII 码

计算机处理的数据不仅有数字，还有字母、符号等，把各种字符用二进制码表示出来的编码形式称为字符编码。常用的有 ASCII 码（美国信息交换标准代码），是基于拉丁字母的一套电脑编码系统，主要用于显示现代英语和其他西欧语言。基本的 ASCII 码字符集见表 1-4，共有 128 个字符，其中第 0 ~ 32 个字符（开头的 33 个字符）以及第 127 个字符（最后一个字符）都是不可见的（无法显示），但是它们都具有一些特殊功能，所以称为控制字符（Control Character）或者功能码（Function Code）。标准 ASCII 码使用 7 个二进制位对字符进行编码，但由于计算机基本处理单位为字节（1byte = 8bit），所以一般仍以一个字节来存放一个 ASCII 码字符。每一个字节中多余出来的一位（最高位）在计算机内部通常保持为 0（在数据传输时可用作奇偶校验位）。

表1-4 ASCII 码对照表

十六进制	十进制	字符	十六进制	十进制	字符	十六进制	十进制	字符	十六进制	十进制	字符
0	0	NUL	0C	12	FF	18	24	CAN	24	36	$
1	1	SOH	0D	13	CR	19	25	EM	25	37	%
2	2	STX	0E	14	SO	1A	26	SUB	26	38	&
3	3	ETX	0F	15	SI	1B	27	ESC	27	39	'
4	4	EOT	10	16	DLE	1C	28	FS	28	40	(
5	5	ENQ	11	17	DC1	1D	29	GS	29	41	)
6	6	ACK	12	18	DC2	1E	30	RS	2A	42	*
7	7	BEL	13	19	DC3	1F	31	US	2B	43	+
8	8	BS	14	20	DC4	20	32	SP	2C	44	,
9	9	HT	15	21	NAK	21	33	!	2D	45	–
0A	10	LF	16	22	SYN	22	34	"	2E	46	.
0B	11	VT	17	23	ETB	23	35	#	2F	47	/

（续）

十六进制	十进制	字符	十六进制	十进制	字符	十六进制	十进制	字符	十六进制	十进制	字符
30	48	0	44	68	D	58	88	X	6C	108	l
31	49	1	45	69	E	59	89	Y	6D	109	m
32	50	2	46	70	F	5A	90	Z	6E	110	n
33	51	3	47	71	G	5B	91	[	6F	111	o
34	52	4	48	72	H	5C	92	\	70	112	p
35	53	5	49	73	I	5D	93	]	71	113	q
36	54	6	4A	74	J	5E	94	^	72	114	r
37	55	7	4B	75	K	5F	95	_	73	115	s
38	56	8	4C	76	L	60	96	`	74	116	t
39	57	9	4D	77	M	61	97	a	75	117	u
3A	58	:	4E	78	N	62	98	b	76	118	v
3B	59	;	4F	79	O	63	99	c	77	119	w
3C	60	<	50	80	P	64	100	d	78	120	x
3D	61	=	51	81	Q	65	101	e	79	121	y
3E	62	>	52	82	R	66	102	f	7A	122	z
3F	63	?	53	83	S	67	103	g	7B	123	{
40	64	@	54	84	T	68	104	h	7C	124	|
41	65	A	55	85	U	69	105	i	7D	125	}
42	66	B	56	86	V	6A	106	j	7E	126	~
43	67	C	57	87	W	6B	107	k	7F	127	DEL

NUL：空	BEL：报警	SO：移出	NAK：否定	FS：文件分割	
SOH：标题开始	BS：退格	SI：移入	SYN：空转同步	GS：组分隔	
STX：正文开始	HT：横向制表	DLE：数据通信换码	CAN：作废	RS：记录分割	
ETX：文本结束	LF：换行	DC1：设备控制1	EM：媒体用毕	US：单元分割	
EOT：传输结束	VT：垂直制表	DC2：设备控制2	SUB：代替	SP：空格	
ENQ：询问	FF：换页	DC3：设备控制3	ESC：扩展	DEL：删除	
ACK：承认	CR：回车	DC4：设备控制4	ETB：信息块传输结束		

另外，1981年5月1日，我国发布了简体中文汉字编码国家标准 GB/T 2312—1980《信息交换用汉字编码字符集 基本集》，对汉字采用双字节编码，收录7445个图形字符，其中包括6763个汉字。感兴趣的读者可以上网查看汉字编码字符集对照表。

✏ **自测题**

1. ［单选题］一位十六进制数可以用（　　　）位二进制数来表示。
A. 1   B. 2   C. 4   D. 6

2. ［多选题］以下与二进制数1110等价的是（　　　）。

A. $(14)_{10}$　　　　　B. $(15)_{10}$　　　　　C. $(D)_{16}$　　　　　D. $(E)_{16}$

3. [单选题] 对43个学生以二进制编码表示，最少需要（　　）位二进制码。

A. 5　　　　　B. 6　　　　　C. 10　　　　　D. 50

4. [单选题] 十进制数34用8421 BCD码表示为（　　）。

A. 100010　　　B. 00100010　　　C. 01000011　　　D. 00110100

5. [单选题] 下列选项中属于8421 BCD码的是（　　）。

A. 1010　　　　B. 0101　　　　C. 1100　　　　D. 1101

1.2　逻辑代数及其表示

本节思考问题：

1）逻辑变量有几种取值？

2）说出3种基本逻辑运算和5种常用逻辑运算，并认识其真值表，写出逻辑式、逻辑图。

3）说出逻辑代数的17个基本公式、4个常用公式和3个基本定理。

4）如何求逻辑函数的反函数和对偶式？

5）说出逻辑函数的5种表示方法，并说明如何进行各种表示方法之间的转换？

6）什么是最小项？如何求逻辑函数的最小项表达式？

7）如何进行逻辑函数不同形式之间的转换？

逻辑代数是英国数学家乔治·布尔（George Boole）在19世纪中叶提出的，是用来描述客观事物之间逻辑关系的数学工具，故又称为布尔代数。后来香农（Shannon）将布尔代数用到开关矩阵电路中，因而又称为开关代数。现在，逻辑代数被广泛用于数字逻辑电路和计算机电路的分析与设计中，成为数字逻辑电路的理论基础，是数字电路分析和设计的数学工具。

和初等代数中变量用字母表示一样，逻辑代数中的变量也用字母 A、B、C 等表示，这种变量称为逻辑变量。逻辑变量只有"1"和"0"两种可能的取值，这里的"1"和"0"已不再表示数值的大小，而是代表完全对立的两种状态。

1.2.1　逻辑运算

1. 基本逻辑运算

逻辑代数中的基本逻辑关系有三种：与逻辑、或逻辑和非逻辑。与之相对应逻辑代数有三种基本的逻辑运算：与运算、或运算和非运算。

（1）**与逻辑**　为了便于理解与逻辑的含义，下面介绍一个简单的开关电路。

1.2.1基本逻辑运算

图1-1中，只要 A、B 两个开关中有一个是断开的，指示灯 Y 都不会亮，只有当 A、B 两个开关同时闭合时，指示灯 Y 才会亮。

如果把开关闭合作为条件，把灯亮作为结果，那么图1-1表明只有决定事物结果的全部条件同时具备时，结果才发生，这种因果关系称为**逻辑与**，也叫作**逻辑乘**。

在逻辑代数中，把与逻辑关系看作变量 A、B 之间的一种基本逻辑运算，简称**与运算**。

可写成：

$$Y = A \cdot B$$

若以 A、B 表示开关的状态，并以 1 表示开关闭合，以 0 表示开关断开；以 Y 表示指示灯的状态，并以 1 表示灯亮，以 0 表示不亮，则可以列出以 0 和 1 表示的与逻辑关系的图表，见表 1-5。这种图表叫作**逻辑真值表**（Truth Table），简称**真值表**。可见，所谓的真值表是指把逻辑变量的所有可能组合及其对应的结果列成表格的形式。

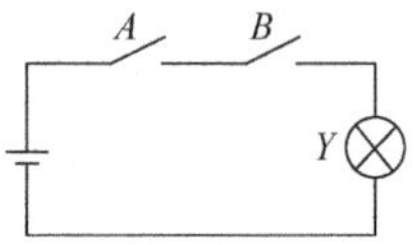

表 1-5　与逻辑真值表

A	B	Y
0	0	0
0	1	0
1	0	0
1	1	1

图 1-1　与逻辑开关图

由真值表可知，与运算规则是：输入全 1，输出才为 1。

因此，有：$0 \cdot 0 = 0$；$0 \cdot 1 = 0$；$1 \cdot 0 = 0$；$1 \cdot 1 = 1$。

逻辑运算可以用图形符号来表示，图 1-2 给出了被 IEEE（电气与电子工程师协会）和 IEC（国际电工协会）认定的两套与逻辑的图形符号。图 1-2a 是国标符号，图 1-2b 是目前国外教材和 EDA 软件中普遍使用的图形符号。本书采用国标符号。

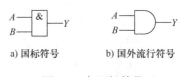

a) 国标符号　　b) 国外流行符号

图 1-2　与逻辑符号

（2）**或逻辑**　或逻辑可以用图 1-3 所示的开关电路来帮助理解。

图 1-3 中，A、B 两个开关只要其中一个或一个以上是闭合的，指示灯 Y 就会亮。这种条件与结果之间的关系称为**或逻辑**，也叫作**逻辑加**。

或逻辑的表达式为：

$$Y = A + B$$

和与逻辑的描述一样，以 A、B 表示开关的状态，并以 1 表示开关闭合，以 0 表示开关断开；以 Y 表示指示灯的状态，并以 1 表示灯亮，以 0 表示灯灭，则可以列出或逻辑关系的真值表，见表 1-6。

表 1-6　或逻辑真值表

A	B	Y
0	0	0
0	1	1
1	0	1
1	1	1

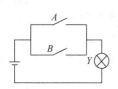

图 1-3　或逻辑开关图

由真值表可知，或运算规则是：输入有1，输出就为1。

因此，有：$0+0=0$；$0+1=1$；$1+0=1$；$1+1=1$。

或逻辑运算符号如图1-4所示。

（3）非逻辑 图1-5中，开关A闭合时，指示灯Y不亮；开关A断开时，指示灯Y反而亮。这种条件与结果之间的关系称为**非逻辑**，也叫作**逻辑求反**。非逻辑真值表见表1-7。

a)国标符号 b)国外流行符号

图1-4 或逻辑运算符号

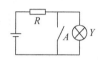

图1-5 非逻辑开关图

表 1-7 非逻辑真值表

A	Y
0	0
1	1

非逻辑的表达式为：

$$Y = \overline{A}$$

逻辑非的运算符号尚无统一标准。除了本书中采用$\overline{A}$表示非运算以外，目前在国内外的某些电子技术教材和EDA软件中，也采用A'、$\sim A$、$\neg A$表示A的非运算。用"'"作为非运算符号比起在变量上加横线的符号更便于计算机输入，尤其在逻辑运算式中存在多重非运算时，这种优越性就更加明显。因此，在教材和EDA软件中使用"'"作为非运算符号的越来越多了。

非运算规则是：输出与输入相反。因此，有：

$$\overline{0}=1 ; \overline{1}=0$$

非逻辑运算符号如图1-6所示。

a)国标符号 b)国外流行符号

2. 复合逻辑运算

图1-6 非逻辑运算符号

实际的问题往往比与、或、非复杂得多，不过它们都可以用与、或、非的组合来实现。最常见的复合逻辑运算有与非、或非、与或非、异或、同或等。表1-8给出了这些关系的真值表。图1-7是它们的图形符号和运算符号。

表 1-8 复合逻辑关系真值表

运算	与非		或非		异或		同或	
逻辑表达式	$Y=\overline{AB}$		$Y=\overline{A+B}$		$Y=A\oplus B$		$Y=A\odot B$	
真值表	$A\ \ B$	Y	$A\ \ B$	Y	$A\ \ B$	Y	$A\ \ B$	Y
	0 0	1	0 0	1	0 0	0	0 0	1
	0 1	1	0 1	0	0 1	1	0 1	0
	1 0	1	1 0	0	1 0	1	1 0	0
	1 1	0	1 1	0	1 1	0	1 1	1

由表1-8可见，将A、B先进行与运算，然后将结果求反，最后得到的为A、B与非运算结果。因此，可以把与非运算看作是与运算和非运算的组合。图1-7中图形符号上的小圆

圈表示非运算。

异或是这样一种逻辑关系：当 A、B 不同时，输出 Y 是 1；而当 A、B 相同时，输出 Y 是 0。异或也可以表示为：

$$Y = \overline{A}B + A\overline{B}$$

同或和异或相反，当 A、B 相同时，输出 Y 是 1；而当 A、B 不同时，输出 Y 是 0。同或也可以表示为：

$$Y = \overline{A}\,\overline{B} + AB$$

由表 1-7 可以看出，异或和同或互为反运算，即

$$A \oplus B = \overline{A \odot B}; \quad A \odot B = \overline{A \oplus B}$$

在与或非逻辑中 $Y = \overline{A \cdot B + C \cdot D}$，$A$、$B$ 之间以及 C、D 之间都是与的关系，只要 A、B 或 C、D 任何一组同时为 1，输出 Y 就是 0。只有当每一组输入都不全是 1 时，输出 Y 才是 1。

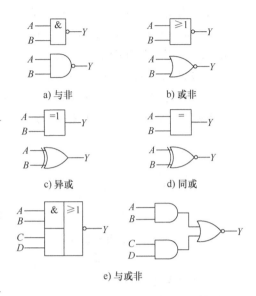

图 1-7　复合逻辑的图形符号和运算符号

1.2.2　逻辑代数的基本公式与定理

1. 逻辑代数的基本公式

熟悉和掌握逻辑代数的基本公式和定理，将为分析和设计数字电路提供许多方便。逻辑代数的基本公式可以归纳为：

1.2.2逻辑代数的公式与定理

1）0-1 律：$0 \cdot A = 0$；$1 + A = 1$；$1 \cdot A = A$；$0 + A = A$。

2）互补律：$A \cdot \overline{A} = 0$；$A + \overline{A} = 1$。

3）重叠律：$A \cdot A = A$；$A + A = A$。

4）交换律：$A \cdot B = B \cdot A$；$A + B = B + A$。

5）结合律：$A \cdot (B \cdot C) = (A \cdot B) \cdot C$；$A + (B + C) = (A + B) + C$。

6）分配律：$A \cdot (B + C) = A \cdot B + A \cdot C$；$A + (B \cdot C) = (A + B) \cdot (A + C)$。

7）反演律：$\overline{A \cdot B} = \overline{A} + \overline{B}$；$\overline{A + B} = \overline{A} \cdot \overline{B}$。

8）还原律：$\overline{\overline{A}} = A$。

以上公式均可以用真值表法来证明。我们知道，如果两个逻辑函数具有完全相同的真值表，则这两个逻辑函数相等。所以，可以把要证明等式的左右两边逻辑表达式的真值表列出来，若真值表完全相同，则说明两边逻辑表达式相等。

除了基本公式以外，还有以下常用的公式：

1）$A + AB = A$。

2）$A + \overline{A}B = A + B$。

3）$AB + A\overline{B} = A$。

4）$AB + \overline{A}C + BC = AB + \overline{A}C$。

这些常用的公式可以利用基本公式推导证明。

【例 1-2】 证明 $A + \overline{A}B = A + B$。

证：$A + \overline{A}B = (A + \overline{A})(A + B)$

$$= 1 \cdot (A + B)$$

$$= A + B$$

2. 逻辑代数的三个基本定理

（1）**代入定理** 任何一个含有变量 A 的等式，如果将所有出现 A 的位置都用同一个逻辑函数代替，则等式仍然成立。这个规则称为代入定理。

例如，已知等式 $\overline{A \cdot B} = \overline{A} + \overline{B}$，用函数 $Y = BC$ 代替等式中的 B，根据代入定理，等式仍然成立，即有：

$$\overline{A \cdot (B \cdot C)} = \overline{A} + \overline{B \cdot C} = \overline{A} + \overline{B} + \overline{C}$$

（2）**反演定理** 对于任何一个逻辑表达式 Y，如果将表达式中的所有"·"换成"+"，"+"换成"·"，"0"换成"1"，"1"换成"0"，原变量换成反变量，反变量换成原变量，那么所得到的表达式就是函数 Y 的反函数 $\overline{Y}$（或称补函数）。这个规则称为反演定理。

应用反演定理应注意两点：

1）保持原来的运算顺序不变，仍须遵守"先括号、然后乘、最后加"的运算优先顺序。

2）不属于单个变量上的非号应保留不变。

【例 1-3】 求下列函数的反函数：

（1）$Y_1 = A(B + C) + CD$

（2）$Y_2 = \overline{A\,\overline{B} + \overline{\overline{C} + D} + C}$

解：利用反演定理，可知其反函数为

（1）$\overline{Y_1} = (\overline{A} + \overline{B}\,\overline{C})(\overline{C} + \overline{D})$

（2）$\overline{Y_2} = \overline{(\overline{A} + B)\,\overline{C}\,\overline{D}\,\overline{C}}$

（3）**对偶定理** 对于任何一个逻辑表达式 Y，如果将表达式中的所有"·"换成"+"，"+"换成"·"，"0"换成"1""1"换成"0"，而变量保持不变，则可得到的一个新的函数表达式 Y'，Y' 称为 Y 的对偶式（注意：有的教材对偶式用 Y^D 表示，而 Y' 表示反函数）。

【例 1-4】 已知 $Y = A(B + C)$，求该函数的对偶函数。

解：利用对偶规则，可知其对偶函数为：$Y' = A + BC$。

如果两个逻辑式相等，则它们的对偶式也相等，这就是对偶定理。利用对偶规则，可以使要证明及要记忆的公式数目减少一半。

如已知公式 $A(B + C) = AB + AC$，根据对偶定理可以得到

$$A + (BC) = (A + B)(A + C)$$

1.2.3 逻辑函数的描述

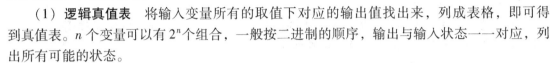

1.2.3-1逻辑
函数的表示

逻辑变量按照一定的逻辑运算规则构成的运算关系称为逻辑函数，用 $Y = F(A, B, C, \cdots)$ 表示。

1. 逻辑函数的表示方法

在数字电路中，常用逻辑函数的表示方法有：逻辑真值表、逻辑函数式、逻辑图、波形图等。

（1）**逻辑真值表** 将输入变量所有的取值下对应的输出值找出来，列成表格，即可得到真值表。n 个变量可以有 2^n 个组合，一般按二进制的顺序，输出与输入状态一一对应，列出所有可能的状态。

（2）**逻辑函数式** 将输出与输入之间的逻辑关系写成与、或、非等运算的组合式，即逻辑代数式，又称逻辑函数式，通常采用与或的形式。

（3）**逻辑图** 将逻辑函数式中各变量之间的逻辑关系用图形符号表示出来，即为逻辑图。

（4）**波形图** 如果将逻辑函数输入变量每一种可能出现的取值与对应的输出值按时间顺序依次排列起来，就得到了表示该逻辑函数的波形图。这种波形图也称为**时序图**。

举重运动员吕小军在东京奥运会上获得 81 公斤级金牌，在奥运赛场上运动员努力拼搏，为国争光，是大家学习的榜样。下面通过一个举重裁判的电路，来介绍逻辑函数的表示方法。举重裁判电路可以用图 1-8 表示，比赛时主裁判掌握开关 A，两名副裁判分别掌握开关 B 和 C。当运动员举起杠铃时，裁判认为动作合格了就闭合开关，指示灯亮了，说明试举成功。

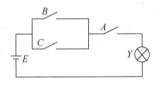

图 1-8 举重裁判电路

设 A、B、C 为 1 表示开关闭合，0 表示开关断开；Y 为 1 表示灯亮，为 0 表示灯灭。则指示灯 Y 是开关 A、B、C 的逻辑函数。

列出逻辑真值表见表 1-9。

对应可以得到逻辑函数式

$$Y = A\overline{B}C + AB\overline{C} + ABC = A(B + C)$$

画出其逻辑图如图 1-9 所示。如果给定输入波形，可以根据逻辑函数式得到图 1-8 电路逻辑功能的波形图，如图 1-10 所示。

表 1-9 图 1-8 所示电路的真值表

输入			输出
A	B	C	Y
0	0	0	0
0	0	1	0
0	1	0	0
0	1	1	0
1	0	0	0
1	0	1	1
1	1	0	1
1	1	1	1

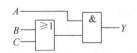

图 1-9 实现图 1-8 电路的逻辑图

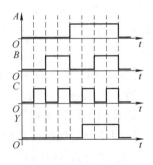

图 1-10 图 1-8 电路的波形图

2. 逻辑函数各种表示方法之间的相互转换

既然同一个逻辑函数可以用多种不同的方法描述，那么这几种方法之间必然能相互转换。

（1）**真值表→逻辑函数式**　方法：将真值表中输出为 1 的项对应的输入变量取值的组合乘积项相加，写成"与或式"。

【**例 1-5**】 已知一个奇偶判别函数的真值表见表 1-10，试写出它的逻辑函数式。

表 1-10　例 1-5 真值表

1.2.3-2逻辑
函数表示方法
之间的转换

A	B	C	Y
0	0	0	0
0	0	1	0
0	1	0	0
0	1	1	1
1	0	0	0
1	0	1	1
1	1	0	1
1	1	1	0

解： 从表 1-10 可以看出，只有当 A、B、C 三个变量中两个同时为 1 时，Y 才为 1。输入变量为以下三种取值时，Y 为 1，即

$$A = 0,\ B = 1,\ C = 1;\ A = 1,\ B = 0,\ C = 1;\ A = 1,\ B = 1,\ C = 0$$

因此，可以写出逻辑函数式为：$Y = \overline{A}BC + A\overline{B}C + AB\overline{C}$。

（2）**逻辑函数式→真值表**　方法：将输入变量取值的所有组合状态逐一代入逻辑式求函数值，列成表即得真值表。

【**例 1-6**】 已知逻辑函数 $Y = A + \overline{B}C + \overline{A}B\overline{C}$，求它对应的真值表。

解： 首先确定输入变量为 A、B、C，列出三个变量的所有取值的组合，然后每一组取值代入逻辑函数式计算求值，填入输出变量一栏。可以得到真值表见表 1-11。

表 1-11　例 1-6 真值表

A	B	C	Y
0	0	0	0
0	0	1	1
0	1	0	1
0	1	1	0
1	0	0	1
1	0	1	1
1	1	0	1
1	1	1	1

（3）**逻辑函数式→逻辑图**　方法：用逻辑图形符号代替逻辑函数式中的逻辑运算符号，就可以画出逻辑图。

【例1-7】 已知逻辑函数为 $Y = A + \overline{BC} + \overline{AB}\overline{C} + C$，画出其对应的逻辑图。

解： 将式中所有的与、或、非运算符号用图形符号代替，并依据运算优先顺序将这些图形符号连接起来，就得到图1-11所示的逻辑图。

（4）**逻辑图→逻辑函数式** 方法：从输入端到输出端逐级写出每个图形符号对应的输出逻辑式，就可以在输出端得到所求的逻辑函数式。

【例1-8】 已知函数的逻辑图如图1-12所示，试求它的逻辑函数式。

解： 从输入端 A、B 开始逐个写出每个图形符号输出端的逻辑式，得

$$Y = \overline{\overline{A + B} + \overline{\overline{A} + \overline{B}}}$$

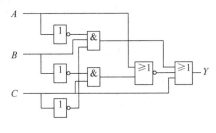
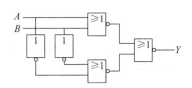

图1-11　例1-7的逻辑图　　　　图1-12　例1-8的逻辑图

（5）**波形图→真值表** 方法：首先确定输入变量，并列出它们的所有取值组合，然后从波形图上每个时间段里找出不同的输入对应的函数输出的取值，填入表中，即可得到真值表。

【例1-9】 已知逻辑函数 Y 的波形图如图1-13所示，试求该逻辑函数的真值表。

解： 将图1-13中每一个区间的输入 A、B、C 与输出 Y 的取值对应列表，即可得到表1-12。当输入所有取值组合对应的输出值填满后，重复的不需要再填。

表1-12　例1-9真值表

A	B	C	Y
0	0	0	0
0	0	1	1
0	1	0	1
0	1	1	0
1	0	0	0
1	0	1	1
1	1	0	0
1	1	1	1

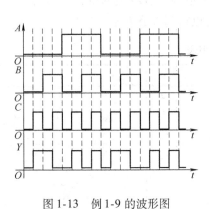
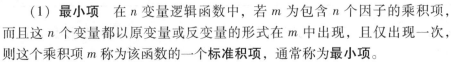

图1-13　例1-9的波形图

3. 逻辑函数的最小项表达式

（1）**最小项** 在 n 变量逻辑函数中，若 m 为包含 n 个因子的乘积项，而且这 n 个变量都以原变量或反变量的形式在 m 中出现，且仅出现一次，则这个乘积项 m 称为该函数的一个**标准积项**，通常称为**最小项**。

1.2.3-3最小项
表达式

3 个变量 A、B、C 可组成 8（2^3）个最小项：

$$\overline{A}\,\overline{B}\,\overline{C}、\overline{A}\,\overline{B}C、\overline{A}B\overline{C}、\overline{A}BC、A\overline{B}\,\overline{C}、A\overline{B}C、AB\overline{C}、ABC$$

n 个变量有 2^n 个最小项。

为了方便起见，常对最小项编号。编号的方法是：把最小项为 1 的变量取值组合看成二进制数，与这个二进制数对应的十进制数就是该最小项的编号。如：最小项 $A\overline{B}C$ 的取值 101，对应的十进制数为 5，因此将这个最小项记为 m_5。

三变量的最小项真值表见表 1-13。

表 1-13 三变量最小项真值表

$A\,B\,C$	$\overline{A}\,\overline{B}\,\overline{C}$ m_0	$\overline{A}\,\overline{B}C$ m_1	$\overline{A}B\overline{C}$ m_2	$\overline{A}BC$ m_3	$A\overline{B}\,\overline{C}$ m_4	$A\overline{B}C$ m_5	$AB\overline{C}$ m_6	ABC m_7
0 0 0	1	0	0	0	0	0	0	0
0 0 1	0	1	0	0	0	0	0	0
0 1 0	0	0	1	0	0	0	0	0
0 1 1	0	0	0	1	0	0	0	0
1 0 0	0	0	0	0	1	0	0	0
1 0 1	0	0	0	0	0	1	0	0
1 1 0	0	0	0	0	0	0	1	0
1 1 1	0	0	0	0	0	0	0	1

（2）**最小项的性质** 从表 1-13 中可以看出最小项具有以下性质：

1）任意一个最小项，只有一组变量取值使其值为 1。

2）任意两个不同的最小项的乘积必为 0。

3）全部最小项的和必为 1。

（3）**最小项表达式** 任何一个逻辑函数都可以表示成唯一的一组最小项之和，称为**标准与或表达式**，也称为**最小项表达式**。

对于不是最小项表达式的与或表达式，可利用公式 $A + \overline{A} = 1$ 和 $A(B + C) = AB + AC$ 来配项展开成最小项表达式。

【例 1-10】 将逻辑函数 $Y = A\overline{B}\,\overline{C}D + \overline{A}CD + AC$ 展开为最小项之和的形式。

解：

$$Y = A\overline{B}\,\overline{C}D + \overline{A}(\overline{B} + B)CD + A(\overline{B} + B)C$$

$$= A\overline{B}\,\overline{C}D + \overline{A}\,\overline{B}CD + \overline{A}BCD + A\overline{B}C(\overline{D} + D) + ABC(\overline{D} + D)$$

$$= A\overline{B}\,\overline{C}D + \overline{A}\,\overline{B}CD + \overline{A}BCD + A\overline{B}C\overline{D} + A\overline{B}CD + ABC\overline{D} + ABCD$$

$$= m_3 + m_7 + m_9 + m_{10} + m_{11} + m_{14} + m_{15} = \sum m(3,7,9,10,11,14,15)$$

如果列出了函数的真值表，则只要将函数值为 1 的那些最小项相加，便是函数的最小项表达式。如已知一个三变量真值表见表 1-14，则可以写出其逻辑函数的标准与或表达式为

$$Y = m_1 + m_2 + m_3 + m_5 = \sum m(1,2,3,5) = \overline{A}\,\overline{B}C + \overline{A}B\,\overline{C} + \overline{A}BC + A\overline{B}C$$

表1-14 三变量真值表

A	B	C	Y	
0	0	0	0	
0	0	1	1	$m_1 = \overline{A}\,\overline{B}C$
0	1	0	1	$m_2 = \overline{A}B\,\overline{C}$
0	1	1	1	$m_3 = \overline{A}BC$
1	0	0	0	
1	0	1	1	$m_5 = A\overline{B}C$
1	1	0	0	
1	1	1	0	

4. 逻辑函数形式的变换

根据逻辑表达式，可以画出相应的逻辑图，表达式的形式决定门电路的个数和种类。在用电子器件组成实际的逻辑电路时，由于选择不同逻辑功能类型的器件，因此需要将逻辑函数式变换成相应的形式。由于逻辑函数化简结果一般为与或式，而常用的集成块与非较多，因此，这里主要介绍由与或式变换为与非式、或非式。

假设已知逻辑函数的与或式：$Y = \overline{A}B + A\overline{C}$。

（1）**变换为与非-与非表达式**

方法：

1）在与或表达式的基础上两次取反。

2）用反演律去掉内层的非号。

与非-与非表达式为

1.2.3-4逻辑函数形式的变换

$$Y = \overline{A}B + A\overline{C} = \overline{\overline{\overline{A}B + A\overline{C}}} = \overline{\overline{\overline{A}B}\ \overline{A\overline{C}}}$$

（2）**变换为或非-或非表达式**

方法：

1）求出反函数的最简与或表达式。

2）利用反演规则写出函数的或与表达式。

3）对或与表达式两次取反，用反演律去掉内部的非号。

或非-或非表达式为

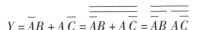

$$\overline{Y} = (A + \overline{B})(\overline{A} + C) = \overline{A}\,\overline{B} + AC + \overline{B}C = \overline{A}\,\overline{B} + AC$$

$$Y = (A + B)(\overline{A} + \overline{C}) = \overline{\overline{(A + B)(\overline{A} + \overline{C})}} = \overline{\overline{A + B} + \overline{\overline{A} + \overline{C}}}$$

✎ **自测题**

1. ［单选题］逻辑变量有几种取值？（　　　）

A. 10　　　　　　　　B. 6　　　　　　　　C. 2　　　　　　　　D. 1

2. ［填空题］基本逻辑运算分别是_____、_____、_____。

3. ［单选题］在（　　）情况下，"与非"运算的结果是逻辑0。

A. 全部输入是0　　　　B. 任一输入是0　　　　C. 仅一输入是0　　　　D. 全部输入是1

4. ［多选题］以下哪些是逻辑函数的表示方法？（　　）

A. 逻辑真值表　　　　B. 逻辑函数式　　　　C. 逻辑图

D. 波形图　　　E. 状态图　　　F. 卡诺图　　　G. 特性方程

5. ［单选题］n个变量的逻辑函数有（　　）个最小项。

A. n　　　　　　B. $2n$　　　　　　C. n^2　　　　　　D. 2^n

1.3　逻辑函数的化简

本节思考问题：

1）最简与或表达式是如何定义的？

2）常用的公式化简法有哪几种？会利用公式法化简逻辑函数。

3）什么是卡诺图？什么是逻辑相邻项？能够画出三变量、四变量的卡诺图。

4）能叙述卡诺图化简逻辑函数时合并最小项的原则、卡诺图化简逻辑函数的步骤、画圈的原则。

5）如何利用卡诺图化简三变量、四变量的逻辑函数？

6）无关项在卡诺图中如何表示？怎样利用卡诺图化简带无关项的逻辑函数？

在进行逻辑运算时常常会看到同一个逻辑函数可以写出不同的逻辑式，而这些逻辑式的繁简程度又相差甚远。逻辑式越简单，它所表示的逻辑关系越明显，同时也有利于用最少的电子器件实现这个逻辑函数。因此，经常需要通过化简的手段找出逻辑函数的最简形式。

求最简表达式的过程就是逻辑函数化简的过程。在各种逻辑函数表达式中，最常用的是与或表达式。利用它可以很容易推导出其他形式的表达式，在1.2节已经介绍。

要得到逻辑函数的最简与或表达式应该满足以下两个条件：

1）函数式中乘积项（与项）最少。

2）每个乘积项中包含的变量最少。

化简逻辑函数的目的就是消去多余的乘积项和每个乘积项中多余的变量，以得到逻辑函数的最简形式。常用的化简方法有公式化简法和卡诺图化简法。

1.3.1　公式化简法

公式化简法的原理就是使用逻辑代数的基本公式和常用公式消去函数式中多余的乘积项和多余的变量，以得到函数式的最简形式。公式化简法没有固定的步骤，现将经常使用的方法归纳如下：

1. 并项法

利用公式 $AB + A\overline{B} = A$。

【例1-11】 试用并项法化简下列函数

1.3.1公式化简

$$Y_1 = A\,\overline{\overline{BCD}} + A\overline{BCD}$$

$$Y_2 = A\overline{B} + ACD + \overline{A}\,\overline{B} + \overline{A}CD$$

解：$Y_1 = A\overline{\overline{B}CD} + A\overline{BCD} = A(\overline{\overline{B}CD} + \overline{BCD}) = A$

$Y_2 = A\overline{B} + ACD + \overline{A}\,\overline{B} + \overline{A}CD = (A + \overline{A})\overline{B} + (A + \overline{A})CD = \overline{B} + CD$

2. 吸收法

利用公式 $A + AB = A$。

【例 1-12】 试用吸收法化简下列函数。

$$Y_1 = (\overline{AB} + C)ABD + AD$$

$$Y_2 = AB + AB\overline{C} + ABD + AB(\overline{C} + \overline{D})$$

解：$Y_1 = (\overline{AB} + C)ABD + AD = [(\overline{AB} + C)B + 1]AD = AD$

$Y_2 = AB + AB\overline{C} + ABD + AB(\overline{C} + \overline{D}) = AB[1 + \overline{C} + D + (\overline{C} + \overline{D})] = AB$

3. 消因子法

利用公式 $A + \overline{A}B = A + B$。

【例 1-13】 用消因子法化简下列函数。

$$Y_1 = A\overline{B} + B + \overline{A}B$$

$$Y_2 = AC + \overline{A}D + \overline{C}D$$

解：$Y_1 = A\overline{B} + B + \overline{A}B = A + B + \overline{A}B = A + B$

$Y_2 = AC + \overline{A}D + \overline{C}D = AC + (\overline{A} + \overline{C})D = AC + \overline{AC}D = AC + D$

4. 消项法

利用公式 $AB + \overline{A}C + BC = AB + \overline{A}C$。

【例 1-14】 用消项法化简下列函数。

$$Y_1 = AC + A\overline{B} + \overline{B} + C$$

$$Y_2 = A\overline{B}C\overline{D} + A\overline{B}E + \overline{A}C\overline{D}E$$

解：$Y_1 = AC + A\overline{B} + \overline{\overline{B} + C} = AC + A\overline{B} + \overline{B}\,\overline{C} = AC + \overline{B}\,\overline{C}$

$Y_2 = A\overline{B}C\overline{D} + A\overline{B}E + \overline{A}C\overline{D}E = A\overline{B}C\overline{D} + A\overline{B}E$

有时可以将公式 $AB + \overline{A}C + BC = AB + \overline{A}C$ 从右向左来运用，此时把原来的两个乘积项变为 3 个乘积项，因此称为"增加冗余项"的方法。

【例 1-15】 化简函数 $Y = A\overline{B} + \overline{A}B + B\overline{C} + \overline{B}C$。

解一： 由于 $A\overline{B} + B\overline{C} + A\overline{C} = A\overline{B} + B\overline{C}$，可以在函数式中增加 $A\overline{C}$，不影响原来的函数。

$$Y = A\overline{B} + \overline{A}B + B\overline{C} + \overline{B}C$$

$$= \underset{①}{A\overline{B}} + \underset{②}{\overline{A}B} + \underset{③}{B\overline{C}} + \underset{④}{\overline{B}C} + \underset{⑤}{A\overline{C}}$$

此时利用消项法公式，可以看出②⑤消去③，④⑤消去①，因此函数最终化简为

$$Y = \overline{A}B + \overline{B}C + A\overline{C}$$

解二： 利用 $\overline{A}B + \overline{B}\overline{C} + \overline{A}\overline{C} = \overline{A}B + \overline{B}\overline{C}$，也可以增加 $\overline{A}\overline{C}$，同样不会影响原来的函数。

$$Y = A\overline{B} + \overline{A}B + B\overline{C} + \overline{B}\overline{C}$$
$$= A\overline{B} + \overline{A}B + B\overline{C} + \overline{B}\overline{C} + \overline{A}\overline{C}$$
$$\quad ① \qquad ② \qquad ③ \qquad ④ \qquad ⑤$$

此时利用消项法公式，可以看出①⑤消去④，③⑤消去②因此函数最终化简为

$$Y = A\overline{B} + B\overline{C} + \overline{A}\overline{C}$$

可以看出此题化简可以得到两个结果，这两个结果应该都是该函数的最简与或表达式。

在化简复杂的逻辑函数时，往往需要灵活、交替地综合运用多种方法，才能得到最后的化简结果。

1.3.2 卡诺图化简法

1. 逻辑函数的卡诺图表示

（1）**卡诺图的定义** 将 n 变量的全部最小项各用一个小方块表示，并使具有逻辑相邻性的最小项在几何位置上相邻排列，得到的图形叫作 n 变量最小项的卡诺图。这种表示方法是由美国工程师卡诺首先提出来的，所以将这种图形称为卡诺图（Karnaugh Map）。

（2）**逻辑相邻项** 仅有一个变量不同其余变量均相同的两个最小项，称为逻辑相邻项。

如：三变量逻辑函数的最小项 $\overline{A}BC$ 与 $AB\overline{C}$ 不是逻辑相邻项，而 $\overline{A}\,\overline{B}C$ 与 $\overline{A}BC$ 是逻辑相邻项。

（3）**卡诺图的表示** 由于 n 变量逻辑函数有 2^n 个最小项，因此，二变量有 4 个格，三变量有 8 个格，4 变量有 16 个格。图 1-14 分别画出了二、三、四变量的卡诺图，并在图中标出了各个最小项的位置。

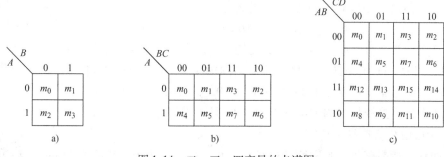

图 1-14 二、三、四变量的卡诺图

注意： 上下对折、左右对折均是逻辑相邻项。

（4）**用卡诺图表示逻辑函数** 要用卡诺图化简逻辑函数，首先必须把逻辑函数填入卡诺图。如何将逻辑函数的真值表、逻辑函数式转化为卡诺图，下面分别予以介绍：

1）已知逻辑函数真值表，填写卡诺图。

【**例 1-16**】 已知举重裁判电路的真值表见表 1-15，试画出其卡诺图。

解： 该题真值表中，当输入变量 A、B、C 取 101、110、111 时，逻辑函数 Y 的值为 1；而输入变量 A、B、C 取其他值时，逻辑函数 Y 的值均为 0。填函数的卡诺图时，只需在最小

项 m_5、m_6、m_7 的小方格填入 1 即可，如图 1-15 所示。

表 1-15 例 1-16 真值表

输入			输出
A	B	C	Y
0	0	0	0
0	0	1	0
0	1	0	0
0	1	1	0
1	0	0	0
1	0	1	1
1	1	0	1
1	1	1	1

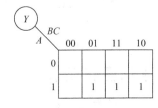

图 1-15 例 1-16 函数 Y 的卡诺图

2）已知逻辑函数表达式，填写卡诺图。

【例 1-17】 用卡诺图表示逻辑函数 $Y = \overline{A}\,\overline{B}CD + \overline{A}B\overline{D} + ACD + A\overline{B}$。

解一： 将逻辑函数化成最小项之和表达式，再填卡诺图。

$$Y = \overline{A}\,\overline{B}CD + \overline{A}BC\overline{D} + \overline{A}B\,\overline{C}\,\overline{D} + ABCD + A\overline{B}CD + A\overline{B}\,\overline{C}\,\overline{D} + A\overline{B}\,\overline{C}D + A\overline{B}\,\overline{C}\,\overline{D}$$

$$= m_1 + m_4 + m_6 + m_8 + m_9 + m_{10} + m_{11} + m_{15}$$

在四变量卡诺图中将最小项 m_1、m_4、m_6、m_8、m_9、m_{10}、m_{11}、m_{15} 对应的小方格填入 1 即可，如图 1-16 所示。

解二： 直接根据逻辑函数式填卡诺图，已知函数式：

$$Y = \overline{A}\,\overline{B}CD + \overline{A}B\overline{D} + ACD + A\overline{B}$$

第 1 个乘积项为 $AB = 00$ 和 $CD = 01$ 相交叉的方格，即卡诺图中第 1 行与第 2 列的交叉处；第 2 个乘积项是 $AB = 01$ 和 $D = 0$ 相交叉的方格，即卡诺图中第 2 行与第 1、4 列的交叉处，占两个格；第 3 个乘积项是 $A = 1$ 和 $CD = 11$ 相交叉的方格，即卡诺图中第 3、4 行与第 3 列的交叉处，占两个格；第 4 个乘积项是 $AB = 10$ 的方格，即卡诺图中第 4 行的 4 个格。这样填出的卡诺图与图 1-16 是一样的。

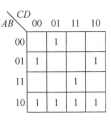

图 1-16 例 1-17 函数 Y 的卡诺图

2. 用卡诺图化简逻辑函数

卡诺图化简逻辑函数的基本原理就是具有相邻性的最小项可以合并，并消去不同的变量。

（1）合并最小项的原则

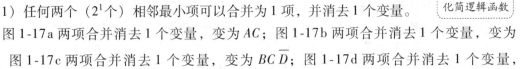

1.3.2-2 卡诺图化简逻辑函数

1）任何两个（2^1 个）相邻最小项可以合并为 1 项，并消去 1 个变量。

图 1-17a 两项合并消去 1 个变量，变为 AC；图 1-17b 两项合并消去 1 个变量，变为 $\overline{A}\,\overline{C}$；图 1-17c 两项合并消去 1 个变量，变为 $BC\overline{D}$；图 1-17d 两项合并消去 1 个变量，变为 $\overline{B}CD$。

2）任何 4 个（2^2 个）相邻最小项可以合并为 1 项，并消去 2 个变量。

图 1-18a 4 项合并消去 2 个变量，变为 $\overline{A}$；图 1-18b 4 项合并消去 2 个变量，变为 C；图 1-18c 4 项合并消去 2 个变量，变为 $B\overline{D}$；图 1-18d 4 项合并消去 2 个变量，变为 $\overline{B}D$。

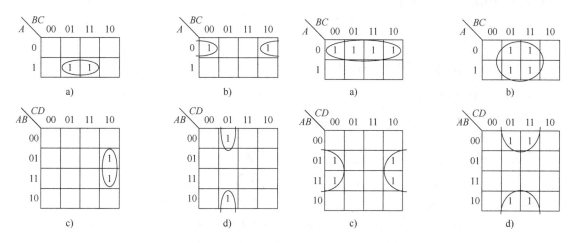

图 1-17　两个相邻的"1"合并消去 1 个变量　　图 1-18　4 个相邻的"1"合并消去两个变量

3）任何 8 个（2^3个）相邻最小项可以合并为 1 项，并消去 3 个变量。

图 1-19a 8 项合并消去 3 个变量，变为 B；图 1-19b 8 项合并消去 3 个变量，变为 $\overline{D}$。

因此，可归纳出合并最小项的一般规则：利用 $AB+A\overline{B}=A$，2^n个相邻最小项可以合并为 1 项，并消去 n 个变量。

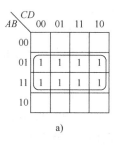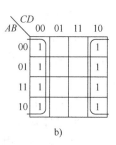

图 1-19　8 个相邻的"1"合并消去 3 个变量

（2）卡诺图化简法的步骤

1）画出变量的卡诺图；

2）画出函数的卡诺图；

3）画圈；

4）写出最简与或表达式。

（3）画圈的原则

1）合并个数为 2^n；

2）圈尽可能大，使得乘积项中含变量数最少；

3）圈尽可能少，使得乘积项个数最少；

4）确保每一个值为"1"的项都被包含在圈中，每个圈中至少有一个最小项仅被圈过一次，以免出现冗余项。

【例 1-18】　用卡诺图将下式化简为最简与或函数式。

$$Y = A\overline{C} + \overline{A}C + B\overline{C} + \overline{B}C$$

解：按照步骤，首先画出三变量的卡诺图；再将逻辑函数为"1"的最小项填入，得到函数的卡诺图；然后画圈，这里有两种画圈的方案，分别如图 1-20a 和图 1-20b 所示；最后写出最简与或表达式。

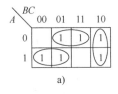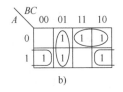

图 1-20　例 1-18 的卡诺图

按照图 1-20a 的方案合并最小项，得到：$Y = A\bar{B} + \bar{A}C + B\bar{C}$。

按照图 1-20b 的方案合并最小项，得到：$Y = A\bar{C} + \bar{A}B + \bar{B}C$。

两个化简的结果都符合最简与或式的标准，此例说明，有时一个逻辑函数的化简结果不一定是唯一的。

【例 1-19】　用卡诺图将下式化简为最简与或函数式。

$$Y = ABC + ABD + A\bar{C}D + \bar{C}D + A\bar{B}C + \bar{A}C\bar{D}$$

解：按照步骤，首先画出四变量的卡诺图；再将逻辑函数为"1"的最小项填入，得到函数的卡诺图；然后画圈，这里用两个圈就可以将所有的"1"圈进去，如图 1-21 所示；最后写出最简与或表达式。

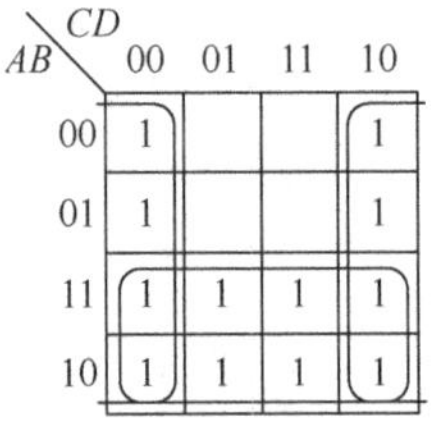

图 1-21　例 1-19 的卡诺图

化简后结果为：$Y = A + \bar{D}$。

3. 具有无关项的逻辑函数的化简

在实际逻辑设计中，常常会遇到这样的情况：在真值表中，某些最小项的取值是不允许、不可能出现或不确定的，我们把这些最小项称为无关项。

在卡诺图中用符号"φ""×"或"d"表示无关项，本教材采用"×"。在化简函数时即可以视它为"1"，也可以视它为"0"。对于含有无关项的逻辑函数，合理利用，往往能使逻辑函数的表达式进一步简化。

1.3.2-3具有无关项的逻辑函数的化简

【例 1-20】　化简逻辑函数 $Y = \bar{A}\,\bar{B}CD + \bar{A}BCD + A\,\bar{B}\,\bar{C}\,D$，已知约束条件为

$$\bar{A}\,\bar{B}CD + \bar{A}B\,\bar{C}\bar{D} + AB\bar{C}\bar{D} + A\,\bar{B}\,\bar{C}D + ABCD + ABC\bar{D} + A\bar{B}C\bar{D} = 0$$

解：按照步骤，首先画出四变量的卡诺图；然后将逻辑函数为"1"的最小项填入，再将约束条件中的无关项填入"×"，得到函数的卡诺图；然后画圈，这里用两个圈就可以将所有的"1"圈进去，"×"可用可不用，如图 1-22 所示；最后写出最简与或表达式。

化简后结果为：$Y = \bar{A}D + A\bar{D}$。

【例 1-21】　试化简具有无关项的逻辑函数：

$$Y(A,B,C,D) = \sum m(0,2,4,6,8) + \sum d(10,11,12,13,14,15)$$

解：本题中 $\sum m$ 表示所有最小项之和，$\sum d$ 表示所有无关项之和。

首先画出四变量的卡诺图；然后将 $\sum m$ 表示的所有最小项填入"1"，再将 $\sum d$ 表示的所有无关项填入"×"，得到函数的卡诺图；然后画圈，这里用 1 个圈就可以将所有的"1"圈进去，"×"可用可不用，如图 1-23 所示；最后写出最简与或表达式。

化简后结果为：$Y = \overline{D}$。

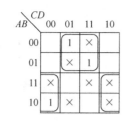

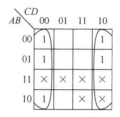

图1-22 例1-20的卡诺图　　　　图1-23 例1-21的卡诺图

自测题

1. [多选题] 以下哪些是最简与或式的特点？（　　）

A. 函数式中乘积项最少

B. 每个乘积项中包含的变量最少

C. 逻辑函数的最简与或式是唯一的

D. 逻辑函数的最简与或式不一定是唯一的

2. [单选题] 以下哪一组是逻辑相邻项？（　　）

A. $\overline{A}B\overline{C}D$ 和 $\overline{A}BCD$ 　　 B. $ABCD$ 和 $\overline{A}\,\overline{B}\,\overline{C}D$

C. $\overline{A}\,\overline{B}C$ 和 $\overline{A}B\overline{C}$ 　　 D. $\overline{A}BC$ 和 $A\overline{B}\,\overline{C}$

3. [判断题] m_7 和 m_8 是逻辑相邻项。（　　）

4. [单选题] 卡诺图化简时，（　　）个最小项合并可以消去3个变量。

A. 4 　　　　　　　 B. 6 　　　　　　　 C. 8 　　　　　　　 D. 9

5. [多选题] 关于卡诺图化简以下哪些是正确的？（　　）

A. 卡诺图中的"1"可以被圈2次以上

B. 圈要尽可能大，圈要尽可能少

C. 每一个"1"只能被圈一次

D. 每一个圈中至少有一个"1"仅被圈过1次

项目实现

下面，完成本章开始时提出的"楼梯灯控制电路的设计"项目。

假设楼上的开关用逻辑变量 A 表示，楼下的开关用逻辑变量 B 表示，开关闭合为1，断开为0；灯用变量 Y 表示，灯亮为1，灯灭为0。列出真值表见表1-16。由此可以写出其逻辑函数式，利用一个异或门即可实现这个电路的设计。

逻辑函数式为：$Y = A \oplus B$

逻辑图如图1-24所示。

表 1-16　真值表

A	B	Y
0	0	0
0	1	1
1	0	1
1	1	0

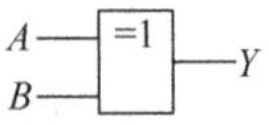

图 1-24　逻辑图

仿真电路：Multisim 仿真实现逻辑函数的化简和转换

Multisim 前身为 Electronics WorkBench（EWB），是一款以 Windows 为基础的仿真工具。Multisim 是一款著名的电子设计自动化软件，被美国 NI 公司收购以后，其性能得到了极大提升，可以用来对数字电路、模拟电路以及模拟/数字混合电路进行仿真。这款软件经历了不断地迭代升级，不同的版本之间虽有差别，但在整体功能上都是类似的。

Multisim 界面如图 1-25 所示，"测量仪器工具栏"中有专门用于数字电路仿真的工具，如数字信号发生器、逻辑变换器、逻辑分析仪等。下面用逻辑变换器实现逻辑函数的化简和转换。

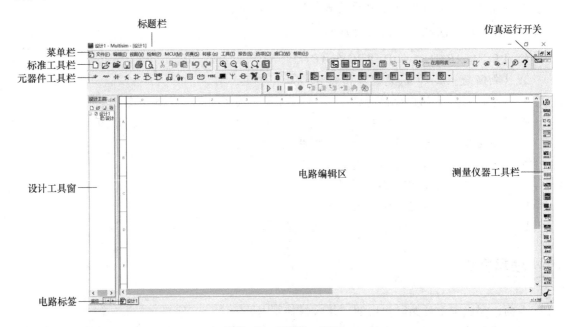

图 1-25　Multisim 界面

在"测量仪器工具栏"中，选择"逻辑变换器"，将其拖到电路编辑区。其形状如图 1-26 所示，双击这个图标，可以得到其右侧展开的面板。面板左侧有 8 个变量可选择，右侧 6 个变换按钮从上向下分别是：电路图转换为真值表、真值表转换为函数式、真值表转换为最简与或式、函数式转换为真值表、函数式转换为电路图、函数式转换为与非电路图。

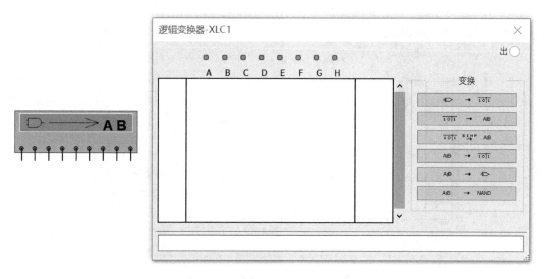

图 1-26　逻辑变换器及其面板展开

【例 1-22】　将逻辑函数 $Y = AC + \overline{A}D + \overline{C}D$ 化简为最简与或式，并画出电路图。

解： 首先，在逻辑变换器面板下方的白框中输入逻辑函数式（在仿真软件中，非号用的是"'"）；然后单击逻辑转换器的第 4 个按钮，即可出现逻辑函数的真值表如图 1-27 所示。

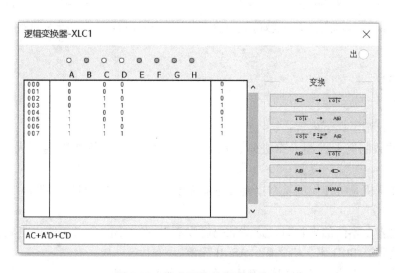

图 1-27　输入函数式得到真值表

此时如果单击逻辑转换器的第 3 个按钮，即可在其面板下方的白框中得到该函数的最简与或式，如图 1-28 所示。逻辑函数的最简与或式为 $Y = AC + D$。

此时如果单击逻辑转换器的第 5 个按钮，即可得到该函数的逻辑电路图，如图 1-29 所示。如果单击逻辑转换器的第 6 个按钮，即可得到该函数的与非逻辑电路图，如图 1-30 所示。

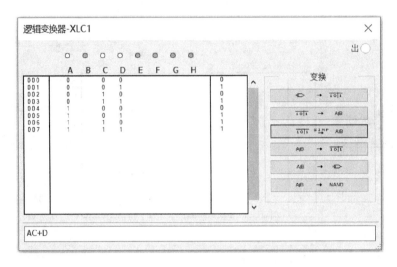

图 1-28　由真值表得到最简与或式

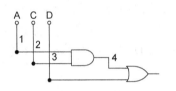

图 1-29　最简与或表达式对应的电路图

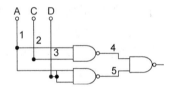

图 1-30　与非逻辑电路图

本章小结

本章主要介绍了如下内容：

1. 常用的数制有十进制、二进制、八进制和十六进制，各种进制所表示的数值相互转换。

当前的计算机系统使用的基本上是二进制系统，数据在计算机中主要是以补码的形式存储和运算的。

在用数码表示不同的事物时，这些数码已没有数量大小的含义，所以将它们称为编码，常见的通用编码有 BCD 码、格雷码、ASCII 码等。

2. 数字逻辑基础包括逻辑代数的基本公式、定理和规则，以及一些常用的公式，逻辑函数的公式化简法正是利用相关公式、定理对逻辑函数进行变换的。

3. 逻辑函数的表示方法主要有 5 种：真值表、逻辑函数式、逻辑图、波形图和卡诺图。这几种方法之间可以任意相互转换。

4. 逻辑函数的化简是本章的重点，一般化简结果为最简与或表达式，主要方法有两种：公式化简法和卡诺图化简法。公式化简法没有固定的步骤可循，需要有一定的运算技巧和经验；卡诺图化简法有一定的化简步骤可循，初学者容易掌握，而且化简过程也易于避免出现差错，然而当逻辑变量超过 5 个时，不太适用。另外，利用仿真软件 Multisim 可以很方便得到逻辑函数的最简与或式。

5. 在设计数字电路的过程中，有时受供货限制只能选用某种逻辑功能类型的器件，这时需要将逻辑函数式变换为与之对应的形式。而在使用器件的逻辑功能类型不受限制的情况下，为了减少所用器件的数目，往往不限于使用单一逻辑功能的门电路，可能既不是单一的与或式，也不是单一的与非式，而是一种混合的形式。

思考与练习

1-1 将下列二进制数转换为等值的十进制数、八进制数和十六进制数。

（1）$(10110010.1011)_2$ （2）$(1110.0111)_2$

1-2 将下列十进制数转换为等值的二进制数、八进制数和十六进制数。

（1）$(23.75)_{10}$ （2）$(53)_{10}$

1-3 将下列十六进制数转换为等值的十进制数、二进制数和八进制数。

（1）$(6D)_{16}$ （2）$(2B.CE)_{16}$

1-4 以下二进制数的最高位为符号位，写出其反码和补码。

（1）011011 （2）111011

1-5 计算下列用补码表示的二进制数的代数和。如果和为负数，请求出负数的绝对值。

（1）$01001101+00100110$ （2）$00011110+10011100$

1-6 将下列编码转换为十进制数。

（1）$(101110010011)_{余3BCD}$ （2）$(100000110101)_{8421BCD}$

1-7 写出以下逻辑函数的反函数和对偶式。

（1）$Y = \overline{A+\overline{B}\,C} + \overline{A}B\,\overline{C} + C$

（2）$F = A\,(B+C)\cdot 1$

1-8 已知逻辑函数的真值表见表1-17，试写出对应的逻辑函数式。

表1-17 题1-8逻辑函数真值表

A	B	C	Y
0	0	0	0
0	0	1	1
0	1	0	1
0	1	1	0
1	0	0	1
1	0	1	0
1	1	0	0
1	1	1	0

1-9 写出图1-31所示电路的输出逻辑函数式。

1-10 已知逻辑函数 Y 的波形图如图1-32所示，试求 Y 的真值表和逻辑函数式。

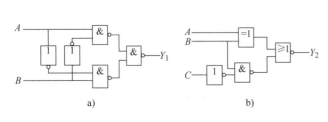

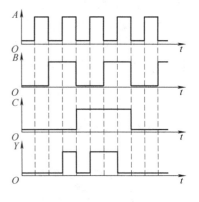

图 1-31　题 1-9 电路图　　　　　　　图 1-32　题 1-10 波形图

1-11　已知某逻辑函数的输入为 A、B，输出为 F，且其输入、输出波形如图 1-33 所示，分别列出各函数的真值表，并写出其函数表达式。

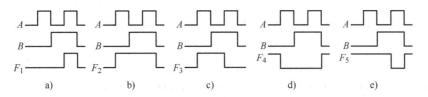

图 1-33　题 1-11 输出波形图

1-12　已知逻辑函数 $Y = \overline{AB} + CD$，写出其反函数，以及其最小项之和表达式。

1-13　用公式法将下列函数化简成最简与或式。

（1）$F_1 = A\overline{B} + \overline{A}C + \overline{C}\overline{D} + D$

（2）$F_2 = \overline{AC + \overline{A}BC} + \overline{B}C + AB\overline{C}$

（3）$F_3 = AC + B\overline{C} + \overline{A}B$

（4）$F_4 = A\overline{C} + ABC + AC\overline{D} + CD$

1-14　用卡诺图法将以下函数化简成最简与或式。

（1）$Y_1 = \overline{A}\,\overline{B} + AC + \overline{B}C$

（2）$Y_2 = A\overline{B} + BD + BC\overline{D} + \overline{A}B\overline{C}D$

（3）$Y_3(A,B,C) = \sum m(0,1,2,5,6,7)$

（4）$Y_4(A,B,C,D) = \sum m(1,3,8,9,10,11,14,15)$

1-15　将下列具有约束项的逻辑函数化简成最简与或式。

（1）$Y_1(A,B,C) = \sum m(1,2,4,7) + \sum d(3,6)$

（2）$Y_2(A,B,C,D) = \sum m(0,13,14,15) + \sum d(1,2,3,9,10,11)$

（3）$Y_3 = C\overline{D}(A\oplus B) + \overline{A}B\overline{C} + \overline{A}\,\overline{C}D$

　　　给定约束条件为 $AB + CD = 0$。

1-16 表1-18是一个七段字形译码器的真值表，利用卡诺图将输出变量 a、b 化简，写出其最简与或式。

表 1-18 题 1-16 七段字形译码器的真值表

A_3	A_2	A_1	A_0	a	b	c	d	e	f	g
0	0	0	0	1	1	1	1	1	1	0
0	0	0	1	0	1	1	0	0	0	0
0	0	1	0	1	1	0	1	1	0	1
0	0	1	1	1	1	1	1	0	0	1
0	1	0	0	0	1	1	0	0	1	1
0	1	0	1	1	0	1	1	0	1	1
0	1	1	0	0	0	1	1	1	1	1
0	1	1	1	1	1	1	0	0	0	0
1	0	0	0	1	1	1	1	1	1	1
1	0	0	1	1	1	1	0	0	1	1
1	0	1	0	×	×	×	×	×	×	×
1	0	1	1	×	×	×	×	×	×	×
1	1	0	0	×	×	×	×	×	×	×
1	1	0	1	×	×	×	×	×	×	×
1	1	1	0	×	×	×	×	×	×	×
1	1	1	1	×	×	×	×	×	×	×

拓展链接：易经八卦与二进制——中国古代智慧

"二进制"可以说是信息时代电子计算机运用的计算基础。它只是运用"1"和"0"的组合规则，便把自然界中的一切事物都模拟到了计算机中。它的意义在于让计算机代替人类对这个世界进行模拟化描述，从而使一个真实的世界以一种"新的"模拟化形式出现在世人的面前，在人类文明的进步史上具有重大的意义！

二进制由18世纪德国数理哲学大师莱布尼兹发现的，而二进制思想的最早提出者可以追溯到我国古代的伏羲八卦图，1703年法国皇家科学院发表了莱布尼茨论文《论只使用符号0和1的二进制算术，兼论其用途及它赋予伏羲所使用的古老图形的意义》。莱布尼茨确信二进制与《易经》有着内在联系。二进制用"0"和"1"来表示一切数；《易经》则用阴爻"－－"和阳爻"—"构成了一切卦。可以看到二进制数与八卦图是完全对应的，如图1-34所示。

《易经》已经被应用到社会的各个领域，比如政治、军事、文化、经济、外交、科研、宗教、医学、建筑等。美国生物学家尼伦伯格破译了生物的遗传密码，获得诺贝尔奖，编写了《国际普世遗传表》。1973年，法国学者马丁·申伯格从《国际普世遗传表》中发现了其遗传密码子的64种排列组合正好对应着八卦图，他将这一发现写到了《生命的秘密钥匙：易经与遗传密码》一书中。

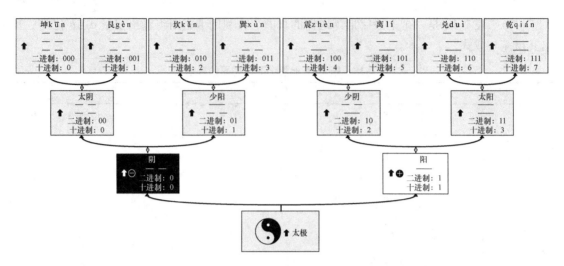

图 1-34　二进制数与八卦图

中国著名改革家梁启超把《周易》称为"数理哲学";近代哲学家,北京大学教授冯友兰先生把周易称为"宇宙代数学",其意是指将宇宙间万事万物皆可用《易经》去解释。《易经》是中华文化的活水源头,是我国历代先贤聪明智慧的结晶,对世界的影响广泛而深远。

第 **2** 章

组合逻辑电路的实现

☑ 内容及目标

◆ **本章内容**

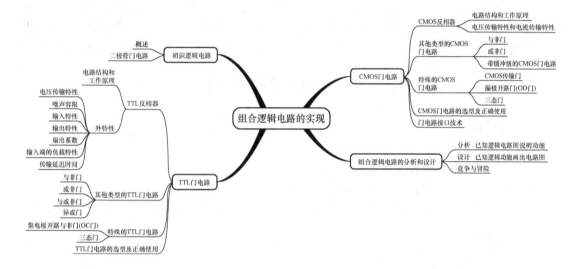

◆ **学习目标**

1. 知识目标

1）了解组合逻辑电路的概念和特点。

2）熟悉 TTL 和 CMOS 集成门电路输出与输入间的逻辑关系、外部电气特性。

3）了解各类集成电路参数的意义。

4）了解竞争与冒险的产生及其消除的方法。

2. 能力目标

1）学会各类集成门电路的正确使用方法。

2）能够完成组合逻辑电路的分析和设计。

3. 价值目标

1）了解创新中国，增强民族自信。

2）学习科学家爱国奉献精神，增强科技报国意识。

项目研究： 三人表决电路的设计

1. 任务描述

设计一个三人表决电路，每人一个按键，当三人中有两个或两个以上按下赞成按键时，议案通过；否则，议案被否决，表决结果用 LED 灯来指示。

2. 任务要求

确定输入/输出变量并列出真值表；写出逻辑函数式并化简；画出逻辑电路图并用 74LS00 和 74LS20 来实现。

 **知识链接**

根据逻辑功能的不同，通常把数字电路分为两大类：组合逻辑电路（简称组合电路）和时序逻辑电路（简称时序电路）。本章主要学习构成组合逻辑电路的各种门电路，包括二极管门电路、TTL 门电路、CMOS 门电路，以及由门电路构成的组合逻辑电路的分析和设计。

2.1 初识逻辑电路

本节思考问题：

1）在正逻辑中高电平和低电平分别用什么表示？

2）从逻辑功能上组合逻辑电路的特点是什么？

3）从电路结构上组合逻辑电路的特点是什么？

4）二极管构成的门电路是利用二极管什么特性？这种门电路存在的主要问题是什么？

2.1.1 概述

1. 高电平和低电平

在逻辑电路中，数字信号是用高、低电位来表示的，并将该高、低电位称作逻辑电平。在正逻辑描述中，高电平表示逻辑 1、低电平表示逻辑 0；而在负逻辑描述中，高电平表示逻辑 0、低电平表示逻辑 1。本书均采用正逻辑。

实际的数字电路中，逻辑电平表示一个电压范围，如图 2-1 所示，范围的大小依各电路构成不同而有所差异。当电压在 $U_{H(min)}$ 与 $U_{H(max)}$ 之间时，属于高电平；当电压在 $U_{L(min)}$ 与 $U_{L(max)}$ 之间时，属于低电平。数字电路中信号还可以用波形的形式表示，如图 2-2 所示。

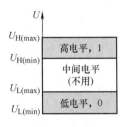

图 2-1 逻辑电平

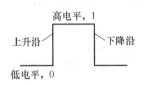

图 2-2 理想脉冲波形

2.1.1组合逻辑
电路概述

2. 组合逻辑电路的特点

从逻辑功能上来描述，组合逻辑电路是指任意时刻的输出仅取决于该时刻的输入，与电路原来的状态无关。

从电路结构来看，组合电路具有两个特点：电路仅由门电路构成，且电路无记忆功能。

本章我们开始学习门电路。逻辑门电路是指能够实现基本逻辑运算和复合逻辑运算的电路。与已经讲过的逻辑运算相对应，常用的门电路在逻辑功能上有与门、或门、非门、与非门、或非门、与或非门、异或门等。

2.1.2 二极管门电路

由于二极管具有单向导电性，即外加正向电压导通，外加反向电压截止，所以它相当于一个受外加电压极性控制的开关。二极管伏安特性曲线如图 2-3 所示。

二极管构成的开关电路如图 2-4 所示，$u_I = 0V$ 时，二极管截止，如同开关断开，$u_O = 0V$；$u_I = 5V$ 时，二极管导通，如同 0.7V 的电压源，$u_O = 4.3V$。

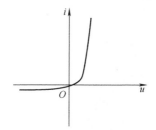

图 2-3　二极管伏安特性曲线

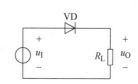

图 2-4　二极管开关电路

因此，可以用输入端 u_I 的高、低电平控制二极管的开关状态，并在输出端得到相应的高、低电平输出信号。

1. 二极管构成的与门

图 2-5a 所示为由二极管构成的与门电路，可用图 2-5b 所示的逻辑符号表示。设 $V_{CC} = 5V$，当输入端 A 和 B 同时输入 0V 信号时，二极管 VD_1、VD_2 同时导通，假设二极管导通后的管压降为 0.7V，则 Y 输出为 0.7V；当输入端 A 为 0V，B 为 3V 时，二极管 VD_1 优先导通、使得 VD_2 反向截止，Y 输出为 0.7V；当输入端 A 为 3V，B 为 0V 时，二极管 VD_2 优先导通、使得 VD_1 反向截止，Y 输出为 0.7V；当输入端 A 和 B 同时输入 3V 时，二极管 VD_1、VD_2 同时导通，则 Y 输出为 3.7V。图 2-5a 电路实现的功能见表 2-1。

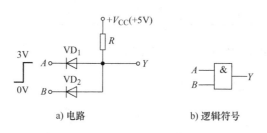

a) 电路　　　　　　　　　　b) 逻辑符号

图 2-5　二极管构成的与门

2.1.2二极管门电路

如果输入端输入 0V 记作 0，输入 3V 记作 1；输出端输出 0.7V 记作 0，输出 3.7V 记作 1，则可以得到此电路的真值表见表 2-2。由真值表可知，该电路实现了 $Y = AB$ 的功能。

表 2-1　图 2-5a 电路功能表

A	B	Y
0V	0V	0.7V
0V	3V	0.7V
3V	0V	0.7V
3V	3V	3.7V

表 2-2　图 2-5a 电路真值表

A	B	Y
0	0	0
0	1	0
1	0	0
1	1	1

这种与门电路虽然简单，但是存在着严重的缺点。首先，输出高、低电平数值和输入高、低电平数值不相等，相差一个二极管的导通电压降。如果把这个门的输出作为下一级门的输入信号，将发生信号高、低电平的偏移。其次，当输出端对地接上负载电阻时，负载电阻的改变有时会影响输出的高电平。因此，这种二极管与门电路仅用于集成电路内部的逻辑单元，而不用它直接驱动负载电路。

2. 二极管构成的或门

图 2-6a 所示为由二极管构成的或门电路，可用图 2-6b 所示的逻辑符号表示。当输入端 A 和 B 同时输入 0V 信号时，二极管 VD_1、VD_2 同时截止，则 Y 输出为 0V；当输入端 A 为 0V，B 为 3V 时，二极管 VD_1 截止、VD_2 导通，Y 输出为 2.3V；当输入端 A 为 3V，B 为 0V 时，二极管 VD_1 导通、VD_2 截止，Y 输出为 2.3V；当输入端 A 和 B 同时输入 3V 时，二极管 VD_1、VD_2 同时导通，则 Y 输出为 2.3V。图 2-6a 电路实现的功能见表 2-3。

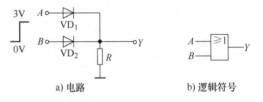

a) 电路　　　b) 逻辑符号

图 2-6　二极管构成的或门

当输入端输入 0V 记作 0，输入 3V 记作 1；输出端输出 0V 记作 0，输出 2.3V 记作 1，可以得到此电路的真值表见表 2-4。由真值表可知，该电路实现了 $Y = A + B$ 的功能。

表 2-3　图 2-6a 电路功能表

A	B	Y
0V	0V	0V
0V	3V	2.3V
3V	0V	2.3V
3V	3V	2.3V

表 2-4　图 2-6a 电路真值表

A	B	Y
0	0	0
0	1	1
1	0	1
1	1	1

二极管构成的或门电路同样存在输出电平的偏移问题，所以这种电路也只用于集成电路内部的逻辑单元。

✏️ 自测题

1. ［多选题］以下哪些是组合逻辑电路的特点？（　　　）

A. 仅仅是由门电路构成　　　　　　　　B. 电路没有记忆功能

C. 电路能够保持原来的状态   D. 输出状态仅取决于该时刻的输入状态

2. ［填空题］在正逻辑中，逻辑1表示_____电平，逻辑0表示_____电平。

3. ［判断题］数字电路中，高电平和低电平不是某一个电压值，而是表示一个电压的范围。（　　）

4. ［判断题］二极管构成的门电路一般不用于驱动负载电路。（　　）

2.2 TTL 门电路

本节思考问题：

1）集成块74LS04能实现什么逻辑功能？引脚功能如何？

2）U_{TH} 是什么参数？TTL反相器的 U_{TH} 的值大约是多少？

3）噪声容限是衡量门电路什么性能的？如何确定TTL门电路的噪声容限？

4）扇出系数是衡量门电路什么性能的？如何确定TTL门电路的扇出系数？

5）TTL门电路的输入负载特性说明了什么？开门电阻的值大约是多少？

6）常用的TTL与非集成块有哪些？引脚功能如何？

7）常用的或非门和异或门集成块有哪些？引脚功能如何？

8）TTL与非门、或非门的多余输入端分别应该接高电平还是低电平？

9）为什么要有OC门？OC门使用时输出端如何处理？

10）三态门有哪三种状态？如何区别控制端是高电平有效还是低电平有效？

如果把逻辑门电路中的全部元器件和连线都制造在一块半导体材料芯片上，再把这个芯片封装在一个壳体中，就构成了一个集成逻辑门。集成逻辑门具有体积小、耗电少、重量轻、可靠性高等许多显著的优点，因此受到了人们极大重视并得到了广泛应用。

目前，在数字系统中使用的集成逻辑门，按所使用的半导体器件的不同，可分为TTL逻辑门和MOS逻辑门。TTL逻辑门（Transistor – Transistor Logic Integrated Circuit）是指输入、输出电路全是双极型晶体管的逻辑门电路；而MOS逻辑门（Metal Oxide Semiconductor）是指由场效应晶体管构成的逻辑门电路。

2.2.1-1TTL反相器结构原理

2.2.1 TTL 反相器

1. 电路结构和工作原理

（1）**电路结构**　反相器是TTL集成门电路中结构最简单的一种，图2-7给出了74系列TTL反相器的典型电路。该电路由输入级、倒相级和输出级三部分组成。输入级由 VT_1、R_1 和 VD_1 组成，倒相级由 VT_2、R_2、R_3 组成，输出级由 VT_4、VT_5、R_4、VD_2 组成。

（2）**工作原理**　输入为低电平（$u_I = 0.2V$）时，VT_1 的发射结可以导通，其基极电位为0.9V，因此不足以使 VT_2 导通，此时 VT_2 截止，从而使得 VT_5 截止；此时，U_{CC} 通过 R_2 给 VT_4 基极供电，使得 VT_4、

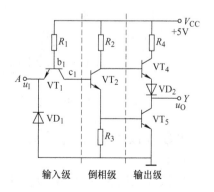

图2-7　74系列TTL反相器的典型电路

VD$_2$ 导通。图 2-7 可以等效为图 2-8 电路，$u_O = 5 - u_{R2} - u_{BE4} - u_{VD2} \approx 3.4V$，输出为高电平。

输入为高电平（$u_1 = 3.4V$）时，VT$_1$ 的发射结可以导通，其基极电位为 4.1V，可以满足 VT$_2$、VT$_5$ 的发射结同时饱和导通。一旦 VT$_2$、VT$_5$ 导通后，VT$_1$ 的基极电位不再是 4.1V，而是被钳位在 2.1V。由于 VT$_2$ 饱和导通，$u_{C2} = U_{CE2} + U_{BE5} = (0.3 + 0.7)V \approx 1V$，也就是 VT$_4$ 基极电位大约为 1V，不能满足 VT$_4$ 和 VD$_2$ 同时导通，因此，VT$_4$ 这条支路断开，图 2-7 可以等效为图 2-9 电路。$u_O = U_{CE5} \approx 0.3V$，输出为低电平。

因此，输出与输入之间为逻辑非的关系，通常也将非门称为反相器。

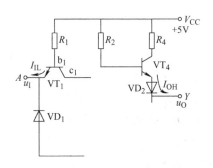
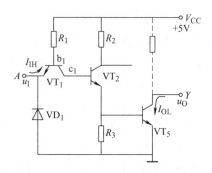

图 2-8　输入为低电平时的等效电路　　　　图 2-9　输入为高电平时的等效电路

电路在工作时，无论输入如何，VT$_4$ 和 VT$_5$ 总是一管导通而另一管截止，这种输出方式称为推拉式工作方式，既降低了功耗又可以提高带负载的能力。

电路中 VD$_1$ 的作用是抑制负向干扰，同时可以防止输入电压为负时 VT$_1$ 的发射极电流过大，起到保护作用。VD$_2$ 用来保证 VT$_2$ 饱和导通时 VT$_4$ 能够可靠的截止。

2.2.1-2TTL反相器外特性（1）

图 2-10 为集成块 74LS04 的引脚图，其内部有 6 个反相器。

2. 主要外部特性

（1）电压传输特性　TTL 反相器的电压传输特性如图 2-11 所示。

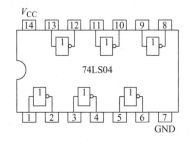
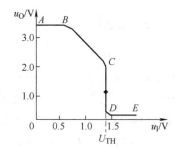

图 2-10　74LS04 引脚图　　　　图 2-11　TTL 反相器电压传输特性曲线

AB 段（截止区）：$u_1 < 0.6V$，$u_{B1} < 1.3V$，VT$_2$、VT$_5$ 截止，VT$_4$ 导通，输出高电平 3.4V。

BC 段（线性区）：$0.7V < u_1 < 1.3V$，VT$_2$ 导通，VT$_5$ 截止，VT$_2$ 工作在放大区。

CD 段（转折区）：$u_1 \approx 1.4V$，$u_{b1} \approx 2.1V$，VT$_2$、VT$_5$ 同时导通，VT$_4$ 截止，输出电位急

剧下降为低电平。

DE 段（饱和区）：$u_I > 1.4V$，u_I 继续升高，u_O 不再变化，保持低电平 $0.3V$。

输出高电平用 U_{OH} 表示，输出低电平用 U_{OL} 表示。$U_{OH} \geqslant 2.4V$，$U_{OL} \leqslant 0.4V$ 便认为合格。典型值 $U_{OH} = 3.4V$，$U_{OL} \leqslant 0.3V$。

$u_I < U_{TH}$ 时，认为 u_I 是低电平；$u_I > U_{TH}$ 时，认为 u_I 是高电平。U_{TH} 称为阈值电压或门槛电压，TTL 门电路 $U_{TH} = 1.4V$。

（2）**噪声容限** 噪声容限是指在保证逻辑门完成正常逻辑功能的情况下，逻辑门输入端所能承受的最大干扰电压，如图 2-12 所示。

输入低电平时噪声容限：$U_{NL} = U_{IL(max)} - U_{OL(max)}$。

输入高电平时噪声容限：$U_{NH} = U_{OH(min)} - U_{IH(min)}$。

噪声容限衡量门电路的抗干扰能力。噪声容限越大，表明电路抗干扰能力越强。

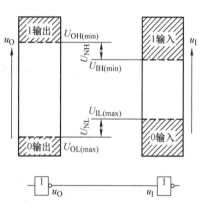

图 2-12 输入端噪声容限示意图

（3）**输入特性** TTL 反相器的输入电流随输入电压变化的关系称为输入特性，如图 2-13c 所示。输入端为低电平时，流出输入端的电流用 I_{IL} 表示，可以近似用输入短路电流 I_S 代替。由于输入电流的参考方向流入为正，而 VT_1 导通时其发射极电流方向由基极流向发射极流出输入端，如图 2-13a 所示，因此 I_{IL} 为负值。输入端为高电平时，一旦 VT_2、VT_5 导通后，VT_1 的基极电位被钳位在 $2.1V$，使得 VT_1 反向，此时，输入端电流为 VT_1 发射结的反向饱和电流，流入输入端，如图 2-13b 所示，这个电流用 I_{IH} 表示，一般 $I_{IH} \leqslant 40\mu A$。

2.2.1-2TTL反相器外特性（2）

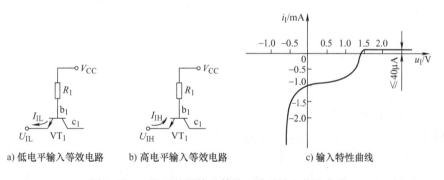

a) 低电平输入等效电路　b) 高电平输入等效电路　c) 输入特性曲线

图 2-13 TTL 反相器输入等效电路及输入特性曲线

（4）**输出特性** 高电平输出特性曲线如图 2-14b 所示。当 TTL 反相器输出为高电平时，若在门电路输出端接入负载，这时将有负载电流流出驱动门，就像是负载从反相器拉走电流，如图 2-14a 所示，此电流称为拉电流（或高电平输出电流），记为 I_{OH}。由于受到功耗的限制，手册上给出的高电平输出电流的最大值要比 $5mA$ 小得多，74 系列门电路一般 $I_{OH} \leqslant 0.4mA$。

低电平输出特性曲线如图 2-15b 所示。当 TTL 反相器输出为低电平时，若在门电路输出端接入负载，这时将有负载电流流入驱动门，就像是负载向反相器灌入电流，如图 2-15a 所示，此电流称为灌电流（或低电平输出电流），记为 I_{OL}。74 系列 I_{OL} 大约为 $16mA$。

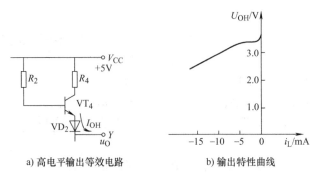

a) 高电平输出等效电路　　　　b) 输出特性曲线

图 2-14　高电平输出特性

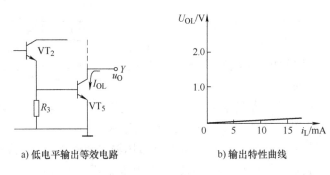

a) 低电平输出等效电路　　　　b) 输出特性曲线

图 2-15　低电平输出特性

（5）**扇出系数**　TTL 反相器的带负载能力用扇出系数 N_O 表示，扇出系数表示反相器所能驱动同类负载门的最大数目。

灌电流工作时：

$$N_{OL} = \left| \frac{I_{OL}}{I_{IL}} \right|$$

拉电流工作时：

$$N_{OH} = \left| \frac{I_{OH}}{I_{IH}} \right|$$

扇出系数 N_O 取 N_{OL}、N_{OH} 中较小的一个。

【**例 2-1**】　已知图 2-16 中的逻辑门为 74 系列，试计算反相器 G_1 能带动多少同类负载门。门电路的输入、输出特性分别由图 2-13、图 2-14、图 2-15 给出（也可参考表 2-6），要求 G_1 输出的高、低电平满足 $U_{OH} \geqslant 3.2V$，$U_{OL} \leqslant 0.2V$。

解： $U_{OL} = 0.2V$ 时，驱动门输出电流 $I_{OL} = 16mA$，每个负载门的输入电流为 $I_{IL} = -1mA$，则

$$N_{OL} = \left| \frac{I_{OL}}{I_{IL}} \right| = \frac{16}{1} = 16$$

$U_{OH} = 3.2V$ 时，驱动门输出电流 $I_{OH} = -7.5mA$，但手册规定 $|I_{OH}| < 0.4mA$，故取

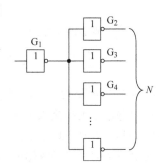

图 2-16　例 2-1 电路

$|I_{OH}| = 0.4\text{mA}$；每个负载门的输入电流为 $I_{IH} = 40\mu\text{A}$，则

$$N_{OH} = \left|\frac{I_{OH}}{I_{IH}}\right| = \frac{0.4}{0.04} = 10$$

2.2.1-2TTL反相器外特性（3）

故 74 系列反相器 G_1 能驱动 10 个同类门。

（6）**输入端的负载特性**　在具体使用门电路时，有时需要在输入端和地之间或者输入端和低电平之间接入电阻，TTL 反相器输入端与地之间外接电阻 R_P 的等效电路如图 2-17 所示。那么当外接电阻 R_P 的阻值变化时，输入端状态是否改变呢？

由图 2-17 可知，当有输入电流流过 R_P 时，必然会在 R_P 上产生电压降而形成输入端电位 u_I。而且 R_P 增大，u_I 会随之升高。图 2-18 给出了 u_I 随 R_P 变化规律曲线，即输入负载特性曲线。

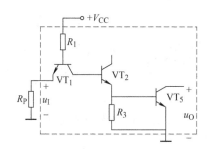

图 2-17　TTL 反相器输入端外接电阻电路

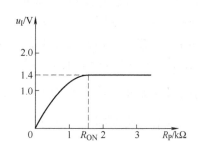

图 2-18　TTL 反相器输入端负载特性曲线

从图中可以看出，当 $R_P < R_{ON}$ 时，u_I 随 R_P 的增大几乎成正比升高，但是当 u_I 上升到 1.4V 以后，VT_2、VT_5 发射结同时导通，u_{B1} 被钳位在 2.1V 左右，所以即使 R_P 再增大，u_I 也不会升高了。此时由于 VT_2、VT_5 饱和导通，输出变为低电平，因此，称此输入电阻 R_{ON} 为开门电阻。

开门电阻 R_{ON}：在保证门电路输出为额定低电平的条件下，所允许 R_P 的最小值称为开门电阻。典型的 TTL 门电路 $R_{ON} \approx 2\text{k}\Omega$。

关门电阻 R_{OFF}：在保证门电路输出为额定高电平的条件下，所允许 R_P 的最大值称为关门电阻。典型的 TTL 门电路 $R_{OFF} \approx 0.7\text{k}\Omega$。

数字电路中要求输入负载电阻 $R_P \geqslant R_{ON}$ 或 $R_P \leqslant R_{OFF}$，否则输入信号将不在高、低电平范围内。振荡电路则令 $R_{OFF} \leqslant R_P \leqslant R_{ON}$，使电路处于转折区。

注意：1）TTL 门电路悬空的输入端相当于接高电平。

2）为了防止干扰，一般应将悬空的输入端接高电平。

【**例 2-2**】　判断如图 2-19 所示的 TTL 电路的输出状态。

解：图 2-19a 为与非门，其中两个输入端通过 10kΩ 电阻接地，由于输入电阻远大于开门电阻，输入端相当于高电平，$Y_0 = \overline{1 \cdot 1} = 0$，

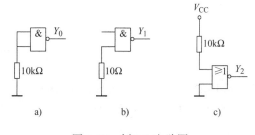

图 2-19　例 2-2 电路图

所以输出为低电平。

图 2-19b 为与非门，其中第 1 个输入端悬空，相当于高电平 1；第 2 个输入端通过 10Ω 电阻接地，由于输入电阻远小于关门电阻，相当于低电平。$Y_1 = \overline{1 \cdot 0} = 1$，所以输出为高电平。

图 2-19c 为或非门，其中 1 个输入端通过 $10k\Omega$ 电阻接电源，为高电平，另 1 个输入端接地，为低电平，$Y_2 = \overline{1 + 0} = 0$，所以输出为低电平。

（7）**传输延迟时间**　在理想情况下，当 TTL 反相器的输入有变化时，输出应立即按其逻辑关系发生响应。但实际上，由于晶体管内部存储电荷的积累和消散都需要时间，故输出电压 u_0 的波形不仅要比输入电压 u_1 的波形滞后，而且上升沿和下降沿均变缓，如图 2-20 所示。

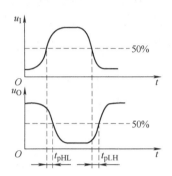

图 2-20　TTL 反相器动态电压波形

通常把输出电压由高电平变低电平的传输延迟时间记作 t_{pHL}，由低电平变高电平的传输延迟时间记作 t_{pLH}。器件手册中一般给出的是平均传输延迟时间 t_{pd}，$t_{pd} = \dfrac{1}{2}(t_{pLH} + t_{pHL})$。

平均传输延迟时间 t_{pd} 表征了门电路的开关速度，t_{pd} 越小，其工作速度越快。

2.2.2　其他类型的 TTL 门电路

1. 与非门

图 2-21a 为 TTL 与非门的典型电路，其输入级晶体管 VT_1 是多发射极晶体管，可以把它看作两个发射极独立而基极和集电极共用的晶体管。或者可以把 VT_1 视为如图 2-21b 所示的等效电路，VT_1 的两个发射结等效为两个二极管，集电结等效为一个二极管，实现输入变量 A、B 的与逻辑关系。

2.2.2-1其他类型TTL电路（1）

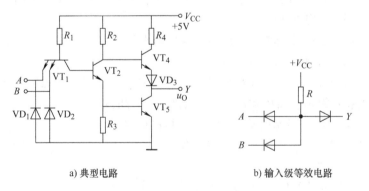

a) 典型电路　　　　　　b) 输入级等效电路

图 2-21　TTL 与非门电路

常用的 TTL 与非门集成块有 74LS00 和 74LS20。其中 74LS00 内含 4 个二输入与非门，其引脚图如图 2-22a 所示；74LS20 内含 2 个四输入与非门，其引脚图如图 2-22b 所示。

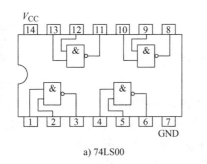 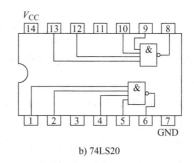

a) 74LS00   b) 74LS20

图 2-22 常用 TTL 集成与非门引脚图

【例2-3】 如图 2-23a 电路，已知 74LS00 门电路 G_P 参数为 $I_{OH}/I_{OL} = -1.0\text{mA}/20\text{mA}$，$I_{IH}/I_{IL} = 50\mu\text{A}/-1.43\text{mA}$，试求门 G_P 能驱动多少同类门？若将电路中的芯片改为 74LS20，其门电路参数同 74LS00，问此时 G_P 能驱动多少同类门？

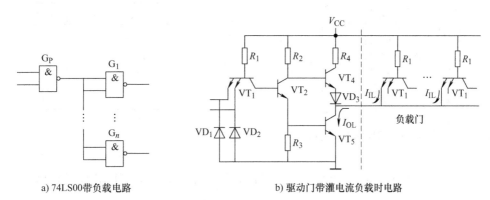

a) 74LS00带负载电路   b) 驱动门带灌电流负载时电路

图 2-23 例 2-3 电路

解：（1）当 G_P 为 74LS00 时：

门 G_P 输出低电平时电路如图 2-23b 所示，由于与非门的输入端为多发射极，当前一级门输出低电平时，负载门只要一个输入端为低电平，VT_2、VT_5 就截止。设可带同类门个数用 N_{OL} 表示，则有

$$N_{OL} = \left| \frac{I_{OL}}{I_{IL}} \right| = \frac{20}{1.43} = 14$$

门 G_P 输出高电平时，此集成块为二输入与非门，设可带同类门个数用 N_{OH} 表示，则有

$$N_{OH} = \left| \frac{I_{OH}}{2I_{IH}} \right| = \frac{1.0}{2 \times 0.05} = 10$$

因此，扇出系数 $N_O = 10$，即 G_P 能驱动 10 个同类门。

（2）当 G_P 为 74LS20 时：

门 G_P 输出低电平时，由于也是多发射极，设可带同类门个数用 N_{OL} 表示，则有

$$N_{OL} = \left| \frac{I_{OL}}{I_{IL}} \right| = \frac{20}{1.43} = 14$$

门 G_P 输出高电平时，此集成块为四输入与非门，设可带同类门个数用 N_{OH} 表示，则有

$$N_{OH} = \left| \frac{I_{OH}}{4I_{IH}} \right| = \frac{1.0}{4 \times 0.05} = 5$$

2.2.2-2其他类型
TTL电路（2）

因此，扇出系数 $N_O = 5$，即 G_P 能驱动 5 个同类门。

2. 或非门

TTL 或非门电路如图 2-24 所示，两个虚线框内的电路相同。

A、B 都为低电平时，VT_2、VT'_2 同时截止，VT_5 截止，VT_4 导通，输出 Y 为高电平。

B 为高电平时，VT'_2、VT_5 同时导通，VT_4 截止，输出 Y 为低电平。

A 为高电平时，VT_2、VT_5 同时导通，VT_4 截止，输出 Y 为低电平。

由表 2-5 可知，满足或非逻辑运算，因此电路为或非门。

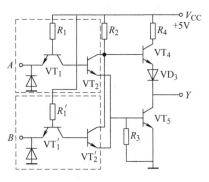

图 2-24　TTL 或非门电路

表 2-5　TTL 或非门真值表

A	B	Y
0	0	1
0	1	0
1	0	0
1	1	0

常用的或非门集成块有 74LS02，其内部有 4 个二输入或非门，其引脚图如图 2-25 所示。

3. 与或非门

TTL 与或非门电路如图 2-26 所示，VT_1 和 VT'_1 均为多发射极晶体管，分别实现 AB 和 CD 相与的功能，VT_1、VT_2 和 VT'_1、VT'_2 两部分电路以及 VT_4、VT_5 与上面的或非电路相同。因此，该电路实现了 $Y = \overline{AB + CD}$ 逻辑功能。

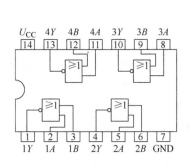

图 2-25　74LS02 引脚图

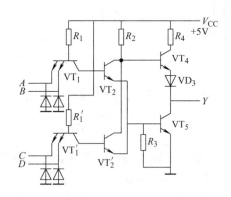

图 2-26　TTL 与或非门电路

4. 异或门

TTL 异或门电路如图 2-27 所示。

  A、B 不同时，VT_1 正向饱和导通，VT_6 截止；VT_2、VT_3 中有一个基极电位为高电平，使得 VT_4、VT_5 中必有一个导通，从而使 VT_7 截止。VT_6、VT_7 同时截止，使得 VT_8 导通，VT_9 截止，输出为高电平。

  若 A、B 同时为高电平，VT_6、VT_9 导通，VT_8 截止，输出低电平；A、B 同时为低电平，VT_4、VT_5 同时截止，使 VT_7、VT_9 导通，VT_8 截止，输出也为低电平。

  常用的异或门集成块有 74LS86，其内部有 4 个异或门，其引脚图如图 2-28 所示。

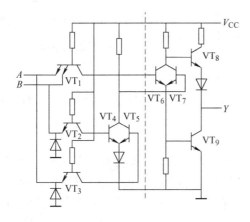
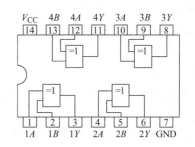

图 2-27 TTL 异或门电路   图 2-28 74LS86 引脚图

2.2.3 特殊的 TTL 门电路

1. 集电极开路与非门（OC 门）

2.2.3 特殊的 TTL电路

  前面介绍的普通门电路，无论输出高电平还是低电平，其输出电阻都很低。如图 2-29a 所示，把两个普通的门电路输出端接在一起，如果上面的输出高电平，而下面的输出低电平，则会从电源到地产生一个很大的电流，有可能把管子烧坏，因此绝对不能将两个门的输出端直接接在一起。

  为了使门电路的输出端能够直接并联使用，可以把 TTL 门电路的推拉式输出级改为晶体管集电极开路输出，如图 2-29b 所示，称为集电极开路输出门，简称 OC 门。集电极开路与非门的逻辑符号如图 2-29c 所示。

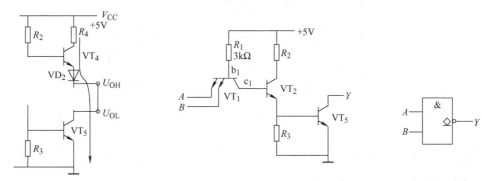

a) 普通门电路输出端相接等效电路   b) 集电极开路门电路   c) 集电极开路与非门逻辑符号

图 2-29 普通门的输出电路以及集电极开路与非门电路结构和逻辑符号

注意： 由于 OC 门的 VT_5 的集电极和电源之间是开路的，因此工作时，其输出端和电源之间需要接一负载电阻 R_L，否则电路无法提供高电平输出。OC 门的正确工作方式如图 2-30a 所示。

多个 OC 门输出端可以并联，只用一个集电极负载电阻 R_L 和电源 V_{CC}，如图 2-30b 所示，此时 $Y = \overline{AB} \cdot \overline{CD} = \overline{AB + CD}$。显然，该电路通过一根连线实现了与的逻辑功能，所以称 OC 门具有"线与"逻辑功能。

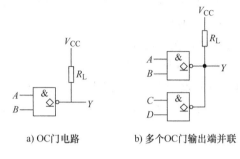

a) OC门电路　　b) 多个OC门输出端并联

图 2-30　OC 门电路

需要注意，为了使"线与"输出的高、低电平值符合所在数字电路系统的要求，对外接负载电阻 R_L 的阻值应作适当选择（有兴趣的读者可以参看其他相关书籍）。

2. 三态门（TS 门）

所谓的三态是指其输出不仅有高电平和低电平两种状态，还有第三态——高阻态。三态输出门（Three-State Output Gate）是在普通门电路的基础上附加控制电路而构成的。三态输出与非门是在 TTL 与非门基础上添加一个二极管 VD 和一个控制端 EN 构成，其电路结构和逻辑符号如图 2-31 和图 2-32 所示。

图 2-31 控制端为高电平有效，当 $EN = 1$ 时，二极管 VD 截止，电路处于与非门工作状态，实现 $Y = \overline{AB}$，输出具有高、低电平两种状态。当 $EN = 0$ 时，VT_1 导通，使得 VT_1 的基极电位 $U_{B1} < 1V$，VT_2、VT_5 均截止；同时二极管 VD 导通，使 VT_4 基极电位 $U_{B4} < 1V$，VD_3 截止，故输出端呈高阻态。

由于此电路在 $EN = 1$ 时为正常与非门工作状态，故称为高电平有效三态门。当 $EN = 1$ 时，$Y = \overline{AB}$；当 $EN = 0$ 时，输出为高阻态。

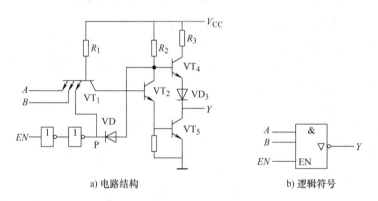

a) 电路结构　　　　　b) 逻辑符号

图 2-31　高电平有效的三态门

图 2-32 电路在 $\overline{EN} = 0$ 时为正常与非门工作状态，故称为低电平有效三态门。当 $\overline{EN} = 0$ 时，$Y = \overline{AB}$；当 $\overline{EN} = 1$ 时，输出为高阻态。

三态门电路的典型应用是在数字系统中构成总线数据传输电路。三态输出反相器接成总

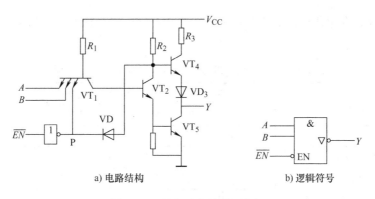

a) 电路结构　　　　　　　　b) 逻辑符号

图 2-32　低电平有效的三态门

线结构如图 2-33 所示，只要工作过程中控制各个反相器的 EN 端轮流等于 1，而且任何时候只有一个等于 1，就可以轮流把各反相器的输出信号送到公共的传输总线上，而互不干扰。这种连接方式称为总线结构。

利用三态输出结构的门电路还能实现数据的双向传输，如图 2-34 所示。当 $EN = 1$ 时，G_1 工作而 G_2 为高阻态，数据 D_0 经过 G_1 反相后送到总线上去；当 $EN = 0$ 时，G_2 工作而 G_1 为高阻态，来自总线的数据 D_1 经过 G_2 反相后送入电路内部。

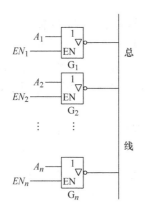

图 2-33　三态输出反相器接成总线结构

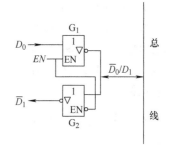

图 2-34　三态门实现数据双向传输

2.2.4　TTL 门电路的选型及正确使用

1. TTL 门系列电路

为满足提高工作速度及降低功耗等需要，TTL 电路有多种标准化产品，尤其以 54/74 系列应用最为广泛。54 系列为军用产品，工作温度 –55 ~ 125℃，电源电压 5V ± 10%；74 系列为民用产品，工作温度 0 ~ 70℃，电源电压 5V ± 5%。54 系列与 74 系列电路同一型号的逻辑功能、外部引线排列均相同。

常见的 TTL 门电路系列有 74 系列（标准 TTL 系列）、74L 系列（低功耗 TTL 系列）、74H 系列（高速 TTL 系列）、74S 系列（肖特基 TTL 系列）、74LS 系列（低功耗肖特基系列）、74AS 系列（改进的肖特基系列）、74ALS 系列（改进的低功耗肖特基系列）等。以上各系列的不同反映在工作速度和平均功耗上。表2-6给出了几种主要 TTL 系列二输入与非门的参数对照。

表 2-6 几种主要 TTL 系列（74×　×00）的参数对照

参数名称和符号	系列名称			
	74	74LS	74AS	74ALS
输入高电平最小值 $U_{IH(min)}$/V	2.0	2.0	2.0	2.0
输入低电平最大值 $U_{IL(max)}$/V	0.8	0.8	0.8	0.8
输出高电平最小值 $U_{OH(min)}$/V	2.4	2.7	2.7	2.7
输出低电平最大值 $U_{OL(max)}$/V	0.4	0.5	0.5	0.5
高电平输出电流最大值 $I_{OH(max)}$/mA	−0.4	−0.4	−2.0	−0.4
低电平输出电流最大值 $I_{OL(max)}$/mA	16	8	20	8
高电平输入电流最大值 $I_{IH(max)}$/μA	40	20	20	20
低电平输入电流最大值 $I_{IL(max)}$/mA	−1.0	−0.4	−0.5	−0.2
传输延迟时间 t_{pd}/ns	9	9.5	1.7	4
平均功耗/mW	10	2	8	1.2

2. 输入/输出端的处理

（1）**TTL 门电路中多余输入端的处理**　数字集成电路中多余的输入端在不改变逻辑关系的前提下可以并联起来使用，也可根据逻辑关系的要求接地或接高电平。

1）与非门多余输入端的处理。与非门多余输入端有 4 种方法可选：接电源或高电平 U_{IH}；与有用端并接；通过大电阻接地；悬空。由于悬空的输入端易受到干扰，导致工作不可靠，所以不推荐这种方法。

2）或非门多余输入端的处理。或非门多余输入端只有两种方法可选：直接接地；与有用端并接。

【**例2-4**】　图 2-35 所示的 TTL 门电路中，要实现 $Y = \overline{A}$，多余输入端的处理哪些是正确的？

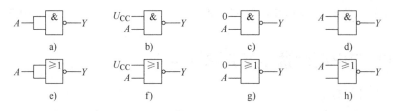

图 2-35　例 2-4 电路图

解：对于与非门 $Y = \overline{1 \cdot A} = \overline{A}$ 或者 $Y = \overline{A \cdot A} = \overline{A}$，因此多余输入端应该为高电平或与有用端并接，TTL 门电路输入端悬空相当于高电平，所以图 2-35a、b、d 正确。

对于或非门 $Y = \overline{0 + A} = \overline{A}$ 或者 $Y = \overline{A + A} = \overline{A}$，因此多余输入端应该为低电平或与有用端并接，所以图 2-35e、g 正确。

（2）**电源电压及输出端的连接**　TTL 电路正常工作时的电源电压为 5V，允许波动范围

±5%，使用时不能将电源与地线颠倒接错，否则会因电流过大而损坏器件。

除三态门和集电极开路门外，其他 TTL 门电路的输出端不允许直接并联使用，输出端不允许与电源或地直接相连。集电极开路门输出端在并联使用时，在其输出端与电源 V_{CC} 之间应外接电阻；三态门输出端在并联使用时，同一时刻只能有一个门工作，其他门输出端处于高阻态。

自测题

1. ［填空题］74LS04 内部有_____个非门。

2. ［多选题］以下关于 U_{TH} 的叙述哪些是正确的？（　　　）

A. 表示阈值电压

B. 当输入电压大于 U_{TH} 时，认为输入的是高电平

C. 当输入电压小于 U_{TH} 时，认为输入的是低电平

D. TTL 门电路 U_{TH} 的值大约是 1.4V

3. ［判断题］TTL 门电路的输入端通过一个 10kΩ 电阻接地，此输入端可视为高电平。（　　　）

4. ［多选题］以下集成块能实现与非功能的有（　　　）。

A. 74LS00　　　　　B. 74LS02　　　　　C. 74LS20　　　　　D. 74LS04

5. ［填空题］扇出系数越大，_____能力越强。

2.3　CMOS 门电路

本节思考问题：

1）CMOS 门电路有哪些特点？

2）CMOS 门电路多余输入端应该如何处理？CMOS 门电路的输入端能悬空吗？

3）CMOS 传输门的逻辑符号是怎样的？实现什么逻辑功能？

4）OD 门正常使用时输出端如何处理？两个 OD 门输出端能直接连接吗？

5）CMOS 三态门和 TTL 三态门逻辑符号和逻辑功能是否相同？其控制端作用是什么？

6）CMOS 门电路不同系列的参数与 TTL 门电路参数对比各有什么特点？

在 MOS 集成电路中，以金属-氧化物-半导体场效应晶体管（MOS 管）作为开关器件。由 MOS 管构成的逻辑电路与前面讲述的 TTL 逻辑电路相比，具有如下优点：

1）制造工艺简单，集成度和成品率较高，成本低；

2）工作电源允许变化的范围大，功耗小；

3）扇出系数大，带负载能力强；

4）输入阻抗高，抗干扰性能好。

鉴于上述特点，MOS 逻辑电路已成为与 TTL 逻辑电路并行发展的另一重要分支，它特别适用于制造大规模、超大规模集成器件。由 MOS 管构成的逻辑电路种类很多，这里着重介绍由 NMOS 和 PMOS 互补构成的逻辑电路门（简称 CMOS）。

2.3.1 CMOS 反相器

CMOS 反相器的电路结构是 CMOS 电路的基本结构形式。同时，CMOS 反相器和后面将会介绍的 CMOS 传输门又是构成复杂 CMOS 逻辑电路的两种基本模块。因此，对 CMOS 反相器着重进行分析。

1. 电路结构

CMOS 反相器电路如图 2-36 所示，其中 NMOS 管 VF_N 为驱动管，PMOS 管 VF_P 为负载管，两管的栅极相连作输入端，两管的漏极相连作输出端。

2. 工作原理

当输入端 A 为低电平（$u_I = U_{IL} = 0$）时，VF_P 导通，VF_N 截止，于是输出 Y 为高电平，$u_O = U_{OH} \approx V_{DD}$。

当输入端 A 为高电平（$u_I = U_{IH} = V_{DD}$）时，VF_N 导通，VF_P 截止，于是输出 Y 为低电平，$u_O = U_{OL} \approx 0$。

所以，该电路具有非门的逻辑功能，即 $Y = \overline{A}$。

静态下，无论 u_I 是高电平还是低电平，VF_P、VF_N 总有一个截止，因此 CMOS 反相器的静态功耗极小。

3. 电压传输特性和电流传输特性

CMOS 反相器的电压传输特性如图 2-37 所示，电流传输特性如图 2-38 所示。

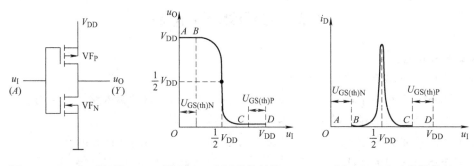

图 2-36　CMOS 反相器　　图 2-37　电压传输特性　　图 2-38　电流传输特性

AB 段输入 $u_I < U_{GS(th)N}$，VF_P 导通，VF_N 截止，电路无电流，$i_D = 0$，输出为高电平 $u_O = U_{OH} \approx U_{DD}$。

CD 段输入 $u_I > V_{DD} - |U_{GS(th)P}|$，$VF_N$ 导通，VF_P 截止，电路无电流，$i_D = 0$，输出为低电平 $u_O = U_{OL} \approx 0$。

BC 段 $U_{GS(th)N} < u_I < V_{DD} - |U_{GS(th)P}|$，$VF_N$ 和 VF_P 同时导通，此时有一个较大的电流流过两只管。如果两个管参数完全对称，则 $u_I = V_{DD}/2$ 时两管的导通内阻相等，$u_O = V_{DD}/2$，即工作于电压传输特性的转折区的中点。将电压传输特性的转折区中点所对应的输入电压称为反相器的阈值电压（门槛电压）U_{TH}，CMOS 反相器的阈值电压为 $U_{TH} \approx V_{DD}/2$。当输入 $u_I = U_{TH}$ 时，i_D 达到最大值。因此，CMOS 反相器在使用时应尽量避免长期工作在 BC 段。

CMOS 反相器的其他特性这里不再赘述，可参考其他教材。

2.3.2 其他类型的 CMOS 门电路

1. CMOS 与非门和或非门

（1）与非门 CMOS 与非门基本结构形式如图 2-39 所示，其中两个 PMOS 管 VF_1、VF_3 并联，两个 NMOS 管 VF_2、VF_4 串联。

当 A 和 B 中任意一个为 0 时，两个 PMOS 管 VF_1、VF_3 至少有一个导通，两个 NMOS 管 VF_2、VF_4 至少有一个截止，因此输出为高电平 V_{DD}，即 $Y = 1$。

当 A 和 B 中同时为 1 时，两个 PMOS 管 VF_1、VF_3 同时截止，两个 NMOS 管 VF_2、VF_4 同时导通，因此输出端接地，即 $Y = 0$。

因此，电路实现了与非功能，即 $Y = \overline{AB}$，真值表见表 2-7。

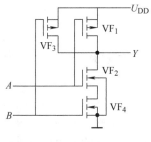

图 2-39 CMOS 与非门

表 2-7 CMOS 与非门真值表

A	B	Y
0	0	1
0	1	1
1	0	1
1	1	0

（2）或非门 CMOS 或非门基本结构形式如图 2-40 所示，其中两个 PMOS 管 VF_1、VF_3 串联，两个 NMOS 管 VF_2、VF_4 并联。

当 A 和 B 中任意一个为 1 时，两个 PMOS 管 VF_1、VF_3 至少有一个截止，两个 NMOS 管 VF_2、VF_4 至少有一个导通，因此输出端接地，即 $Y = 0$。

当 A 和 B 中同时为 0 时，两个 PMOS 管 VF_1、VF_3 同时导通，两个 NMOS 管 VF_2、VF_4 同时截止，因此输出为高电平 V_{DD}，即 $Y = 1$。

因此，电路实现了或非功能，即 $Y = \overline{A + B}$，真值表见表 2-8。

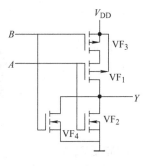

图 2-40 CMOS 或非门

表 2-8 CMOS 或非门真值表

A	B	Y
0	0	1
0	1	0
1	0	0
1	1	0

2. 带缓冲级的 CMOS 门电路

图 2-39 和图 2-40 所示电路虽然简单，但也存在严重的缺点。首先输出电阻 R_0 受输入

状态的影响；其次输出的高低电平受输入端数目的影响；另外，输入端工作状态不同时，对电压传输特性也会有一定的影响。

为了克服这些缺点，在实际生产的 4000 系列和 74HC 系列 CMOS 电路中均采用带缓冲级的结构，就是在门电路的每个输入端、输出端各增设一级反相器。加入的这些具有标准参数的反相器称为缓冲器。

在图 2-40 的输入端 A、B 和输出端各加了一级反相器，其电路结构如图 2-41a 所示，这个电路可以等效为图 2-41b 所示的逻辑电路，从而构成了带缓冲级的 CMOS 与非门。

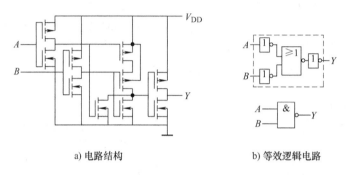

a) 电路结构 b) 等效逻辑电路

图 2-41 带缓冲级的 CMOS 与非门

在图 2-39 的输入端 A、B 和输出端各加了一级反相器，其电路结构如图 2-42a 所示，这个电路可以等效为图 2-42b 所示的逻辑电路，从而构成了带缓冲级的 CMOS 或非门。

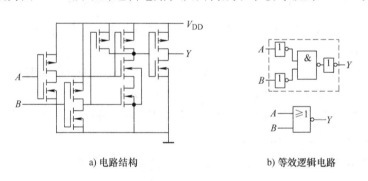

a) 电路结构 b) 等效逻辑电路

图 2-42 带缓冲级的 CMOS 或非门

带缓冲级的门电路其输出电阻，输出高、低电平以及电压传输特性将不受输入端状态的影响。电压传输特性的转折区也变得更陡。

2.3.3 特殊的 CMOS 门电路

2.3.3特殊 CMOS门电路

1. CMOS 传输门

图 2-43 为 CMOS 传输门电路和逻辑符号。它是由一个 NMOS 管 VF_1 和一个 PMOS 管 VF_2 并接而成。

$C = 0$，$\overline{C} = 1$，即 C 端为低电平（0V）、$\overline{C}$ 端为高电平（$+V_{DD}$）时，VF_1 和 VF_2 都不具备开启条件而截止，输入和输出之间呈高阻态，相当于开关断开，输入信号不能传输至输出端，传输门关闭。

$C=1$，$\overline{C}=0$，即 C 端为高电平（$+V_{DD}$）、$\overline{C}$ 端为低电平（0V）时，VF_1 和 VF_2 至少有一个导通，输入和输出之间呈低阻态，相当于开关接通，输入信号可以传输至输出端，传输门开通。

由于 MOS 管的漏极和源极在结构上是对称的，因此，CMOS 传输门是一个双向器件，输入和输出端可以互换使用。

【例 2-5】 分析图 2-44 所示电路的逻辑功能。

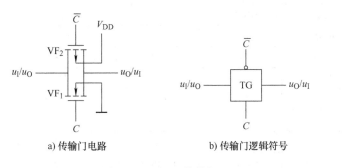

图 2-43 CMOS 传输门

a) 传输门电路　　　　b) 传输门逻辑符号

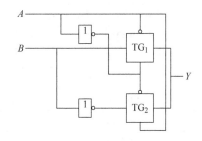

图 2-44 例 2-5 电路图

解： $A=0$，$B=0$ 时，TG_2 截止，TG_1 导通，$Y=B=0$；

$A=0$，$B=1$ 时，TG_2 截止，TG_1 导通，$Y=B=1$；

$A=1$，$B=0$ 时，TG_1 截止，TG_2 导通，$Y=\overline{B}=1$；

$A=1$，$B=1$ 时，TG_1 截止，TG_2 导通，$Y=\overline{B}=0$。

因此，电路实现了异或功能，即 $Y=A\oplus B$。

2. 漏极开路门和三态门

除了以上介绍的电路外，常用的 CMOS 门电路还有漏极开路门和三态门。

漏极开路门又称为 OD 门，电路功能类似于 TTL 电路中的 OC 门，逻辑符号与图 2-29c 相同，利用 OD 门可以将电路的输出端直接并联使用，实现"线与"的功能。实际应用可参考图 2-30，同样需要注意 OD 门工作时，其输出端需要外接负载电阻和电源，否则电路不能正常工作。

CMOS 三态门虽然电路结构不同，但逻辑符号和逻辑功能都与 TTL 三态门相同，可参考图 2-31b 和图 2-32b。CMOS 三态门的输出也有三种状态：高电平、低电平和高阻态。其控制端也分高电平有效和低电平有效两种形式。

2.3.4 CMOS 门电路的选型及正确使用

1. CMOS 门系列电路

按照 MOS 电路发展历程，最早出现的是 4000 系列，其速度慢，与 TTL 电路不兼容；HC/HCT 系列速度快，与 TTL 兼容；AHC/AHCT 系列速度是 HC 的两倍，与 TTL 兼容；目前 LVC 系列具有低电源电压供电，速度更快，功耗更低的特点。

CMOS 门电路也有 54/74 之分，表 2-9 给出了几种主要 CMOS 系列六反相器 74××04

（V_{DD} 在 4.5V 下）的参数对照。

表 2-9　几种主要 CMOS 系列（74××04）的参数对照

参数名称和符号	系列名称			
	4000	74HC	74HCT	74AHC
电源电压范围 U_{DD}/V	3～18	2～6	4.5～5.5	2～5.5
输入高电平最小值 $U_{IH(min)}$/V	3.5	3.15	2	3.15
输入低电平最大值 $U_{IL(max)}$/V	1.5	1.35	0.8	1.35
输出高电平最小值 $U_{OH(min)}$/V	4.6	4.4	4.4	4.4
输出低电平最大值 $U_{OL(max)}$/V	0.05	0.1	0.1	0.1
高电平输出电流最大值 $I_{OH(max)}$/mA	−0.51	−4	−4	−8
低电平输出电流最大值 $I_{OL(max)}$/mA	0.51	4	4	8
高电平输入电流最大值 $I_{IH(max)}$/μA	0.1	0.1	0.1	0.1
低电平输入电流最大值 $I_{IL(max)}$/μA	−0.1	−0.1	−0.1	−0.1
传输延迟时间 t_{pd}/ns	45	9	14	5.3
平均功耗/mW	5×10^{-3}	1×10^{-3}	1×10^{-3}	1×10^{-3}

74HC 系列具有与 74LS 系列同等的工作速度和 CMOS 集成电路固有的低功耗及电源电压范围宽等特点。74HC×× 是 74LS×× 同序号的翻版，型号最后几位数字相同，表示电路的逻辑功能、引脚排列完全兼容，使用时可以用 74HC 替代 74LS。

2. CMOS 门电路的正确使用

COMS 门电路使用时输入端都应该有保护电路，然而这些电路吸收的瞬时能量有限，过大的干扰信号会破坏保护电路，甚至烧坏芯片，因此使用时应注意以下几点：

1）注意静电防护，预防栅极击穿损坏。

① 所有与 CMOS 电路直接接触的工具、仪表等必须可靠接地。

② 存储和运输 CMOS 电路，最好采用金属屏蔽层做包装材料。

2）多余的输入端不能悬空。

输入端悬空极易产生感应较高的静电电压，造成器件的永久损坏。对多余输入端的处理可以参照 TTL 电路，按功能要求接电源或接地，或者与其他输入端并联使用。

3）输入端和地之间接电阻，无论阻值多大，都相当于接入低电平。

4）在连接电路、拔插元器件时必须切断电源，严禁带电操作。

【例 2-6】　图 2-45 所示的 CMOS 门电路中，要实现 $F = \overline{AB}$，多余输入端的处理哪些是正确的？

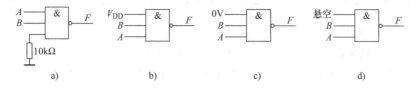

图 2-45　例 2-6 电路图

解：（a）$F = \overline{A \cdot B \cdot 0} = 1$，错误

（b）$F = \overline{A \cdot B \cdot 1} = \overline{AB}$，正确

（c）$F = \overline{\overline{A \cdot B} \cdot 0} = 1$，错误

（d）图错误，CMOS门电路多余输入端不能悬空。

2.3.5 门电路的接口技术

设计一个数字系统时，通常会遇到各种门电路之间、门电路与负载之间的连接问题。为了保证电路正常运行，各种门电路应该满足电压兼容和电流匹配。

图2-46为门电路的接口情况。工作时，驱动门必须能为负载门提供合乎标准的高、低电平和足够的驱动电流。查阅CMOS、TTL电路的参数，使得驱动门与负载门之间满足以下4个表达式：

$$U_{OH(min)} \geqslant U_{IH(min)}, \ U_{OL(max)} \leqslant U_{IL(max)}$$
$$|I_{OH(max)}| \geqslant nI_{IH(max)}, \ I_{OL(max)} \geqslant |mI_{IL(max)}|$$

其中左侧为驱动门的输出电压或电流，右侧为负载门的电压或电流；n 和 m 分别为负载电流中 I_{IH} 和 I_{IL} 的个数。

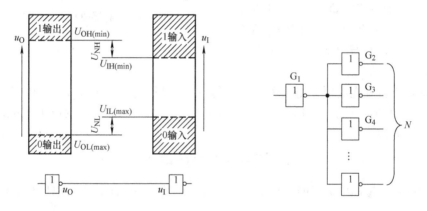

图2-46 门电路接口情况

1. 不同系列的门电路接口

（1）**TTL驱动CMOS** TTL门电路输出高电平在有负载情况下一般在3V左右，不能满足CMOS门电路对输入高电平的要求。当CMOS门电路与TTL电路采用同样的电源5V时，CMOS电路要求输入高电平大于3.5V。所以，不能直接用TTL电路驱动CMOS电路。为提高TTL输出的高电平，应在其输出端接一个上拉电阻到电源，如图2-47所示。

如果CMOS电路的电源电压较高时，比如，4000系列CMOS电路，当 $V_{DD} = 15V$ 时，要求 $U_{IH(min)} = 11V$。因此，TTL电路输出的高电平必须大于11V。这时可以采用集电极开路OC门作为驱动门。

（2）**CMOS驱动TTL** 74HC/74HCT型CMOS可直接驱动一定数量的74/74LS型TTL。若负载电流过大，可采用图2-48所示的接口电路，通过电流放大器实现电流扩展。

不同系列CMOS门电路的驱动可以参考以上电路。

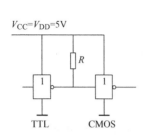

图 2-47 TTL 驱动 CMOS 接口

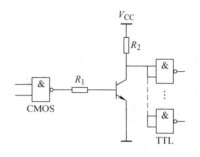

图 2-48 CMOS 通过电流放大器驱动 TTL

2. 门电路驱动 LED 或继电器的接口电路

图 2-49 是反相器驱动发光二极管电路，其中图 2-49a 电路中反相器输出高电平时驱动二极管发光；图 2-49b 电路中反相器输出低电平时驱动二极管发光。为了保证发光二极管正常工作，一般需要串联限流电阻 R。

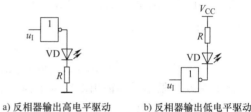

a) 反相器输出高电平驱动   b) 反相器输出低电平驱动

图 2-49 反相器驱动发光二极管电路

【例 2-7】 试用 74HC04 中的反相器作为接口电路，如图 2-49b 所示。使门电路输入 u_1 为高电平时，LED 导通发光，计算限流电阻 R 的取值。

解： LED 正常发光需要几毫安的电流，导通电压降 $U_F = 1.6V$。查 74HC04 手册可知：当电源电压为 5V 时，$U_{OL} = 0.1V$，$I_{OL(max)} = 4mA$。所以，流过 LED 的电流不能超过 4mA。限流电阻最小值为

$$R = \frac{5 - 1.6 - 0.1}{4} k\Omega = 825\Omega$$

如果门电路的输出电流不能满足发光二极管的驱动电流要求，则可以增加晶体管驱动电路，如图 2-50 所示。

图 2-51 是门电路驱动小型直流继电器的接口电路。当门电路输出高电平时，晶体管饱和，继电器线圈有电流通过，继电器吸合，可驱动报警器或执行机构工作；反之，继电器不工作。为保护晶体管，在继电器线圈两端并联续流二极管，注意极性不能接反。

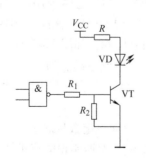

图 2-50 驱动 LED 接口电路

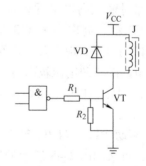

图 2-51 驱动直流继电器接口电路

自测题

1. ［多选题］以下哪些是 CMOS 门电路的特点？（　　　）

A. 集成度高、成本低　　　　　　　　　　B. 功耗小

C. 抗干扰性能好　　　　　　　　　　　　D. 带负载能力强

2. ［单选题］CMOS 门电路的阈值电压是（　　　）

A. 1.4V　　　　　　B. 5V　　　　　　C. $V_{DD}/2$　　　　　　D. V_{DD}

3. ［判断题］CMOS 门电路和 TTL 门电路的输入端悬空时可以认为是高电平。（　　　）

4. ［多选题］CMOS 与非门的多余输入端处理正确的是（　　　）。

A. 接高电平　　　　　　　　　　　　　　B. 与有用的输入端并接

C. 悬空　　　　　　　　　　　　　　　　D. 通过一个大电阻接地

5. ［多选题］CMOS 或非门的多余输入端处理正确的是（　　　）。

A. 接高电平　　　　　　　　　　　　　　B. 与有用的输入端并接

C. 悬空　　　　　　　　　　　　　　　　D. 通过一个大电阻接地

2.4　组合逻辑电路的分析和设计

本节思考问题：

1）组合逻辑电路分析的步骤是怎样的？

2）组合逻辑电路设计的第一步是什么？最终要得到什么？

3）竞争与冒险产生的原因是什么？如何消除竞争与冒险？

任何复杂的数字系统都是用门电路组成的，因此这里将讨论门电路构成的组合电路的分析与设计方法，为分析与设计中、大规模集成电路构成的数字系统提供理论基础。前面学习了分析和设计数字电路的数学工具——逻辑代数，以及构成数字电路的基本单元电路——逻辑门电路。现在可以利用这些知识来分析和设计组合逻辑电路。

2.4.1　组合逻辑电路的分析

组合逻辑电路的分析，就是对一个给定的组合逻辑电路进行分析，找出其输出和输入之间的逻辑关系，从而了解给定电路的逻辑功能。

2.4.1 组合逻辑电路分析

分析组合逻辑电路一般可按下列步骤进行：

1）根据给定的逻辑电路图，从输入到输出逐级写出逻辑函数式；

2）用公式法或卡诺图法化简逻辑函数；

3）由已化简的输出函数表达式，列出真值表；

4）说明逻辑功能。

【例 2-8】　分析说明图 2-52 电路的逻辑功能。

解：逐级写出逻辑函数式：$S = A \oplus B \oplus CI$，

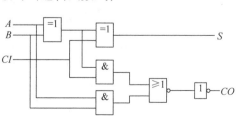

图 2-52　例 2-8 电路图

$CO = \overline{\overline{(A \oplus B)\, CI + AB}}$。

化简得：$S = A \oplus B \oplus CI$，$CO = (A \oplus B)\, CI + AB$。

真值表见表 2-10。

表 2-10　例 2-8 真值表

A	B	CI	S	CO
0	0	0	0	0
0	0	1	1	0
0	1	0	1	0
0	1	1	0	1
1	0	0	1	0
1	0	1	0	1
1	1	0	0	1
1	1	1	1	1

说明功能：这是一个一位全加器电路，可实现两个一位二进制数的加法运算。

【例 2-9】　已知图 2-53 电路和输入波形，试分析电路，并根据输入波形画出输出波形。

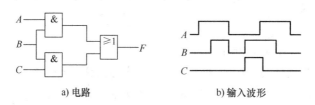

a) 电路　　　　b) 输入波形

图 2-53　例 2-9 电路图和输入波形

解：写出逻辑函数式：$F = AB + BC$。

真值表见表 2-11。

由真值表可知，当 ABC 取 011、110、111 时输出为 1，其他输入的情况下，输出均为 0。可画出输出波形如图 2-54 所示。

表 2-11　例 2-9 真值表

A	B	C	F
0	0	0	0
0	0	1	0
0	1	0	0
0	1	1	1
1	0	0	0
1	0	1	0
1	1	0	1
1	1	1	1

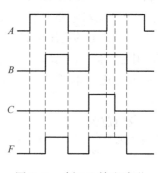

图 2-54　例 2-9 输出波形

2.4.2 组合逻辑电路的设计

2.4.2组合逻辑
电路设计

组合逻辑电路的设计，就是根据给定的逻辑设计要求，设计出能实现逻辑功能的最简逻辑电路。所谓的最简，是指电路所用的器件数最少，器件种类最少，而且器件之间的连线也最少。

要实现一个逻辑功能，可以采用小规模集成门电路实现，也可以采用中规模或大规模集成器件来实现。组合逻辑电路设计过程图如图2-55所示。本节中主要讨论如何采用小规模集成门电路来设计组合逻辑电路。

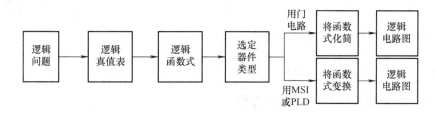

图 2-55 组合逻辑电路设计过程图

小规模集成门电路设计组合逻辑电路的一般步骤：

1）分析设计要求，确定输入、输出变量及其取值，列出真值表；

2）根据真值表写出逻辑函数式并化简；

3）如果与设计要求形式不符，则进行函数变换；

4）画出逻辑电路图。

【例2-10】 设计一个监视交通信号灯工作状态的逻辑电路。每一组信号灯均由红、黄、绿三盏灯组成，如图2-56所示。正常工作情况下，任何时刻必有一盏灯点亮，而且只允许有一盏灯点亮；而当出现其他五种点亮状态时，电路发生故障，这时要求发出故障信号，以提醒维护人员前去修理。要求用与非门实现。

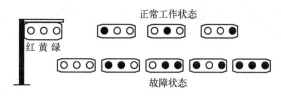

图 2-56 交通信号灯正常状态与故障状态

解： ① 逻辑抽象，列真值表。

取红、黄、绿三盏灯分别用 R、A、G 表示，设灯亮为"1"，不亮为"0"；故障信号为输出变量用 Z 表示，规定正常为"0"，出现故障为"1"，可得到真值表，见表2-12。

② 写出逻辑函数式，得

$$Z = \overline{R}\,\overline{A}\,\overline{G} + \overline{R}AG + R\overline{A}G + RA\overline{G} + RAG$$

利用卡诺图化简，如图2-57所示，得到

$$Z = \overline{R}\,\overline{A}\,\overline{G} + AG + RG + RA$$

③ 函数变换，得

$$Z = \overline{\overline{\overline{R}\,\overline{A}\,\overline{G} + AG + RG + RA}} = \overline{\overline{R}\,\overline{A}\,\overline{G}\ \overline{AG}\ \overline{RG}\ \overline{RA}}$$

表 2-12　例 2-10 真值表

R	A	G	Z
0	0	0	1
0	0	1	0
0	1	0	0
0	1	1	1
1	0	0	0
1	0	1	1
1	1	0	1
1	1	1	1

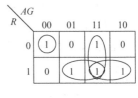

图 2-57　卡诺图化简

④ 画出逻辑图，如图 2-58 所示。

2.4.3　组合逻辑电路的竞争与冒险

前面在讨论组合逻辑电路的分析和设计时，忽视了实际电路中的一些因素，如信号在电路中传输受到器件传输延迟时间的影响等。事实上，由于存在延迟，当输入信号发生变化时，输出并不一定能立即达到预定的状态并稳定在这一状态，可能要经历一个过渡过程，期间逻辑电路的输出端有可能出现不同于原先所期望

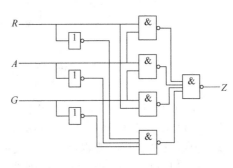

图 2-58　例 2-10 逻辑电路图

的状态，产生瞬时的错误输出。就组合电路而言，尽管这些错误是暂时的并且会消失，但却可能导致系统产生错误的逻辑动作。

1. 竞争与冒险

（1）竞争　组合电路中，当某个输入变量分别经过两条以上的路径到达一个门电路的输入端时，由于每条路径对信号的延迟时间不同，所以信号到达门电路输入端的时间就有先有后，这种现象称为竞争。

图 2-59a 中，信号 A 分两路到达与门，一路经非门取反后到达，另一路直接到达。因为非门的延迟，信号 A 分两路到达与门的时间不同，这样就出现了两路输入信号在与门输入端的竞争。同理，图 2-59b 为两路输入信号在或门输入端的竞争。

（2）冒险　组合电路中的竞争有可能造成输出波形产生不该出现的尖脉冲（俗称毛刺），这种现象称为冒险。

在图 2-59a、b 中分别加入输入信号 A，且考虑非门的延迟时间，则可获得如图 2-60a、b 所示的输出波形。

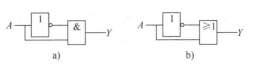

图 2-59　产生竞争的组合电路

由图 2-60a 可以看出，$Y = A\bar{A}$，当输入 A 由 1 变 0 时，输出恒为 0，不会产生冒险；而当 A 由 0 变 1 时，会产生一个不该有的输出 1，称为"1"型冒险。在图 2-60b 中，$Y = A + \bar{A}$，

当输入 A 由 0 变 1 时，输出恒为 1，不会产生冒险；而当 A 由 1 变 0 时，会产生一个不该有的输出 0，称为"0"型冒险。

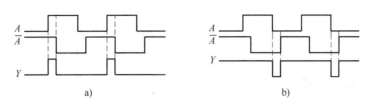

图 2-60 组合电路中出现的冒险

2. 竞争与冒险的判断

只要输入变量的某些取值可以使逻辑函数表示成 $Y = A\overline{A}$ 或者 $Y = A + \overline{A}$ 的形式，则函数有可能会出现冒险现象。

【例 2-11】 分析图 2-61 所示电路，判断是否存在冒险。

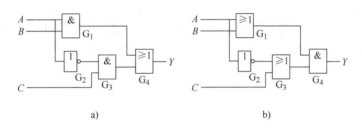

图 2-61 例 2-11 电路

解：图 2-61a 中 $Y = AB + \overline{A}C$，当 $B = C = 1$ 时，$Y = A + \overline{A}$，因此会出现冒险。

图 2-61b 中 $Y = (A + B)(\overline{A} + C)$，当 $B = C = 0$ 时，$Y = A \cdot \overline{A}$，因此会出现冒险。

3. 消除冒险的方法

（1）**修改逻辑设计，增加冗余项** 修改逻辑设计是消除逻辑冒险现象比较理想的办法。例如图 2-61a 中 $Y = AB + \overline{A}C$，如果在 $B = C = 1$ 时，能使 $Y = A + \overline{A}$ 恒为 1，则可以消除冒险。修改后的电路如图 2-62 所示，增加一个与门 G_5，也就是增加了冗余项 BC，此时函数表达式为 $Y = AB + \overline{A}C + BC$，当 $B = C = 1$ 时，$Y = 1$，从而消除了可能会出现的冒险。

（2）**在输出端增加滤波电容，滤除尖脉冲** 图 2-63a 所示的电路中，4 个与门的输出端增加了 C_f 电容。由于冒险而产生的干扰脉冲一般都比较窄，所以在有可能产生干扰脉冲的逻辑门的输出端和地之间并联一个滤波电容，就可以把干扰脉冲吸收掉。这种方法简单可行，但会使门电路的输出波形边沿变坏，因此不适合对输出波形要求严格的情况。

（3）**增加选通电路** 由于冒险现象仅仅发生在输入信号变化的瞬间，因此，采用选通电路，让选通脉冲错开输入信号发生转换的瞬间，可以有效地避免冒险。图 2-63a 所示的电路中，在每一个与门的输入端都加入一个控制信号 p。在输入信号转换瞬间让 p 为 0，选通脉冲把有冒险脉冲输出的逻辑门封锁，使冒险脉冲不能输出。在冒险脉冲消失后，选通脉冲 p 才为 1，将有关逻辑门打开，允许正常输出，其波形图如图 2-63b 所示。

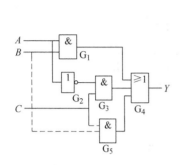

图 2-62　修改逻辑后的电路

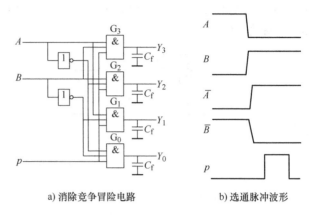

a) 消除竞争冒险电路　　　　b) 选通脉冲波形

图 2-63　增加滤波电容和选通电路及选通脉冲波形

使用这种方法时必须设法得到一个与输入信号同步的选通脉冲，对这个脉冲的宽度和作用的时间均有严格的要求。

在人们的生活工作中，两个人以上的场合也会存在竞争，同样不应该出现冒险过激行为，应该按照制定好的规则公平竞争。

自测题

1. ［单选题］以下叙述正确的是（　　）。
A. 组合逻辑电路的分析就是已知逻辑功能列真值表
B. 组合逻辑电路的分析就是已知函数式列真值表
C. 组合逻辑电路的分析就是已知逻辑图说明逻辑功能
D. 组合逻辑电路的分析就是已知逻辑功能画逻辑图

2. ［单选题］组合电路设计的结果一般是要得到（　　）。
A. 逻辑电路图　　　　B. 电路的逻辑功能　　　C. 电路的真值表　　　D. 逻辑函数式

3. ［单选题］组合逻辑电路的设计时，关键的第一步是（　　）。
A. 逻辑电路图　　　　B. 电路的逻辑功能　　　C. 电路的真值表　　　D. 逻辑函数式

4. ［填空题］竞争与冒险产生的原因是由于门电路有_____。

5. ［多选题］以下哪些情况下会出现竞争冒险现象？（　　）
A. $Y = A + \overline{A}$ 　　　 B. $Y = A + \overline{B}$ 　　　 C. $Y = A\overline{B}$ 　　　 D. $Y = B\overline{B}$

项目实现

下面，完成本章开始时提出的"三人表决电路的设计"项目。

假设三人的按键用变量 A、B、C 表示，按键按下用 1 表示，不按用 0 表示；指示灯用变量 L 表示，指示灯亮用 1 表示，不亮用 0 表示。要实现多数表决功能，应该当两个以上按键按下时，指示灯亮。列出真值表，见表 2-13。

根据真值表写出函数式：$L = \overline{A}BC + A\overline{B}C + AB\overline{C} + ABC$。

用公式或卡诺图化简，得到最简与或式：$L = AB + AC + BC$。

变换为与非式：$L = \overline{\overline{AB} \cdot \overline{AC} \cdot \overline{BC}}$。

画出逻辑电路图，如图 2-64 所示。

表 2-13　三人表决电路真值表

A	B	C	L
0	0	0	0
0	0	1	0
0	1	0	0
0	1	1	1
1	0	0	0
1	0	1	1
1	1	0	1
1	1	1	1

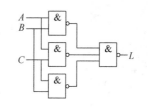

图 2-64　三人多数表决电路图

仿真电路： Multisim 仿真实现三人表决电路

1）打开 Multisim，新建一个文件，选中"逻辑变换器"，并将其拖到电路编辑区，双击展开面板，选择输入变量 A、B、C，将输出的取值按照真值表设定。单击第 3 个按钮，得到最简与或式 $L = AB + AC + BC$，如图 2-65 所示。

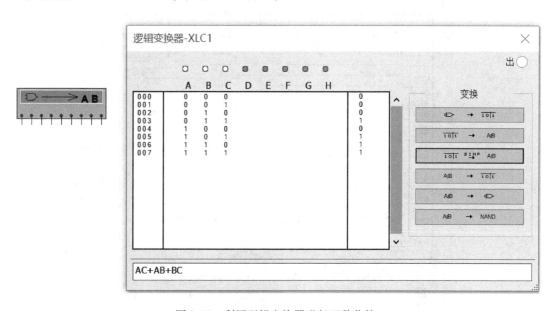

图 2-65　利用逻辑变换器进行函数化简

2）变换为与非式：$L = \overline{\overline{AB} \cdot \overline{AC} \cdot \overline{BC}}$。

3）在 TTL 元件库中选择与非门 74LS00、74LS20，搭建仿真电路。左侧输入信号选用仪器库中的"字信号发生器"，单击右键可以将其水平翻转；右侧的输出选择"逻辑分析仪"，选择 4 个引脚分别与输入 A、B、C 和输出 L 连接，如图 2-66 所示。

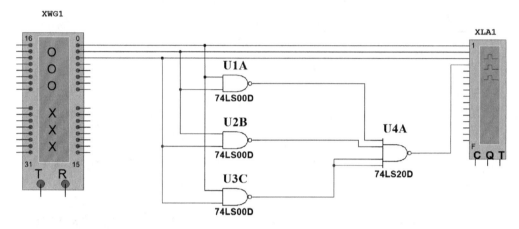

图 2-66　三人表决仿真电路

4）双击"字信号发生器"，打开面板，单击"设置"按钮，在弹出的对话框中选择"上数序计数器"，显示类型为"十六进制"，单击"接受"按钮。

运行电路，双击逻辑分析仪，可以观测输入/输出波形，与真值表一致，如图 2-67 所示，因此设计的电路正确。

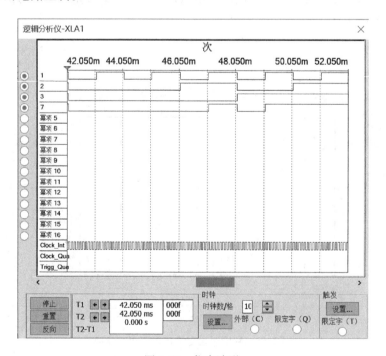

图 2-67　仿真波形

5）利用"逻辑变换器"得到最简与或式后，再单击第 6 个按钮，则可以得到全部由二输入与非门构成的电路图，如图 2-68 所示，同样可以实现表决功能。

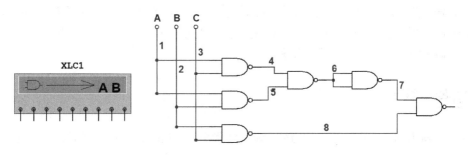

图 2-68　二输入与非门构成的仿真电路

📚 本章小结

本章主要介绍了 CMOS 和 TTL 两类集成门电路，以及由门电路构成的组合逻辑电路的分析和设计，主要内容有：

1. 从逻辑功能上来描述，组合逻辑电路是指任意时刻的输出仅取决于该时刻的输入，与电路原来的状态无关。从电路结构来看，组合电路具有两个特点：电路仅由门电路构成，且电路无记忆功能。

2. TTL 反相器由输入级、中间级和输出级三部分构成，其外部特性包括电压传输特性、噪声容限、输入特性、输出特性、扇出系数和传输延迟时间等。

噪声容限衡量门电路的抗干扰能力。噪声容限越大，表明电路抗干扰能力越强。扇出系数反映了门电路的带负载能力。

TTL 门电路的其他类型包括与非门、或非门、与或非门、集电极开路门（OC 门）、三态门等。OC 门可以实现线与逻辑功能，三态门输出端可以有三种状态：高电平、低电平和高阻态。

使用时需注意输入端负载特性，了解开门电阻、关门电阻的意义。当输入端通过一个电阻接地时，如果电阻大于开门电阻，则输入端相当于输入高电平。对于多余输入端的处理应该满足不改变逻辑关系。

3. CMOS 反相器由 NMOS 和 PMOS 互补构成，其外部特性包括电压传输特性、电流传输特性、噪声容限、输入特性、输出特性、扇出系数和传输延迟时间等。

CMOS 门电路的类型除了与非门、或非门、带缓冲级的门电路、漏极开路门（OD 门）和三态门以外，还有 CMOS 传输门，它能够接通和断开模拟信号。

CMOS 门电路具有工作电压范围大、功耗低、噪声容限大、驱动能力强等优点。

CMOS 门电路的输入端不允许悬空。当输入端通过电阻接地时，无论电阻多大，都相当于接低电平。

4. 组合逻辑电路的分析就是已知逻辑电路分析说明其逻辑功能的过程。由门电路构成的组合逻辑电路分析比较简单，按照步骤从输入到输出逐级写出函数式、化简、列真值表、说明功能。

5. 组合逻辑电路的设计就是根据实际逻辑问题最终得到一个简单合理的逻辑电路的过

程。由门电路构成的组合逻辑电路的设计关键是确定输入/输出变量、列出真值表，还要注意要依据设计要求对函数形式进行变换。

6. 竞争—冒险是组合逻辑电路工作状态转换过程中经常出现的一种现象。如果负载是一些对尖峰脉冲敏感的电路，需要采取措施来消除竞争—冒险。光电显示器件作为负载时，其对尖峰脉冲不敏感，则可以不必考虑。

思考与练习

2-1 试画出图 2-69a 中各门电路的输出波形，已知输入端 A、B 的波形，如图 2-69b 所示。

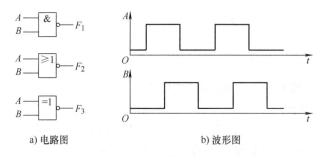

a) 电路图   b) 波形图

图 2-69 题 2-1 电路图和波形图

2-2 已知图 2-70 电路的输入波形，请写出 Y_1、Y_2 的函数表达式，并画出其输出波形。

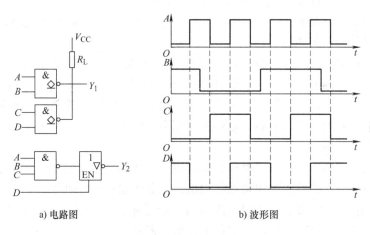

a) 电路图   b) 波形图

图 2-70 题 2-2 电路图和波形图

2-3 试判断如图 2-71 所示 TTL 电路能否按各图要求的逻辑关系正常工作？若电路不能正常工作，则修改电路（要求不增加门电路）。

2-4 TTL 逻辑门电路如图 2-72 所示，试写出逻辑表达式。

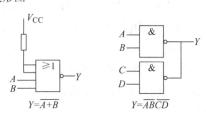

图 2-71 题 2-3 电路图

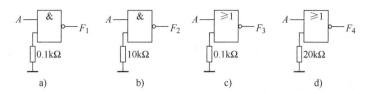

图 2-72 题 2-4 电路图

2-5 图 2-73 所示 CMOS 门电路中，要实现 $F = \overline{A + B}$，多余输入端处理哪些是正确的？

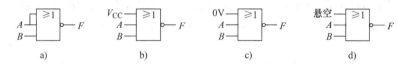

图 2-73 题 2-5 电路图

2-6 已知图 2-74 所示电路，试写出输出逻辑函数式，列出真值表，并分析说明电路的逻辑功能。

2-7 图 2-75 所示电路假设为 TTL 门电路，试判断哪个电路能够实现 $F = \overline{A}$ 的逻辑功能？如果为 CMOS 门电路，以下电路能否实现 $F = \overline{A}$ 的逻辑功能？

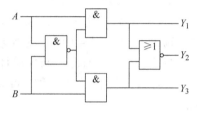

图 2-74 题 2-6 电路图

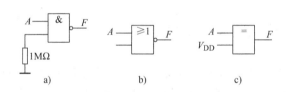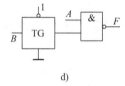

图 2-75 题 2-7 电路图

2-8 图 2-76 所示电路中 G_1 和 G_2 为三态门，G_3 为 TTL 或非门，若取 $R = 100 \text{k}\Omega$，则 $F = $ ___；若取 $R = 100\Omega$ 时，$F = $ ___。

2-9 某产品有 A、B、C、D 四项质量指标。规定：A 必须满足要求，其他三项指标中只要有任意两项满足要求，产品 L 就算合格。试设计一个检验产品合格的逻辑电路，要求列出真值表、写出逻辑函数式并化简、画出逻辑电路图，用与非门实现该逻辑电路。

2-10 某学生宿舍内有一盏灯，同住此宿舍的三位同学要求在各自床头安装开关，均能独立控制灯的开或关。用与非门设计一个控制电路满足三位同学的要求。

2-11 试说明在下列情况下，用万用表测量图 2-77 电路中的 u_{I2} 端得到的电压各为多少？

（1）u_{I1} 悬空。

（2）u_{I1} 接低电平（0.2V）。

（3）u_{I1} 接高电平（3.2V）。

（4）u_{I1} 经 51Ω 电阻接地。

（5）u_{I1} 经 10kΩ 电阻接地。

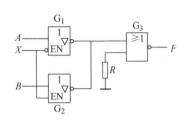

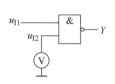

图 2-76　题 2-8 电路图　　　　　　图 2-77　题 2-11 电路图

图中的与非门为 74 系列的 TTL 电路，万用表使用 5V 量程，内阻为 $20\text{k}\Omega/\text{V}$。

2-12　若题 2-11 中的与非门改为 74 系列 TTL 或非门，试问在上列五种情况下测得的 u_{12} 各为多少？

2-13　若题 2-11 图中的门电路改为 CMOS 与非门，说明当 u_{11} 为题 2-11 给出的五种状态时，测得的 u_{12} 各为多少？

2-14　设计一个能够实现图 2-78 所示功能的电路，要求当 $A = 0$ 时，输出 $Y = D_0$；$A = 1$ 时，输出 $Y = D_1$。

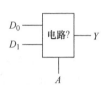

2-15　判断下列逻辑函数设计的组合逻辑电路是否会产生冒险现象？在什么情况下产生冒险？如果产生冒险，试用增加冗余项的方法消除。

图 2-78　题 2-14

（1）$Y_1 = AB + A\overline{C} + \overline{C}D$　　　　（2）$Y_2 = AB + \overline{A}CD + BC$　　　　（3）$Y_3 = (A + \overline{B})(\overline{A} + \overline{C})$

 拓展链接： 领先世界的科技——创新中国

中华民族的科技活动有着悠久的历史，曾经为人类发展做出过巨大的贡献。改革开放以来，尤其是近 20 年的经济高速发展，推动了我国科技的发展，我国已经有许多技术处于世界领先地位。下面盘点一下我国领先世界的十大科技：

1. 航天科技

很多人都知道长征系列运载火箭，它是我国航天发射的常客，在 2021 年，我国航天发射次数远超全球其他国家，是全球发射任务第一的国家。而且，我国的长征系列运载火箭发射成功率是 100%，刷新了世界纪录，至今没有哪个国家能保持这样的成功率。

2. "中国天眼" ——FAST

FAST 是国家重大科技基础设施 500m 口径球面射电望远镜，2016 年落成，是具有自主知识产权、世界最大单口径、最灵敏的射电望远镜，能够监听到宇宙中微弱的射电信号。2021 年 3 月 31 日，FAST 第一个面向全球开放使用。2021 年底，FAST 已发现 509 颗脉冲星，是世界上所有其他望远镜发现脉冲星总数的 4 倍以上。

3. 量子通信技术

量子通信是基于量子纠缠效应，进行信息传递的一种新型通信方式。例如，我国拥有墨子号量子卫星、量子通信 2000km 的京沪干线等。目前我国在量子通信技术方面居全球最领先地位。

4. 超级计算机

超级计算机（超算）被认为是科技领先的核心力量之一，我国的超级计算机常年保持全球排名的前三甲，而且超算的 CPU 完全是我国自主研发的。

5. 特高压输电技术

我国的特高压输电技术是当之无愧的世界第一，目前我国是世界上唯一全盘掌握特高压输电的国家，在特高压行业领域处于绝对领先地位。800kV、1000kV 的输电线路在我国比比皆是，然而世界其他国家却很少有这么高的电压输电线路。在特高压输电系统方面，我国有着无与伦比的领先优势。

6. 高铁技术

我国高铁技术虽然是后起之秀，但如今很多方面都已经做到了世界领先。我国正在自主研发新型智能列车控制系统，新型智能列控系统将利用北斗卫星导航技术、5G 通信技术等构成空、天、地一体化的列控系统。与传统列控技术相比，实现轨旁电子设备从多到少、从有到无的转变，是列控技术领域里程碑式的技术创新。

7. 人造太阳技术

2017 年中国科学院等离子体物理研究所宣布，被称为人造太阳的我国超导托卡马克实验装置 EAST，在全球首次实现了 5000 万度等离子体持续放电 101.2s 的高约束运行，创造了世界之最。2021 年，EAST 实现了三项世界第一：在 1 亿℃下燃烧 101s；在 1.6 亿℃下20s 等离子体运行；在电子温度 7000 万度下实现世界最长 1056s 的长脉冲高参数等离子体运行。

8. 激光制造技术

激光制造技术作为一种新型的先进的制造技术，涉及很多方面，包括光学、物理、材料加工等。世界上只有中美两国有实力并且有能力进行这方面的研究，两国各有千秋。

9. 特种隐身技术和超材料技术

我国的科技团队开展超材料技术研究，研发出特种材料技术，取得了突破性进展，使我国在该领域领先于世界。

其实我国领先世界的技术还有很多，我国能够取得如此傲人的成绩，离不开我们辛勤的科技工作者们。正是因为他们不懈研究，才能取得这么多成果，使得我们的生活越来越好。在诸多创新领域与电子信息紧密相关，因此，同学们应该首先学好基本的电子电路知识，不断培养创新发展能力。

第 **3** 章

常用组合逻辑器件

☑ 内容及目标

◆ **本章内容**

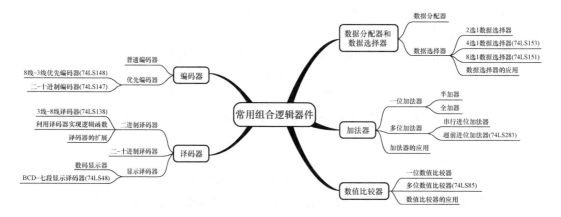

◆ **学习目标**

1. 知识目标

1) 熟悉常用中规模组合逻辑器件的引脚图、功能表以及芯片的使用。

2) 掌握中规模集成块构成复杂功能组合逻辑电路的分析和设计方法。

3) 了解中规模组合逻辑器件扩展的方法。

2. 能力目标

1) 能够利用中规模集成器件设计实现复杂组合逻辑电路。

2) 能够实现中规模组合逻辑器件的扩展。

3. 价值目标

1) 了解科技前沿，形成崇尚科学，勇于探索的品质。

2) 形成使命担当，增强科技报国意识。

 项目研究：病房呼叫器的设计

1. 任务描述

医护人员非常的辛苦，下面来设计一个 8 路病人呼叫系统给医护人员减轻一些负担。要求当病人按下呼救信号按钮时能够显示病人编号，并且按照病人的病情划分出优先级别，有多个病人同时呼救时，系统优先显示最高级别的呼救编号。

2. 任务要求

1）用优先编码器 74LS148 和显示译码器 74LS48 实现。

2）画出系统设计框图和总体电路图。

3.1.1组合逻辑器件概述

知识链接

人们在实践中遇到的逻辑问题层出不穷，为解决这些问题而设计的逻辑电路也不胜枚举。然而，其中有些逻辑电路经常、大量地出现在各种数字系统中。为了使用方便，人们已经将这些逻辑电路制成了中、小规模的集成电路产品，在设计复杂系统时，可以直接调用这些产品。本模块着重介绍几种常用的中规模组合逻辑器件及其应用。

3.1　编　码　器

本节思考问题：

1）什么是编码？常用编码器有哪些种类？

2）二进制编码器有几个输入端，几个输出端？

3）优先编码器有什么特点？

4）74LS148 实现怎样的逻辑功能？各引脚的功能是什么？

5）如何利用两片 74LS148 进行扩展？

3.1.2编码器

被评为我国新四大发明之一的"扫码支付"，就是一种利用二维码进行付款的方式。二维码是一种二进制编码方式，使用若干个与二进制相对应的几何图形来表示文字数值信息，通过图像输入设备或光电扫描设备自动识读以实现信息自动处理。

编码就是用二进制码来表示某一信息（文字、数字、符号）的过程，编码器即完成编码功能的逻辑电路。

3.1.1　普通编码器

对于普通编码器来说，任何时刻只允许输入一个编码信号，否则输出就会混乱。用 n 位二进制码对 2^n 个信息进行编码的电路称为 n 位二进制编码器。

图 3-1a 所示为 3 位二进制编码器（又称 8 线-3 线编码器）的原理框图，它有 8 个高电平有效的输入端 $I_0 \sim I_7$，分别代表需要编码的 8 路信息；3 个输出端 Y_2、Y_1、Y_0，表示 8 路信息编成的 3 位二进制码。图 3-1b 为其逻辑功能图，在电路设计时往往使用逻辑功能图来表示。

图 3-1b 所示的逻辑功能图中为高电平有效，在高电平时使能，条件为真。但有的逻辑功能图中在输入或输出端画一圆圈，则表示逻辑取反，即低电平有效，在低电平时使能，条件为真，如图 3-2b 所示。

8 线-3 线编码器功能表见表 3-1。由功能表可知，当 $I_0 = 1$，而其余输入端均为 0 时，编码器输出为 000；当 $I_7 = 1$，而其余输入端均为 0 时，编码器输出为 111。所以，在同一时

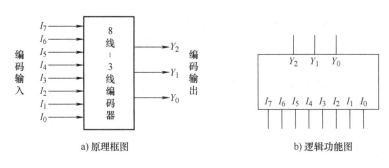

图 3-1 8 线–3 线编码器原理框图和逻辑功能图

刻二进制编码器的输入只能有一个输入端为有效电平 "1"，其他输入端必须为 "0"。也就是说，不允许有两个或两个以上的输入信号同时请求编码，否则，编码器输出将发生混乱。这个缺点限制了普通编码器的应用，为了避免这种情况，可以采用优先编码器。

表 3-1 8 线–3 线编码器功能表

输 入								输 出		
I_0	I_1	I_2	I_3	I_4	I_5	I_6	I_7	Y_2	Y_1	Y_0
1	0	0	0	0	0	0	0	0	0	0
0	1	0	0	0	0	0	0	0	0	1
0	0	1	0	0	0	0	0	0	1	0
0	0	0	1	0	0	0	0	0	1	1
0	0	0	0	1	0	0	0	1	0	0
0	0	0	0	0	1	0	0	1	0	1
0	0	0	0	0	0	1	0	1	1	0
0	0	0	0	0	0	0	1	1	1	1

3.1.2 优先编码器

优先编码器允许多个输入端同时请求编码，而编码时只对优先权最高的有效输入信号进行编码，而不考虑其他优先级低的输入信号。如医院里的呼叫系统，根据病情严重程度来进行处理，如果危重病房与普通病房同时呼叫，则优先显示危重病房。

常用的优先编码器有 74LS148（8 线–3 线优先编码器）、74LS147（10 线–4 线优先编码器）等。

1. 8 线–3 线优先编码器 74LS148

74LS148 是一种常用的二进制优先编码器，其引脚排列图和逻辑功能图如图 3-2 所示。

74LS148 有 16 个引脚，除了 16 引脚接电源、8 引脚接地外，还有 8 个输入端 $\bar{I}_0 \sim \bar{I}_7$，为低电平有效，其中 $\bar{I}_7$ 优先权最高，$\bar{I}_0$ 优先权最低。3 个输出端 $\bar{Y}_2$、$\bar{Y}_1$、$\bar{Y}_0$（反码输出），为低电平有效。输入使能端 $\bar{S}$（片选端）：当 $\bar{S}=0$ 时，允许编码器工作；当 $\bar{S}=1$ 时，禁止编码器工作，输出均为高电平。输出选通端 $\bar{Y}_S$：当 $\bar{Y}_S=0$ 时，表示编码器正常工作但无编

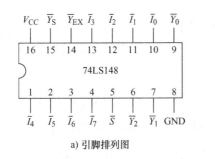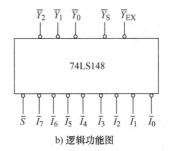

a) 引脚排列图　　　　　　　　　　　b) 逻辑功能图

图 3-2　74LS148 引脚排列及逻辑功能图

码输入。扩展端 $\overline{Y}_{EX}$：当 $\overline{Y}_{EX} = 0$ 时，表示编码器正常工作且有编码输入。$\overline{Y}_S$ 和 $\overline{Y}_{EX}$ 通常用于编码器的扩展级联。74LS148 功能表见表 3-2。

表 3-2　74LS148 功能表

输　入									输　出				
$\overline{S}$	$\overline{I}_0$	$\overline{I}_1$	$\overline{I}_2$	$\overline{I}_3$	$\overline{I}_4$	$\overline{I}_5$	$\overline{I}_6$	$\overline{I}_7$	$\overline{Y}_2$	$\overline{Y}_1$	$\overline{Y}_0$	$\overline{Y}_S$	$\overline{Y}_{EX}$
1	×	×	×	×	×	×	×	×	1	1	1	1	1
0	1	1	1	1	1	1	1	1	1	1	1	0	1
0	×	×	×	×	×	×	×	0	0	0	0	1	0
0	×	×	×	×	×	×	0	1	0	0	1	1	0
0	×	×	×	×	×	0	1	1	0	1	0	1	0
0	×	×	×	×	0	1	1	1	0	1	1	1	0
0	×	×	×	0	1	1	1	1	1	0	0	1	0
0	×	×	0	1	1	1	1	1	1	0	1	1	0
0	×	0	1	1	1	1	1	1	1	1	0	1	0
0	0	1	1	1	1	1	1	1	1	1	1	1	0

下面举一个例子来说明利用 $\overline{Y}_S$ 和 $\overline{Y}_{EX}$ 实现电路功能扩展的方法。

【例 3-1】　试用两片 74LS148 实现 16 线-4 线优先编码器，将 $\overline{A}_0 \sim \overline{A}_{15}$ 16 个低电平输入信号编为 0000 ~ 1111 16 个四位二进制码，其中 $\overline{A}_{15}$ 的优先权最高，$\overline{A}_0$ 的优先权最低。

解：将第 1 片的输出选通端 $\overline{Y}_S$ 接到第 2 片的使能端 $\overline{S}$ 上，这样只有当 $\overline{A}_{15} \sim \overline{A}_8$ 均无信号时，才允许对 $\overline{A}_7 \sim \overline{A}_0$ 输入信号编码。

由图 3-3 可见，当 $\overline{A}_{15} \sim \overline{A}_8$ 中任一输入端为低电平时，例如 $\overline{A}_{11} = 0$，则

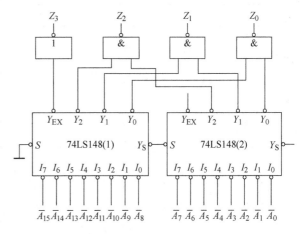

图 3-3　两片 74LS148 构成 16 线-4 线编码器

74LS148（1）的 $\overline{Y}_{EX}=0$，$Z_3=1$，$\overline{Y}_2\overline{Y}_1\overline{Y}_0=100$。同时，74LS148（1）的 $\overline{Y}_S=1$，将 74LS148（2）封锁，使它的输出 $\overline{Y}_2\overline{Y}_1\overline{Y}_0=111$。因此最终输出 $Z_3Z_2Z_1Z_0=1011$。如果 $\overline{A}_{15}\sim\overline{A}_8$ 中同时有几个输入端为低电平，则只对优先权最高的一个信号编码。

当 $\overline{A}_{15}\sim\overline{A}_8$ 全部为高电平（无编码输入信号）时，74LS148（1）的 $\overline{Y}_S=0$，故 74LS148（2）的 $\overline{S}=0$，处于编码工作状态，对 $\overline{A}_7\sim\overline{A}_0$ 输入的低电平信号中优先权最高的进行编码。例如 $\overline{A}_5=0$，则 74LS148（2）的 $\overline{Y}_2\overline{Y}_1\overline{Y}_0=010$，此时 74LS148（1）的 $\overline{Y}_{EX}=1$，$Z_3=0$。而 74LS148（1）的 $\overline{Y}_2\overline{Y}_1\overline{Y}_0=111$，于是最终输出得到 $Z_3Z_2Z_1Z_0=0101$。

2. 二—十进制编码器 74LS147

74LS147 是将十进制码转换为二进制码的组合逻辑电路，称为 10 线-4 线优先编码器（8421BCD 码优先编码器），它共有 16 个引脚，其中 16 引脚接电源、8 引脚接地，$\overline{I}_1\sim\overline{I}_9$ 为输入端，$\overline{Y}_3\sim\overline{Y}_0$ 为输出端，输入、输出端均为低电平有效。74LS147 引脚排列和逻辑功能图如图 3-4 所示。

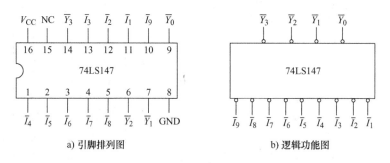

a) 引脚排列图　　　　b) 逻辑功能图

图 3-4　74LS147 引脚排列及逻辑功能图

74LS147 功能表见表 3-3，优先级别从 $\overline{I}_9$ 至 $\overline{I}_1$ 递减。

表 3-3　74LS147 功能表

输　入									输　出			
$\overline{I}_1$	$\overline{I}_2$	$\overline{I}_3$	$\overline{I}_4$	$\overline{I}_5$	$\overline{I}_6$	$\overline{I}_7$	$\overline{I}_8$	$\overline{I}_9$	$\overline{Y}_3$	$\overline{Y}_2$	$\overline{Y}_1$	$\overline{Y}_0$
1	1	1	1	1	1	1	1	1	1	1	1	1
×	×	×	×	×	×	×	×	0	0	1	1	0
×	×	×	×	×	×	×	0	1	0	1	1	1
×	×	×	×	×	×	0	1	1	1	0	0	0
×	×	×	×	×	0	1	1	1	1	0	0	1
×	×	×	×	0	1	1	1	1	1	0	1	0
×	×	×	0	1	1	1	1	1	1	0	1	1
×	×	0	1	1	1	1	1	1	1	1	0	0
×	0	1	1	1	1	1	1	1	1	1	0	1
0	1	1	1	1	1	1	1	1	1	1	1	0

自测题

1. ［填空题］ 编码就是用_____来表示某一信息的过程。

2. ［单选题］ 三位二进制编码器是几线输入、几线输出？（　　）

A. 3, 3 　　　　B. 3, 8 　　　　　　C. 8, 3 　　　　　　　D. 8, 8

3. ［单选题］ 以下哪个集成块功能为 8 线-3 线优先编码器？（　　）

A. 74LS48 　　　　B. 74LS148 　　　　C. 74LS08 　　　　　D. 74LS138

4. ［判断题］ 优先编码器的多个输入端可以同时有信号输入。（　　）

5. ［填空题］ 二-十进制编码器是将_____转换为二进制码的组合逻辑电路。

3.2 译　码　器

本节思考问题：

1）什么是译码？常用译码器有哪些种类？

2）二进制译码器有几个输入端，几个输出端？

3）74LS138 实现什么逻辑功能？简述各引脚的功能，看懂 74LS138 功能表，画出其逻辑功能示意图，并写出其输出表达式。

4）如何分析和设计 74LS138 构成的组合逻辑电路？

5）两片 74LS138 如何扩展为 4 线-16 线译码器？

6）二-十进制译码器的输入、输出分别是什么？

7）数码显示器中的二极管有几种连接方式？各有什么特点？

8）显示译码器的作用是什么？简述 74LS48 的逻辑功能。74LS48 驱动数码管是如何连接的？

译码是编码的逆过程。所谓译码，就是将输入的二进制码翻译成相应的输出信号。实现译码功能的电路称为译码器。

常用的译码器有二进制译码器、二-十进制译码器、显示译码器三类。

3.2.1 二进制译码器

1. 二进制译码器的特点

二进制译码器的输入端为 n 个，则输出端为 2^n 个，且对应于输入码的每一种状态，2^n 个输出中只有一个为 1（或为 0），其余全为 0（或为 1）。

图 3-5 为三位二进制译码器的框图。三位二进制译码器有 3 个输入端、8 个输出端，又称为 3 线-8 线译码器。另外还有 2 线-4 线译码器、4 线-16 线译码器等。

2. 常用二进制译码器 74LS138

74LS138 是一种典型的 3 线-8 线译码器，其引脚排列图和逻辑功能图如图 3-6 所示。图中 S_1、$\overline{S_2}$、$\overline{S_3}$ 称为选通控制端（又称使能端），为了强调"低电平有效"，

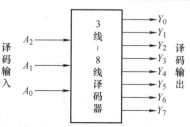

图 3-5　3 线-8 线译码器框图

逻辑功能图中 $\overline{S}_2$、$\overline{S}_3$ 的输入端加上了小圆圈；A_2、A_1、A_0 称为译码器地址输入端；$\overline{Y}_0 \sim \overline{Y}_7$ 为译码器输出端（低电平有效）。

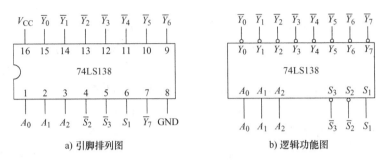

a) 引脚排列图 b) 逻辑功能图

图 3-6 74LS138 引脚排列图和逻辑功能图

74LS138 功能表见表 3-4。由功能表可知：

1) 表 3-4 中，当 $S_1 = 0$ 或 $\overline{S}_2 + \overline{S}_3 = 1$ 时，译码器被禁止，全部输出被封锁在高电平。

2) 当 $S_1\overline{S}_2\overline{S}_3 = 100$ 时，译码器正常工作，即每输入一组二进制码，$\overline{Y}_0 \sim \overline{Y}_7$ 中总有且仅有一个输出有效电平（低电平）与之对应。

3) 译码器正常译码时，可以写出其输出函数表达式：

$$\overline{Y}_0 = \overline{\overline{A}_2\overline{A}_1\overline{A}_0} = \overline{m}_0, \quad \overline{Y}_1 = \overline{\overline{A}_2\overline{A}_1 A_0} = \overline{m}_1, \quad \overline{Y}_2 = \overline{\overline{A}_2 A_1\overline{A}_0} = \overline{m}_2, \quad \overline{Y}_3 = \overline{\overline{A}_2 A_1 A_0} = \overline{m}_3$$

$$\overline{Y}_4 = \overline{A_2\overline{A}_1\overline{A}_0} = \overline{m}_4, \quad \overline{Y}_5 = \overline{A_2\overline{A}_1 A_0} = \overline{m}_5, \quad \overline{Y}_6 = \overline{A_2 A_1\overline{A}_0} = \overline{m}_6, \quad \overline{Y}_7 = \overline{A_2 A_1 A_0} = \overline{m}_7$$

可见，输出表达式都表示了 3 个输入变量 A_2、A_1、A_0 全部最小项的非。

表 3-4 74LS138 功能表

输入					输出							
S_1	$\overline{S}_2 + \overline{S}_3$	A_2	A_1	A_0	$\overline{Y}_7$	$\overline{Y}_6$	$\overline{Y}_5$	$\overline{Y}_4$	$\overline{Y}_3$	$\overline{Y}_2$	$\overline{Y}_1$	$\overline{Y}_0$
0	×	×	×	×	1	1	1	1	1	1	1	1
×	1	×	×	×	1	1	1	1	1	1	1	1
1	0	0	0	0	1	1	1	1	1	1	1	0
1	0	0	0	1	1	1	1	1	1	1	0	1
1	0	0	1	0	1	1	1	1	1	0	1	1
1	0	0	1	1	1	1	1	1	0	1	1	1
1	0	1	0	0	1	1	1	0	1	1	1	1
1	0	1	0	1	1	1	0	1	1	1	1	1
1	0	1	1	0	1	0	1	1	1	1	1	1
1	0	1	1	1	0	1	1	1	1	1	1	1

3. 二进制译码器的应用

因为任何函数都可以转化为最小项表达式，所以利用译码器可以方便地实现逻辑函数，下面通过两个例子具体说明。

【例3-2】 分析图 3-7 所示电路，写出输出表达式，并说明电路实现的功能。

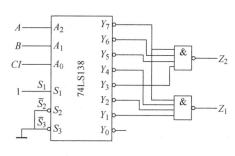

3.2.1-2二进制译码器应用

图 3-7 例 3-2 电路图

解： 由电路图可以看到：$S_1 = 1$，$\overline{S_2} = \overline{S_3} = 0$，译码器正常工作；并且 $A_2 = A$，$A_1 = B$，$A_0 = CI$。因此写出 Z_1、Z_2 表达式：

$$Z_1 = \overline{\overline{Y_1}\ \overline{Y_2}\ \overline{Y_4}\ \overline{Y_7}} = \overline{\overline{\overline{A_2}\overline{A_1}A_0}\ \overline{\overline{A_2}A_1\overline{A_0}}\ \overline{A_2\overline{A_1}\overline{A_0}}\ \overline{A_2A_1A_0}}$$

$$= \overline{A_2}\overline{A_1}A_0 + \overline{A_2}A_1\overline{A_0} + A_2\overline{A_1}\overline{A_0} + A_2A_1A_0 = \overline{A}\ \overline{B}CI + \overline{A}B\ \overline{CI} + A\overline{B}\ \overline{CI} + ABCI$$

$$Z_2 = \overline{\overline{Y_3}\ \overline{Y_5}\ \overline{Y_6}\ \overline{Y_7}} = \overline{\overline{\overline{A_2}A_1A_0}\ \overline{A_2\overline{A_1}A_0}\ \overline{A_2A_1\overline{A_0}}\ \overline{A_2A_1A_0}}$$

$$= \overline{A_2}A_1A_0 + A_2\overline{A_1}A_0 + A_2A_1\overline{A_0} + A_2A_1A_0 = \overline{A}BCI + A\overline{B}CI + AB\ \overline{CI} + ABCI$$

即　$Z_1 = \overline{A}\ \overline{B}CI + \overline{A}B\ \overline{CI} + A\overline{B}\ \overline{CI} + ABCI$

$Z_2 = \overline{A}BCI + A\overline{B}CI + AB\ \overline{CI} + ABCI$

由此可以列出真值表见表 3-5。

表 3-5 例 3-2 真值表

A	B	CI	Z_1	Z_2
0	0	0	0	0
0	0	1	1	0
0	1	0	1	0
0	1	1	0	1
1	0	0	1	0
1	0	1	0	1
1	1	0	0	1
1	1	1	1	1

这是一个一位全加器电路，可实现两个一位二进制数的加法运算。

【例3-3】 试用 3 线-8 线译码器 74LS138 设计一个多输出的组合逻辑电路。输出逻辑函数式为

$$\begin{cases} Z_1 = A\overline{C} + \overline{A}BC + A\overline{B}C \\ Z_2 = BC + \overline{A}\ \overline{B}C \\ Z_3 = \overline{A}B + A\overline{B}C \\ Z_4 = \overline{A}B\ \overline{C} + \overline{B}\ \overline{C} + ABC \end{cases}$$

解：将已知逻辑函数化为最小项之和的形式为

$$\begin{cases} Z_1 = AB\overline{C} + A\overline{B}C + \overline{A}BC + ABC \\ Z_2 = ABC + \overline{A}BC + \overline{A}\,\overline{B}C \\ Z_3 = \overline{A}BC + \overline{A}B\overline{C} + A\overline{B}C \\ Z_4 = \overline{A}\,\overline{B}\,\overline{C} + A\overline{B}\,\overline{C} + \overline{A}\,\overline{B}\,\overline{C} + ABC \end{cases}$$

当 $S_1 = 1$，$\overline{S}_2 = \overline{S}_3 = 0$ 时，令 $A_2 = A$，$A_1 = B$，$A_0 = C$，则

$$Z_1 = A_2 A_1 \overline{A}_0 + A_2 \overline{A}_1 A_0 + \overline{A}_2 A_1 A_0 + \overline{A}_2 A_1 A_0 = \overline{\overline{A_2 A_1 \overline{A}_0}\ \overline{A_2 \overline{A}_1 A_0}\ \overline{\overline{A}_2 A_1 A_0}\ \overline{\overline{A}_2 A_1 A}} = \overline{\overline{Y}_6 \overline{Y}_4 \overline{Y}_3 \overline{Y}_5}$$

$$Z_2 = A_2 A_1 A_0 + \overline{A}_2 A_1 A_0 + \overline{A}_2 \overline{A}_1 A_0 = \overline{\overline{A_2 A_1 A_0}\ \overline{\overline{A}_2 A_1 A_0}\ \overline{\overline{A}_2 \overline{A}_1 A}} = \overline{\overline{Y}_7 \overline{Y}_3 \overline{Y}_1}$$

$$Z_3 = \overline{A}_2 A_1 A_0 + \overline{A}_2 A_1 \overline{A}_0 + A_2 \overline{A}_1 A_0 = \overline{\overline{\overline{A}_2 A_1 A_0}\ \overline{\overline{A}_2 A_1 \overline{A}_0}\ \overline{A_2 \overline{A}_1 A}} = \overline{\overline{Y}_3\ \overline{Y}_2\ \overline{Y}_5}$$

$$Z_4 = \overline{A}_2 A_1 \overline{A}_0 + A_2 \overline{A}_1 \overline{A}_0 + \overline{A}_2 \overline{A}_1 \overline{A}_0 + A_2 A_1 A_0 = \overline{\overline{A_2 A_1 \overline{A}_0}\ \overline{A_2 \overline{A}_1 \overline{A}_0}\ \overline{\overline{A}_2 \overline{A}_1 \overline{A}_0}\ \overline{A_2 A_1 A_0}} = \overline{\overline{Y}_2\ \overline{Y}_4\ \overline{Y}_0\ \overline{Y}_7}$$

即：

$$Z_1 = \overline{\overline{Y}_3 \overline{Y}_4 \overline{Y}_5 \overline{Y}_6}, \quad Z_2 = \overline{\overline{Y}_1 \overline{Y}_3 \overline{Y}_7}, \quad Z_3 = \overline{\overline{Y}_2 \overline{Y}_3 \overline{Y}_5}, \quad Z_4 = \overline{\overline{Y}_0 \overline{Y}_2 \overline{Y}_4 \overline{Y}_7}$$

根据上面的表达式可以画出如图 3-8 所示的电路图。

由于 3 线-8 线译码器的输出端能提供三变量的所有最小项的非，所以用译码器实现多输出函数时，只须增加与非门的个数，比起用门电路实现多输出函数要方便得多。

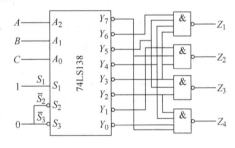

图 3-8 例 3-3 电路图

4. 3 线-8 线译码器的扩展

要将两片 3 线-8 线译码器扩展为 4 线-16 线译码器，需要解决以下问题：

1）如何扩展出第 4 个输入端？

2）如何得到 16 线输出？

3）如何实现两片轮流工作？

因此，建立了如图 3-9 所示的电路。

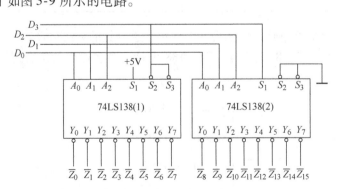

图 3-9 用两片 74LS138 构成 4 线-16 线译码器

由图 3-9 可看出，当 $D_3 = 0$ 时，74LS138（1）工作，74LS138（2）禁止，将 $D_3 D_2 D_1 D_0$ 的 0000 ~ 0111 这 8 个码译成 $\overline{Z}_0 \sim \overline{Z}_7$ 8 个低电平信号；当 $D_3 = 1$ 时，74LS138（1）禁止，74LS138（2）工作，将 $D_3 D_2 D_1 D_0$ 的 1000 ~ 1111 这 8 个码译成 $\overline{Z}_8 \sim \overline{Z}_{15}$ 8 个低电平信号。这样就把两个 3 线-8 线译码器扩展成 4 线-16 线译码器了。

3.2.2 二-十进制译码器

3.2.2 其他类型译码器

1. 二-十进制译码器的特点

将输入的 BCD 码译成 10 个对应输出信号的电路称为二-十进制译码器。

二-十进制译码器的输入是十进制数的四位二进制码（BCD 码），分别用 A_3、A_2、A_1、A_0 表示；输出的是与 10 个十进制数字相对应的 10 个信号，用 $Y_9 \sim Y_0$ 表示。由于二-十进制译码器有 4 根输入线，10 根输出线，所以又称为 4 线-10 线译码器。

2. 常用二-十进制译码器 74LS42

74LS42 是常用的二-十进制译码器。其引脚排列图和逻辑功能图如图 3-10 所示，此集成块没有使能端。

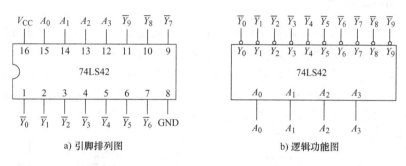

a) 引脚排列图　　　　b) 逻辑功能图

图 3-10　74LS42 引脚排列图和逻辑功能图

74LS42 功能表见表 3-6，由表可知：

1）二-十进制译码器的输出低电平有效，每输入一组 8421BCD 码，$\overline{Y}_0 \sim \overline{Y}_9$ 中总有且仅有一个输出有效电平（低电平）与之对应。

2）当输入为 8421BCD 码以外的 6 个伪码时，译码器不工作，输出全部为高电平。

表 3-6　74LS42 功能表

十进制数	输 入				输 出									
	A_3	A_2	A_1	A_0	$\overline{Y}_0$	$\overline{Y}_1$	$\overline{Y}_2$	$\overline{Y}_3$	$\overline{Y}_4$	$\overline{Y}_5$	$\overline{Y}_6$	$\overline{Y}_7$	$\overline{Y}_8$	$\overline{Y}_9$
0	0	0	0	0	0	1	1	1	1	1	1	1	1	1
1	0	0	0	1	1	0	1	1	1	1	1	1	1	1
2	0	0	1	0	1	1	0	1	1	1	1	1	1	1
3	0	0	1	1	1	1	1	0	1	1	1	1	1	1
4	0	1	0	0	1	1	1	1	0	1	1	1	1	1
5	0	1	0	1	1	1	1	1	1	0	1	1	1	1

（续）

十进制数	输入				输出									
	A_3	A_2	A_1	A_0	$\overline{Y_0}$	$\overline{Y_1}$	$\overline{Y_2}$	$\overline{Y_3}$	$\overline{Y_4}$	$\overline{Y_5}$	$\overline{Y_6}$	$\overline{Y_7}$	$\overline{Y_8}$	$\overline{Y_9}$
6	0	1	1	0	1	1	1	1	1	1	0	1	1	1
7	0	1	1	1	1	1	1	1	1	1	1	0	1	1
8	1	0	0	0	1	1	1	1	1	1	1	1	0	1
9	1	0	0	1	1	1	1	1	1	1	1	1	1	0
伪码	1	0	1	0	1	1	1	1	1	1	1	1	1	1
	1	0	1	1	1	1	1	1	1	1	1	1	1	1
	1	1	0	0	1	1	1	1	1	1	1	1	1	1
	1	1	0	1	1	1	1	1	1	1	1	1	1	1
	1	1	1	0	1	1	1	1	1	1	1	1	1	1
	1	1	1	1	1	1	1	1	1	1	1	1	1	1

3.2.3　显示译码器

在实际工作中，常常要将数字系统的运行数据直观显示出来。用来驱动各种显示器件，从而将用二进制码表示的数字、文字、符号翻译成人们习惯的形式直观地显示出来的电路，称为显示译码器。这里主要介绍 BCD-七段显示译码器，其主要用于需要显示的二进制数和数码显示器之间，用来驱动数码显示器显示相应的数字，如图 3-11 所示。假设输入二进制数 1000，经显示器译码后输出控制信号，使得显示器显示数字 8。

1. 数码显示器

用来显示数字符号的器件称为数码显示器，简称数码管。常用的数码管有荧光数码管、半导体数码管（LED 管）和液晶显示器（LCD 显示器）等。这里简单介绍半导体 7 段数码显示管（LED）。

半导体 7 段数码显示管（LED）由 7 段发光二极管组合而成，其外形图如图 3-12a，共有 a、b、c、d、

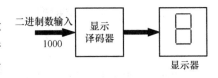

图 3-11　显示译码器和数码显示器原理图

e、f、g 七段，有的还有小数点，就会多一段用 DP 表示。半导体数码管分为共阴极型和共阳极型。图 3-12b 所示为共阴极型，各个二极管阴极接在一起，接低电位，而各个二极管的阳极接高电平时二极管发光；图 3-12c 所示为共阳极型，各个二极管阳极接在一起，接电源，而各个二极管的阴极接低电平时二极管发光。

半导体数码管具有工作电压低、体积小、使用寿命长、响应快、亮度高等优点。它的缺点是工作电流比较大，每一段的工作电流在 10mA 左右。

2. BCD-七段显示译码器

七段显示译码器的功能是把 BCD 二进制码译成对应数码管的 7 个字段信号，并驱动数码管显示出相应的十进制码。显示译码器有很多集成产品，典型的有共阳极显示译码器 74LS47、共阴极显示译码器 74LS48。它们的主要区别在于 74LS47 为输出低电平有效，而 74LS48 是输出高电平有效。

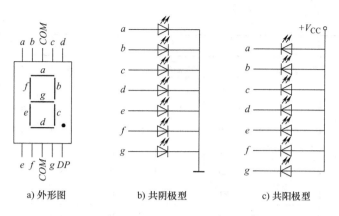

图 3-12　半导体数码管外形图及共阴极型、共阳极型等效电路

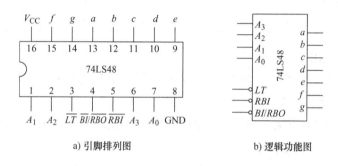

图 3-13　74LS48 引脚排列图和逻辑功能图

74LS48 的引脚排列图和逻辑功能图如图 3-13 所示，该集成块是一种 8421BCD 输入、7 路输出的 4 线-7 线显示译码器。16 个引脚中除了 16 引脚接电源、8 引脚接地以外，还有 4 路输入端分别用 A_3、A_2、A_1、A_0 表示，7 路输出 $a \sim g$，还有 3 个控制端 $\overline{LT}$、$\overline{RBI}$ 和 $\overline{BI/RBO}$。74LS48 的功能表见表 3-7。

表 3-7　74LS48 功能表

十进制数	输入							输出							显示字形
	$\overline{LT}$	$\overline{RBI}$	A_3	A_2	A_1	A_0	$\overline{BI/RBO}$	a	b	c	d	e	f	g	
0	1	1	0	0	0	0	1	1	1	1	1	1	1	0	
1	1	×	0	0	0	1	1	0	1	1	0	0	0	0	
2	1	×	0	0	1	0	1	1	1	0	1	1	0	1	
3	1	×	0	0	1	1	1	1	1	1	1	0	0	1	
4	1	×	0	1	0	0	1	0	1	1	0	0	1	1	
5	1	×	0	1	0	1	1	1	0	1	1	0	1	1	
6	1	×	0	1	1	0	1	0	0	1	1	1	1	1	
7	1	×	0	1	1	1	1	1	1	1	0	0	0	0	
8	1	×	1	0	0	0	1	1	1	1	1	1	1	1	
9	1	×	1	0	0	1	1	1	1	1	0	0	1	1	

（续）

十进制数	输入							输出							显示字形
	$\overline{LT}$	$\overline{RBI}$	A_3	A_2	A_1	A_0	$\overline{BI}/\overline{RBO}$	a	b	c	d	e	f	g	
伪码	1	×	1	0	1	0	1	0	0	0	1	1	0	1	⊏
	1	×	1	0	1	1	1	0	0	1	1	0	0	1	⊐
	1	×	1	1	0	0	1	0	1	0	0	0	1	1	⊔
	1	×	1	1	0	1	1	1	0	0	1	0	1	1	⊏
	1	×	1	1	1	0	1	0	0	0	1	1	1	1	ㄴ
	1	×	1	1	1	1	1	0	0	0	0	0	0	0	熄灭
灭灯	×	×	×	×	×	×	0	0	0	0	0	0	0	0	熄灭
灭零	1	0	0	0	0	0	0	0	0	0	0	0	0	0	熄灭
试灯	0	×	×	×	×	×	1	1	1	1	1	1	1	1	日

由表 3-7 可以看出：

1）正常译码时，74LS48 输出高电平有效。若输入 $A_3A_2A_1A_0 = 0011$ 时，$a \sim g$ 输出为 1111001，输出显示十进制数 3。

2）$\overline{LT}$ 称为灯测试输入端。当 $\overline{LT} = 0$ 时，译码器输出 $a \sim g$ 全为 1，数码管各段应该全亮；因此除了试灯外，$\overline{LT} = 1$。

3）灭零输入端 $\overline{RBI}$ 的作用是将数码管显示的不用的零熄灭。当 $\overline{LT} = 1$，$\overline{RBI} = 0$，$A_3A_2A_1A_0 = 0000$ 时，译码器输出 $a \sim g$ 全为 0，数码管不显示，同时 $\overline{RBO} = 0$；当 $\overline{LT} = 1$，$\overline{RBI} = 0$，$A_3A_2A_1A_0 \neq 0000$ 时，数码管依据译码器信号正常显示。

4）灭灯输入/灭零输出端 $\overline{BI}/\overline{RBO}$ 是同一个端口。当 $\overline{BI} = 0$ 时，无论输入是什么状态，译码器输出 $a \sim g$ 全为 0，数码管不显示。若 $\overline{RBO} = 1$，则说明本位处于显示状态；只有当输入 $A_3A_2A_1A_0 = 0000$，且灭零输入信号 $\overline{RBI} = 0$ 时，$\overline{RBO} = 0$，说明零被熄灭。

$\overline{RBI}$ 和 $\overline{RBO}$ 配合使用，可使多位数字显示时的最高位及小数点后最低位的 0 不显示。图 3-14 实现了多位数码显示系统的灭零控制，整数部分将高位的 $\overline{RBO}$ 接低位的 $\overline{RBI}$，而小数部分是将低位的 $\overline{RBO}$ 接高位的 $\overline{RBI}$，这样就可以将前后多余的零熄灭了。如果图 3-14 电路中 8 位数码管输入 00067.900，则实际显示 67.9，前后多余的 0 不显示。

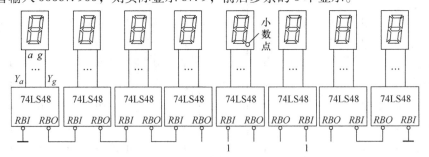

图 3-14 有灭零控制的 8 位数码显示系统

3. 显示译码电路的实现

74LS48 输出高电平有效，因此可以驱动共阴极数码管，但是 74LS48 的拉电流能力小，在驱动数码管时一般需要外接上拉电阻。图 3-15 给出了用 74LS48 驱动 BS201A 半导体数码管的连接方法。

与 74LS48 相似的译码器还有 74LS248、CD4511 等，它们在引脚和功能上极为相似，有时可以用来替换。74LS48 与 74LS248 的区别在于显示 6 和 9 这两个数字上。74LS48 与 CD4511 的区别在第 5 引脚，74LS48 的第 5 引脚在真值表上无要求，而 CD4511 的第 5 引脚在 0 时选通，1 时锁存。

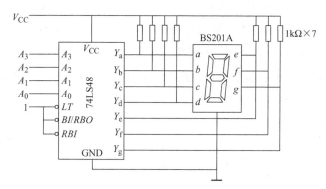

图 3-15　用 74LS48 驱动 BS201A 的连接方法

 自测题

1. ［单选题］n 位二进制译码器有几个输入端，几个输出端？（　　）
A. n，$2n$　　　　　　B. n，n^2　　　　　　C. n，2^n　　　　　　D. $2n$，n

2. ［单选题］74LS138 有 3 个使能端 S_1、$\overline{S_2}$、$\overline{S_3}$ 取值为（　　）时，集成块正常译码。
A. 1、1、1　　　　B. 0、0、0　　　　C. 0、1、1　　　　D. 1、0、0

3. ［判断题］74LS138 正常工作时，对应于每一组地址码只有一路输出为低电平。（　　）

4. ［多选题］以下关于集成块 74LS48 叙述正确的有（　　）。
A. 这是一个 8 线-3 线优先编码器　　　　　B. 这是一个共阴极显示译码器
C. 这是一个共阳极显示译码器　　　　　　　D. 它有 4 个输入端，7 个输出端

5. ［单选题］七段显示译码器是指（　　）的电路。
A. 将二进制码转换成 0~9 数字　　　　　　B. 将 BCD 码转换成七段显示字形信号
C. 将 0~9 数字转换成 BCD 码　　　　　　D. 将七段显示字形信号转换成 BCD 码

3.3　数据分配器和数据选择器

本节思考问题：

1) 数据分配器是如何定义的？一般有几个输入端，几个输出端？

2) 数据选择器是如何定义的？一般有几个输入端，几个输出端？

3) 认识 74LS153 引脚图，画出其逻辑功能示意图，看懂功能表，写出其输出表达式。

4) 认识 74LS151 引脚图，画出其逻辑功能示意图，看懂功能表，写出其输出表达式。

5) 利用数据选择器实现组合逻辑电路时，在画电路图之前需要求出什么参数？

6) 对比 74LS138 和 74LS151，思考在设计组合逻辑电路时，着重需要处理的是输入端还是输出端？

3.3.1 数据分配器

在数字电路中将公共数据线上的信号根据需要送到多个不同通道上去的逻辑电路称为数据分配器。

图 3-16 是数据分配器示意图，一般有 1 个输入端、2^n 个输出端，数据从哪一通道送出，是由通道选择信号决定。74LS138 可以构成 1 路-8 路数据分配器，如图 3-17 所示。其中 D 为数据输入端，$A_2A_1A_0$ 为地址控制端，$\overline{Y_0} \sim \overline{Y_7}$ 为数据输出端，例如当 $A_2A_1A_0 = 101$ 时，$\overline{Y_5}$ 输出数据 D。

3.3.1数据分配器和数据选择器介绍

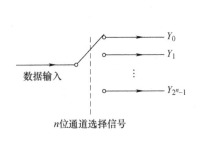

图 3-16 数据分配器示意图

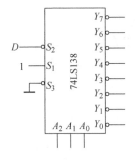

图 3-17 3 线-8 线译码器构成的数据分配器

3.3.2 数据选择器

在数字电路中将多路信号中根据需要选择一路送到公共数据线上的逻辑电路称为数据选择器，又称多路开关。

数据选择器示意图如图 3-18 所示，一般有 2^n 个输入端、1 个输出端，选择哪一路数据，是由通道选择信号决定。

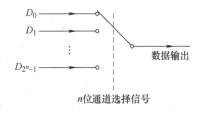

图 3-18 数据选择器示意图

常见的数据选择器有 2 选 1、4 选 1、8 选 1 和 16 选 1 等。

1. 2 选 1 数据选择器

2 选 1 数据选择器功能很简单，就是从两路数据信号中选择一路送到输出端。假设两路输入数据分别为 D_0 和 D_1，输出 F 要实现 2 选 1 的功能，需要一位通道选择信号用 A 来表示，那么我们可以列出其功能表见表 3-8。

由表 3-8 可知其逻辑函数式为：$F = \overline{A}D_0 + AD_1$，因此，可以画出电路图如图 3-19 所示，实现 2 选 1 数据选择器的功能。

表 3-8 2 选 1 数据选择器功能表

A	F
0	D_0
1	D_1

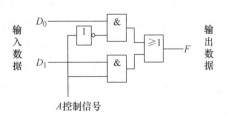

图 3-19 2 选 1 数据选择器逻辑电路图

2. 4选1数据选择器

4选1数据选择器是从4路输入数据信号中选择1路输出，因此需要两位通道选择信号（又称为地址输入端）。常用的集成块有双4选1数据选择器74LS153，其引脚排列图和逻辑功能图如图3-20所示。该集成块中集成了两个4选1数据选择器，其中A_1、A_0称为地址输入端，由两个4选1数据选择器公用。每个4选1数据选择器各有4个数据输入端$D_0 \sim D_3$，一个使能端$\overline{S}$和一个输出端Y。

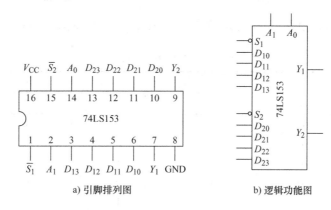

a) 引脚排列图   b) 逻辑功能图

图3-20 双4选1数据选择器74LS153引脚排列图和逻辑功能图

双4选1数据选择器74LS153的功能表见表3-9。

表3-9 74LS153功能表

输　入			输　出
$\overline{S}_1$	A_1	A_0	Y_1
1	×	×	0
0	0	0	D_{10}
0	0	1	D_{11}
0	1	0	D_{12}
0	1	1	D_{13}

由表3-9可知：

1）当$\overline{S}_1 = 1$时，无论A_1、A_0取值如何，数据选择器输出恒为0，即数据选择器被禁止。

2）当$\overline{S}_1 = 0$时，$Y_1 = \overline{A}_1\overline{A}_0 D_{10} + \overline{A}_1 A_0 D_{11} + A_1\overline{A}_0 D_{12} + A_1 A_0 D_{13}$；同样，当$\overline{S}_2 = 0$时，$Y_2 = \overline{A}_1\overline{A}_0 D_{20} + \overline{A}_1 A_0 D_{21} + A_1\overline{A}_0 D_{22} + A_1 A_0 D_{23}$。

3. 8选1数据选择器

8选1数据选择器是从8路输入数据信号中选择1路输出，因此需要三位地址输入端。常用的8选1数据选择器集成块有74LS151，其引脚排列图和逻辑功能图如图3-21所示。其中A_2、A_1、A_0为地址输入端，$D_0 \sim D_7$为8个数据输入端，使能端$\overline{S}$低电平有效，Y和$\overline{Y}$是两个互补的输出端。

74LS151功能表见表3-10。

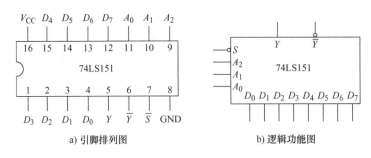

a) 引脚排列图　　　　　　　b) 逻辑功能图

图 3-21　8 选 1 数据选择器 74LS151 引脚排列图和逻辑功能图

表 3-10　74LS151 功能表

输　　入				输　　出	
$\overline{S}$	A_2	A_1	A_0	Y	$\overline{Y}$
1	×	×	×	0	1
0	0	0	0	D_0	$\overline{D_0}$
0	0	0	1	D_1	$\overline{D_1}$
0	0	1	0	D_2	$\overline{D_2}$
0	0	1	1	D_3	$\overline{D_3}$
0	1	0	0	D_4	$\overline{D_4}$
0	1	0	1	D_5	$\overline{D_5}$
0	1	1	0	D_6	$\overline{D_6}$
0	1	1	1	D_7	$\overline{D_7}$

由表 3-10 可知：

1）当 $\overline{S}=1$ 时，数据选择器不工作，$Y=0$，$\overline{Y}=1$。

2）当 $\overline{S}=0$ 时，8 选 1 数据选择器的输出函数为

$$Y = \overline{A_2}\,\overline{A_1}\,\overline{A_0}D_0 + \overline{A_2}\,\overline{A_1}A_0D_1 + \overline{A_2}A_1\overline{A_0}D_2 + \overline{A_2}A_1A_0D_3 + A_2\overline{A_1}\,\overline{A_0}D_4 + A_2\overline{A_1}A_0D_5 +$$
$$A_2A_1\overline{A_0}D_6 + A_2A_1A_0D_7。$$

4. 数据选择器的应用

当 1 片数据选择器不能满足要求时，可以利用多片扩展。另外，数据选择器除了可以用来选择数据外，还可以用来实现组合逻辑函数。

【例 3-4】　用双 4 选 1 数据选择器构成 8 选 1 数据选择器。

解：本题需要考虑以下问题：

（1）如何扩展出第 3 个地址控制端？

（2）如何得到 8 路数据输入？

（3）如何实现 1 路输出？

因此，建立电路如图 3-22 所示。

3.3.2-1数据选择器应用——分析

$A_2=0$ 时，$\overline{S}_1=0$，上半部分数据选择器工作，数据 $D_0 \sim D_3$ 选择一路输出；$A_2=1$ 时，$\overline{S}_2=0$，下半部分数据选择器工作，数据 $D_4 \sim D_7$ 选择一路输出。

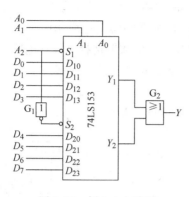

图 3-22　例 3-4 电路图

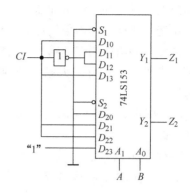

图 3-23　例 3-5 电路图

【例 3-5】 分析图 3-23 所示电路逻辑功能。

解： 因为 $\overline{S}_1 = \overline{S}_2 = 0$

所以 74LS153 正常工作。

从图中可以看到：

$$A_1 = A,\ A_0 = B$$

$$D_{10} = D_{13} = D_{21} = D_{22} = CI,\ D_{11} = D_{12} = \overline{CI},\ D_{20} = 0,\ D_{23} = 1$$

输出为

$$Z_1 = Y_1 = \overline{A}_1\overline{A}_0 D_{10} + \overline{A}_1 A_0 D_{11} + A_1\overline{A}_0 D_{12} + A_1 A_0 D_{13}$$

$$Z_2 = Y_2 = \overline{A}_1\overline{A}_0 D_{20} + \overline{A}_1 A_0 D_{21} + A_1\overline{A}_0 D_{22} + A_1 A_0 D_{23}$$

将以上已知条件代入，则有

$$Z_1 = \overline{A}\,\overline{B}CI + \overline{A}B\,\overline{CI} + A\overline{B}\,\overline{CI} + ABCI$$

$$Z_2 = \overline{A}\,\overline{B} \cdot 0 + \overline{A}BCI + A\overline{B}CI + AB \cdot 1 = \overline{A}BCI + A\overline{B}CI + AB$$

列出真值表见表 3-11。

表 3-11　例 3-5 真值表

A	B	CI	Z_1	Z_2
0	0	0	0	0
0	0	1	1	0
0	1	0	1	0
0	1	1	0	1
1	0	0	1	0
1	0	1	0	1
1	1	0	0	1
1	1	1	1	1

这是一个一位全加器电路，可实现两个一位二进制数的加法运算。

对比例 2-8、例 3-2 和例 3-5，可以看到同一个逻辑功能可以由不同的器件设计实现。

例 2-8 是用门电路设计的一位全加器电路，例 3-2 和例 3-5 分别用中规模的集成块 3 线-8 线译码器和双 4 选 1 数据选择器来设计的。利用 3 线-8 线译码器设计应用电路时，着重处理其输出端，需要得到由译码器的输出端构成的与非式。利用数据选择器设计电路时，着重处理其输入端，求出 D_i。因此，大家在遇到问题时，要发散思维，探究多种实现方法，从中选择最佳方案。

【例 3-6】 图 3-24 是双 4 选 1 数据选择器 74LS153 的一半电路，试分析电路：

(1) 当 $ABC = 011$、111 时数据选择器的输出 F 是 0 还是 1？

(2) 写出数据选择器的输出函数表达式。

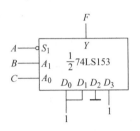

图 3-24　例 3-6 电路图

解：(1) 由图 3-24 可以看出，$\overline{S_1} = A$，$A_1 = B$，$A_0 = C$，$D_0 = D_1 = D_3 = 1$，$D_2 = 0$。

当 $ABC = 011$ 时，$\overline{S_1} = 0$，数据选择器正常工作，$A_1 A_0 = 11$，所以 $F = D_3 = 1$。

当 $ABC = 111$ 时，$\overline{S_1} = 1$，数据选择器被禁止，输出恒为 0，与输入数据无关。

(2) 当 $A = 0$ 时，数据选择器正常工作，此时输出函数表达式为

$$F = \overline{A_1}\,\overline{A_0} D_0 + \overline{A_1} A_0 D_1 + A_1 \overline{A_0} D_2 + A_1 A_0 D_3$$
$$= \overline{B}\,\overline{C} \cdot 1 + \overline{B}C \cdot 1 + B\overline{C} \cdot 0 + BC \cdot 1$$
$$= \overline{B} + BC = \overline{B} + C$$

当 $A = 1$ 时，数据选择器被禁止，输出恒为 0。

因此，输出函数表达式可以写为

$$F = \overline{A}(\overline{B} + C) + A \cdot 0 = \overline{A}(\overline{B} + C)$$

【例 3-7】 试用数据选择器实现例 2-10 的交通信号灯监视电路。

解：① 逻辑抽象，列真值表。

取红、黄、绿三盏灯分别用 R、A、G 表示，设灯亮为 "1"，灯灭为 "0"；故障信号为输出变量用 Z 表示，规定正常为 "0"，出现故障为 "1"。可得到真值表见表 2-12。

② 写出逻辑函数式，即

$$Z = \overline{R}A\,\overline{G} + \overline{R}AG + R\overline{A}G + RA\overline{G} + RAG$$

③ 选两个地址输入端的 4 选 1 数据选择器（74LS153）。

当 $\overline{S_1} = 0$ 时，令 $A_1 = R$、$A_0 = A$，代入上式得

$$Z = \overline{A_1}\,\overline{A_0}\,\overline{G} + \overline{A_1} A_0 G + A_1 \overline{A_0} G + A_1 A_0 \overline{G} + A_1 A_0 G$$

④ 对照 74LS153 输出表达式，有

$$Y_1 = \overline{A_1}\,\overline{A_0} D_{10} + \overline{A_1} A_0 D_{11} + A_1 \overline{A_0} D_{12} + A_1 A_0 D_{13}$$

可以得到

$$D_{10} = \overline{G},\ D_{11} = G,\ D_{12} = G,\ D_{13} = 1$$

⑤ 画电路图，如图 3-25a 所示。

3.3.2-2 数据选择器应用——设计

本题还可以有另外一种做法：选择 8 选 1 数据选择器 74LS151 来实现，前两个步骤相

同，第③步中令 74LS151 的 $A_2 = R$、$A_1 = A$，$A_0 = G$，并且使 $\overline{S} = 0$，代入函数式则有

$$Z = \overline{R}\,\overline{A}\,\overline{G} + \overline{R}A\overline{G} + R\overline{A}\overline{G} + RA\overline{G} + RAG$$

$$= \overline{A_2}\,\overline{A_1}\,\overline{A_0} + \overline{A_2}A_1\overline{A_0} + A_2\overline{A_1}\,\overline{A_0} + A_2A_1\overline{A_0} + A_2A_1A_0$$

对照 74LS151 输出，有

$$Y = \overline{A_2}\,\overline{A_1}\,\overline{A_0}D_0 + \overline{A_2}\,\overline{A_1}A_0D_1 + \overline{A_2}A_1\overline{A_0}D_2 + \overline{A_2}A_1A_0D_3 +$$

$$A_2\overline{A_1}\,\overline{A_0}D_4 + A_2\overline{A_1}A_0D_5 + A_2A_1\overline{A_0}D_6 + A_2A_1A_0D_7$$

可以得到：$D_0 = D_3 = D_5 = D_6 = D_7 = 1$，$D_1 = D_2 = D_4 = 0$，画出电路图如图 3-25b 所示。

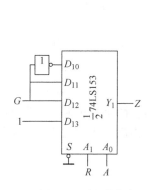
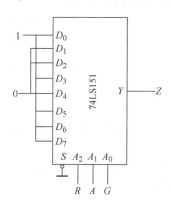

a) 用74LS153实现的电路　　　　　　b) 用74LS151实现的电路

图 3-25　例 3-7 电路图

📝 自测题

1. [单选题] 以下（　　）电路能在选择控制信号的作用下，从几个数据中选择一个并将其送到一个公共的输出端。

A. 译码器　　　　　B. 编码器　　　　　C. 数据选择器　　　　D. 数据分配器

2. [单选题] 数据选择器一般有（　　）个输入端，（　　）个输出端。

A. n，2^n　　　　B. 1，2^n　　　　C. 2^n，1　　　　D. 2^n，n

3. [多选题] 以下关于集成块 74LS153 叙述正确的有（　　）。

A. 是双 4 选 1 数据选择器　　　　　　B. 是 8 选 1 数据选择器

C. 有 3 个地址输入端　　　　　　　　D. 有 2 个地址输入端

4. [多选题] 74LS138 和 74LS151 设计组合逻辑电路时，着重需要处理的是（　　）。

A. 74LS138 要得到输出端的表达式　　　B. 74LS138 要得到输入端的表达式

C. 74LS151 要得到输出端的数据　　　　D. 74LS151 要得到输入端的数据

5. [单选题] 设某函数的表达式 $F = A + B$，A 为高位，若用四选一数据选择器来设计，则数据端 $D_0D_1D_2D_3$ 的状态是（　　）。

A. 0111　　　　　　B. 1000　　　　　　C. 1010　　　　　　D. 0101

3.4 加法器与数值比较器

本节思考问题：

1) 什么是半加？一位半加器有几个输入？几个输出？画出其逻辑符号。

2) 什么是全加？一位全加器有几个输入？几个输出？画出其逻辑符号。

3) 如何用门电路设计实现一位全加器？如何用 74LS138 设计实现一位全加器？如何用 74LS153 设计实现一位全加器？

4) 分别说明 74LS183 和 74LS283 的逻辑功能，并会应用。

5) 什么是数值比较器？一位数值比较器有几个输入？几个输出？

6) 如何用门电路设计实现数值比较器？

7) 说明 74LS85 的逻辑功能，并会应用。

3.4.1 加法器

3.4.1 加法器

加法器是一种能完成二进制加法运算的逻辑电路。两个二进制数之间的算术运算无论是加、减、乘、除，目前在数字计算机中都是化为若干步加法运算进行的。因此，加法器是构成算数运算的基本单元。

1. 一位加法器

（1）**半加器** 如果不考虑来自低位的进位，将两个一位二进制数相加，称为半加。实现半加运算的电路称为半加器。半加器真值表见表 3-12。

半加器输出表达式：

$$S = \overline{A}B + A\overline{B} = A \oplus B, \quad CO = AB$$

其逻辑图和逻辑符号如图 3-26 所示。

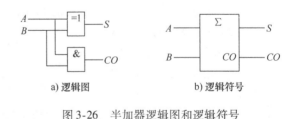

表 3-12　半加器真值表

A	B	S	CO
0	0	0	0
0	1	1	0
1	0	1	0
1	1	0	1

a）逻辑图　　　　b）逻辑符号

图 3-26　半加器逻辑图和逻辑符号

（2）**全加器** 相加过程中，既考虑加数、被加数又考虑低位的进位，这种运算称为全加。实现全加运算的电路称为全加器。

假设 A 为加数，B 为被加数，CI 为低位的进位；S 为本位和输出，CO 为进位输出。则可以列出 1 位全加器的真值表，见表 3-13。

根据真值表可以写出输出逻辑函数式：

$$S = \overline{CI}\,\overline{A}B + \overline{CI}A\overline{B} + CI\overline{A}\,\overline{B} + CIAB = CI \oplus A \oplus B$$

$$CO = AB + CI\overline{A}B + CIA\overline{B} = AB + CI(A \oplus B)$$

全加器逻辑符号如图 3-27 所示。常用的集成块有 74LS183，其内部有两个全加器。

表 3-13　全加器真值表

A	B	CI	S	CO
0	0	0	0	0
0	0	1	1	0
0	1	0	1	0
0	1	1	0	1
1	0	0	1	0
1	0	1	0	1
1	1	0	0	1
1	1	1	1	1

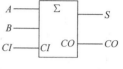

图 3-27　全加器逻辑符号

2. 多位加法器

（1）**串行进位加法器**　两个多位数相加时，可以一次将低位全加器的进位输出端接到高位全加器的进位输入端，即可构成多位加法器了。图 3-28 所示的是一个 4 位串行进位加法器，这种进位加法器的最大缺点是运算速度慢。

（2）**超前进位加法器**　如果通过逻辑电路提前得出每一位全加器的进位输入信号，而无须再从最低位开始向高位逐位传递进位信号，这种结构的加法器称为超前进位加法器。超前进位加法器有效地提高了运算速度。74LS283 是一个四位的超前进位加法器，其引脚排列图和逻辑功能图如图 3-29 所示，74LS283 能够完成两个四位二进制数的加法运算。

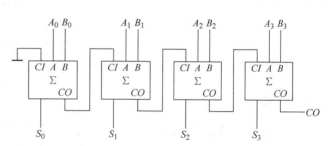

图 3-28　4 位串行进位加法器

3. 加法器的应用

加法器除了能实现二进制加法运算以外，还广泛用于完成其他逻辑功能，如码制转换、减法运算等。

【例 3-8】　设计一个码制转换电路，将十进制码中的 8421 码转换为余 3 码。

解：以 8421 码为输入用变量 $DCBA$ 表示，余 3 码为输出用变量 $Y_3 Y_2 Y_1 Y_0$ 表示，可列出真值表见表 3-14，可以看出 $Y_3 Y_2 Y_1 Y_0 = DCBA + 0011$。因此用 1 片 4 位加法器 74LS283 可以实现，电路图如图 3-30 所示。

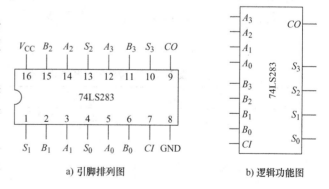

a) 引脚排列图　　　　b) 逻辑功能图

图 3-29　74LS283 引脚排列图和逻辑功能图

表 3-14　例 3-8 逻辑真值表

D	C	B	A	Y_3	Y_2	Y_1	Y_0
0	0	0	0	0	0	1	1
0	0	0	1	0	1	0	0
0	0	1	0	0	1	0	1
0	0	1	1	0	1	1	0
0	1	0	0	0	1	1	1
0	1	0	1	1	0	0	0
0	1	1	0	1	0	0	1
0	1	1	1	1	0	1	0
1	0	0	0	1	0	1	1
1	0	0	1	1	1	0	0

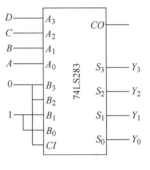

图 3-30　例 3-8 码制转换电路

【例 3-9】　设计一个码制转换电路，将余 3 码转换为十进制码中的 BCD 码。

解：我们知道，余 3 码 – 0011 = BCD 码，设输入余 3 码用变量 $DCBA$ 表示，输出 8421 码用变量 $Y_3Y_2Y_1Y_0$ 表示，则有

$$Y_3Y_2Y_1Y_0 = DCBA - 0011$$
$$= DCBA + \begin{bmatrix} 0011 \end{bmatrix}_{补} = DCBA + 1101$$

画出电路图如图 3-31 所示。

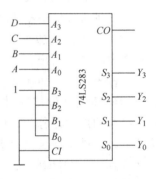

图 3-31　例 3-9 电路图

3.4.2　数值比较器

对两个二进制数进行数值比较并判定其大小关系的逻辑电路称为数值比较器。两个数 A、B 比较的结果有 3 种可能：$A < B$，$A = B$，$A > B$。

1. 一位数值比较器

数值比较器有 2 个输入，3 个输出。2 个输入分别用 A、B 表示，3 个输出为 $Y_{(A<B)}$、$Y_{(A=B)}$、$Y_{(A>B)}$，可以得到其真值表，见表 3-15。输出表达式如下：

$$Y_{(A<B)} = \overline{A}B, \quad Y_{(A>B)} = A\overline{B}, \quad Y_{(A=B)} = \overline{A}\,\overline{B} + AB = \overline{\overline{A}B + A\overline{B}}$$

表 3-15　一位数值比较器真值表

A	B	$Y_{(A<B)}$	$Y_{(A=B)}$	$Y_{(A>B)}$
0	0	0	1	0
0	1	1	0	0
1	0	0	0	1
1	1	0	1	0

3.4.2 数值
比较器

根据输出表达式可以画出电路图如图 3-32a 所示。图 3-32b 给出了一位数值比较器的另一种电路形式。

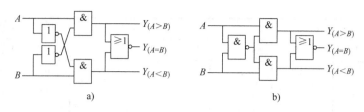

图 3-32　一位数值比较器电路图

对图 3-32b 电路分析，可以得到其输出表达式如下，对其进行变换可以看到最终和图 3-32a 完全相同。

$$Y_{(A>B)} = A\,\overline{\overline{AB}} = A(\overline{A} + \overline{B}) = A\overline{B}$$

$$Y_{(A<B)} = B\,\overline{\overline{AB}} = B(\overline{A} + \overline{B}) = \overline{A}B$$

$$Y_{(A=B)} = \overline{A\overline{B} + \overline{A}B} = AB + \overline{A}\,\overline{B}$$

因此，图 3-32 的两个电路图均可实现一位数值比较器功能。

2. 多位数值比较器

常用的四位数值比较器 74LS85 用来完成两个四位二进制数的大小比较。74LS85 的引脚排列图和逻辑功能图如图 3-33 所示，其功能表见表 3-16。

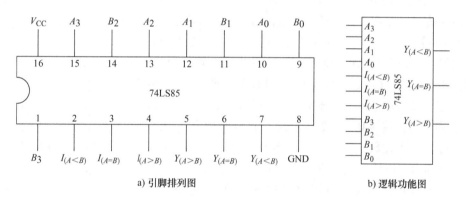

a) 引脚排列图　　　　b) 逻辑功能图

图 3-33　74LS85 引脚排列图和逻辑功能图

表 3-16　74LS85 功能表

比较输入				级联输入			输　出		
$A_3 \quad B_3$	$A_2 \quad B_2$	$A_1 \quad B_1$	$A_0 \quad B_0$	$I_{(A>B)}$	$I_{(A>B)}$	$I_{(A=B)}$	$Y_{(A>B)}$	$Y_{(A<B)}$	$Y_{(A=B)}$
$A_3 > B_3$	×	×	×	×	×	×	1	0	0
$A_3 < B_3$	×	×	×	×	×	×	0	1	0
$A_3 = B_3$	$A_2 > B_2$	×	×	×	×	×	1	0	0
$A_3 = B_3$	$A_2 < B_2$	×	×	×	×	×	0	1	0
$A_3 = B_3$	$A_2 = B_2$	$A_1 > B_1$	×	×	×	×	1	0	0

（续）

比较输入				级联输入			输 出		
A_3 B_3	A_2 B_2	A_1 B_1	A_0 B_0	$I_{(A>B)}$	$I_{(A<B)}$	$I_{(A=B)}$	$Y_{(A>B)}$	$Y_{(A<B)}$	$Y_{(A=B)}$
$A_3 = B_3$	$A_2 = B_2$	$A_1 < B_1$	×	×	×	×	0	1	0
$A_3 = B_3$	$A_2 = B_2$	$A_1 = B_1$	$A_0 > B_0$	×	×	×	1	0	0
$A_3 = B_3$	$A_2 = B_2$	$A_1 = B_1$	$A_0 < B_0$	×	×	×	0	1	0
$A_3 = B_3$	$A_2 = B_2$	$A_1 = B_1$	$A_0 = B_0$	1	0	0	1	0	0
$A_3 = B_3$	$A_2 = B_2$	$A_1 = B_1$	$A_0 = B_0$	0	1	0	0	1	0
$A_3 = B_3$	$A_2 = B_2$	$A_1 = B_1$	$A_0 = B_0$	0	0	1	0	0	1

由表 3-16 可知：在比较两个多位数大小时，采用自高而低的逐位比较，只有在高位相等时才进行低位比较。

1）当两个输入数据 $A_3A_2A_1A_0$ 和 $B_3B_2B_1B_0$ 不相等时，比较器从高位到低位依次比较，比较结果以高电位有效输出。如第 1 行，$A_3 > B_3$，则无论 $A_2A_1A_0$ 和 $B_2B_1B_0$ 取何值，A 一定大于 B，$Y_{(A>B)}$ 端输出为 1，其他输出端输出为 0。

2）当两个输入数据相等时，比较器的输出由级联输入决定。如果当 $A_3A_2A_1A_0 = B_3B_2B_1B_0$，且 $I_{(A=B)} = 1$，则比较器输出端 $Y_{(A=B)}$ 输出为 1，其他输出端输出为 0。

3. 数值比较器的应用

数值比较器常用在需要对两个二进制数进行大小判别的电路中。

【例 3-10】 图 3-34 中，$A_3A_2A_1A_0$ 为输入的 8421BCD 码，试分析电路，判断发光二极管何时发光，并描述电路的功能。

解： 该电路中，输入 $A_3A_2A_1A_0$ 的 8421BCD 码，输入 $B_3B_2B_1B_0$ 固定接 0100（即十进制数 4），级联输入 $I_{(A=B)}$ 端接 1，$I_{(A<B)}$ 和 $I_{(A>B)}$ 端接 0。电路将对输入的 8421BCD 码和十进制数 4 进行大小比较，$Y_{(A>B)}$ 端输出为 1 时，发光二极管将发光。可列出该电路的真值表见表 3-17。

由真值表可知，当输入 8421BCD 码大于 0100（即十进制数 4）时，$Y_{(A>B)}$ 端输出为 1 时，发光二极管将发光。所以，该电路完成对输入 8421BCD 码大小进行判别的任务，为一个四舍五入的判别电路。

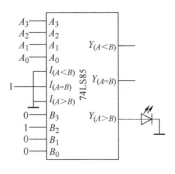

图 3-34 例 3-10 电路图

表 3-17 例 3-10 真值表

A_3	A_2	A_1	A_0	$Y_{(A>B)}$	发光二极管
0	0	0	0	0	灭
0	0	0	1	0	灭
0	0	1	0	0	灭
0	0	1	1	0	灭
0	1	0	0	0	灭
0	1	0	1	1	亮

（续）

A_3	A_2	A_1	A_0	$Y_{(A>B)}$	发光二极管
0	1	1	0	1	亮
0	1	1	1	1	亮
1	0	0	0	1	亮
1	0	0	1	1	亮

自测题

1. ［单选题］能实现一位二进制带进位加法运算的是（   ）。

A. 半加器   B. 全加器   C. 计数器   D. 运算器

2. ［单选题］在下列逻辑电路中，不是组合逻辑电路的有（   ）。

A. 编码器   B. 寄存器   C. 全加器   D. 译码器

3. ［单选题］对两个二进制数进行比较并判定大小关系的逻辑电路是（   ）。

A. 加法器   B. 减法器   C. 数值比较器   D. 数据选择器

4. ［单选题］能够完成两个四位二进制数加法运算的集成块是（   ）。

A. 74LS138   B. 74LS183   C. 74LS148   D. 74LS283

5. ［单选题］数值比较器有（   ）个输入端，（   ）个输出端。

A. 2，2   B. 3，3   C. 2，3   D. 3，2

项目实现

下面，完成本章开始时提出的"病房呼叫器的设计"项目。

设计的思路：首先要有 8 个开关，并且需判断是哪个开关按下，还要有一个数码管来显示对应的数字，所以，可以选择 8 线-3 线优先编码器 74LS148 对 8 个开关编码，然后选择 7 段字形译码器 74LS48 来译出按键信息，最终通过数码管显示出来，电路图如图 3-35 所示。

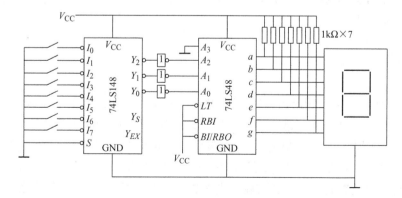

图 3-35 病房呼叫器电路图

当有按键按下时，74LS148 对优先权高的进行编码，74LS148 为反码输出，因此在其输出端各加一个反相器再与译码器 74LS48 输入端相接。74LS48 译码输出高电平驱动共阴极数码管，从而显示相应按键的数字。

仿真电路：病房呼叫器 Multisim 仿真

病房呼叫器仿真电路图如图 3-36 所示。编码器 74LS148 的 8 个输入端分别接开关，编码器为低电平输出，因此在其输出端 $A_2A_1A_0$ 各加一个反相器再与译码器 74LS48 的 CBA 相接。由于只显示 0 ~ 7，所以译码器 74LS48 的最高位输入端 D 接地即可。译码器 74LS48 的 3 个功能端不起作用，都接电源高电平即可。这是一个推动共阴极数码管的译码器，数码管的阴极接地，在译码器的每个输出端和数码管之间都需要通过一个 $1k\Omega$ 上拉电阻接电源。

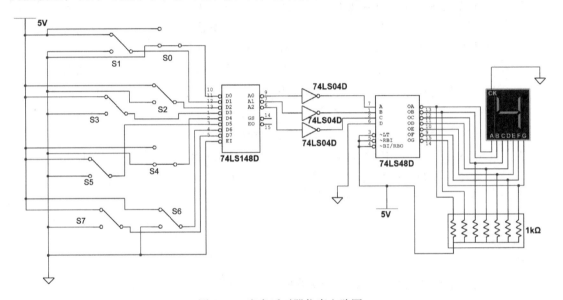

图 3-36　病房呼叫器仿真电路图

在这个电路中开关 S7 的优先权最高，开关 S0 的优先权最低。比如当按下开关 S4 和开关 S0，虽然两个开关同时按下，由于开关 S4 的优先权高，所以运行后显示 4。此电路实现了 8 路呼叫系统的功能。

本章小结

本章主要介绍了一些常用的中规模组合逻辑器件及其应用，主要内容有：

1. 有些种类的组合逻辑电路使用特别频繁，为便于使用，可以把它们制成标准化的中规模、大规模集成器件。常用的中规模组合逻辑器件包括编码器、译码器、数据选择器、加法器、数值比较器等。为了便于功能扩展，在多数中规模集成组合逻辑器件上都设置了附加的控制端（或称为使能端、选通输入端、片选端、禁止端等）。这些控制端既可用于控制电路的状态（工作或禁止），又可实现扩展电路的功能。灵活运用这些器件可以设计出其他逻辑功能的组合逻辑电路。

2. 中规模组合逻辑器件构成电路的分析和设计。

中规模组合逻辑器件构成电路的分析步骤与使用小规模集成电路时是一样的。

在使用中规模集成电路设计组合逻辑电路时，总的步骤和使用小规模集成电路时是一样的，但在有些步骤的做法上不完全相同。

第一步，进行逻辑抽象，列真值表。

第二步，写出逻辑函数式。

这两步和使用小规模集成电路时没有区别。

第三步，将逻辑函数变换为适当的形式，而不是化简为最简式。每一种中规模集成器件都有确定的逻辑功能，并可以写成逻辑函数式的形式，因此必须把要产生的逻辑函数变换成与所用器件的逻辑函数式类似的形式。

根据逻辑函数式对照比较的结果，即可确定所用的器件各输入端应当接入的变量或常量（0 或 1）以及各片之间的连接方式。

第四步，按照上面对照比较的结果，画出设计的逻辑电路图。

利用多片中规模集成器件可以构成复杂的数字系统。

思考与练习

3-1 已知 74LS138 输出表达式如下，分析图 3-37 所示电路的逻辑功能。要求：（1）写出输出表达式；（2）列出真值表；（3）判断逻辑功能。

$$\overline{Y_0} = \overline{\overline{A_2}\,\overline{A_1}\,\overline{A_0}}, \quad \overline{Y_1} = \overline{\overline{A_2}\,\overline{A_1}\,A_0}, \quad \overline{Y_2} = \overline{\overline{A_2}\,A_1\,\overline{A_0}}, \quad \overline{Y_3} = \overline{\overline{A_2}\,A_1\,A_0}$$

$$\overline{Y_4} = \overline{A_2\,\overline{A_1}\,\overline{A_0}}, \quad \overline{Y_5} = \overline{A_2\,\overline{A_1}\,A_0}, \quad \overline{Y_6} = \overline{A_2\,A_1\,\overline{A_0}}, \quad \overline{Y_7} = \overline{A_2\,A_1\,A_0}$$

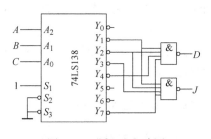 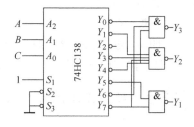

图 3-37 题 3-1 电路图   图 3-38 题 3-2 电路图

3-2 分析图 3-38 所示电路，试写出输出端 Y_1、Y_2、Y_3 的输出逻辑表达式。

3-3 试用一片 74LS138 和尽可能少的逻辑门实现全加器，其中 A_i、B_i 为加数，C_{i-1} 为低位来的进位，S_i 为本位和，C_i 为向高位的进位。要求：列出真值表，写出输出函数表达式、输出函数与译码器输出端的关系，并画出电路图。

3-4 双四选一数据选择器构成的组合逻辑电路如图 3-39 所示，输入量为 A、B、C，输出逻辑函数为 F_1、F_2，试写出 F_1、F_2 的逻辑表达式。

3-5 已知 74LS153 输出表达式，分析图 3-40 所示输出表达式，试：（1）列出真值表；（2）判断逻辑功能。

$$Y_1 = (\overline{A_1}\,\overline{A_0}D_{10} + \overline{A_1}A_0D_{11} + A_1\overline{A_0}D_{12} + A_1A_0D_{13}) \cdot S_1$$

$$Y_2 = (\overline{A_1}\,\overline{A_0}D_{20} + \overline{A_1}A_0D_{21} + A_1\overline{A_0}D_{22} + A_1A_0D_{23}) \cdot S_2$$

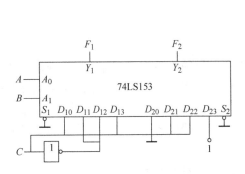

图 3-39　题 3-4 电路图

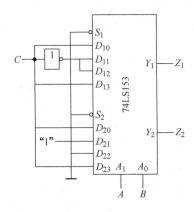

图 3-40　题 3-5 电路图

3-6　试用八选一数据选择器 74LS151 实现逻辑函数

$$F(A,B,C,D) = \sum m(3,4,5,6,7,8,9,10,12,14)$$

要求：写出八选一数据选择器输出方程、逻辑函数 F 的表达式，求出 $D_0 \sim D_7$ 的值，并画出电路连线图。

3-7　设计用 3 个开关 A、B、C 控制一个电灯 Y 的逻辑电路，改变任何一个开关的状态都能控制电灯由亮变灭或者由灭变亮。要求：（1）列出真值表；（2）写出函数表达式；（3）用四选一数据选择器实现。

3-8　用八选一数据选择器 74LS151 设计一个组合逻辑电路，该电路有 3 个输入变量 A、B、C 和 1 个工作状态控制变量 M。当 $M=0$ 时电路实现"意见一致"功能，而 $M=1$ 时电路实现"多数表决"功能。

3-9　试用四位二进制加法器 74LS283 及若干门电路设计一个电路，可以将带符号的二进制数（包括符号位在内共 8 位）变换为该数的补码。

🔍 拓展链接：硬件描述语言 VHDL 设计组合逻辑电路

随着集成化程度的提高，数字电路的设计手段由传统的手工设计方式，逐渐被计算机辅助设计所代替。利用硬件描述语言可以方便地进行数字电子系统的设计，常见的硬件描述语言 Verilog HDL 和 VHDL 已经成为 IEEE 标准语言。VHDL 语言描述能力强，语法规范，可读性好，同学们会在后续的 EDA 课程中学习，这里简单列举两个利用 VHDL 语言设计组合逻辑电路的实例。

1. 利用 VHDL 设计 3 线-8 线译码器

假设地址输入信号为 A_0、A_1、A_2；输出信号为 Y（8 位），输出为低电平有效。程序如下：

```
LIBRARY IEEE;
USE IEEE. STD_LOGIC_1164. ALL;
ENTITY ymq_38 IS
    PORT( A0,A1,A2 :IN STD_LOGIC;
        Y :OUT STD_LOGIC_VECTOR(7 downto 0));
```

```
END;
ARCHITECTURE behave OF ymq_38 IS
    SIGNAL A :STD_LOGIC_VECTOR(0 to 2);
BEGIN
  A < = A2&A1&A0;
    PROCESS(A)
    BEGIN
      CASE A IS
        WHEN   "000" = > Y < = "11111110";
        WHEN   "001" = > Y < = "11111101";
        WHEN   "010" = > Y < = "11111011";
        WHEN   "011" = > Y < = "11110111";
        WHEN   "100" = > Y < = "11101111";
        WHEN   "101" = > Y < = "11011111";
        WHEN   "110" = > Y < = "10111111";
        WHEN   "111" = > Y < = "01111111";
        WHEN   OTHERS = > Y < = "11111111";
        END CASE;
    END PROCESS;
  END;
```

2. 利用 VHDL 设计四选一数据选择器

假设四选一数据选择器 4 个数据输入信号为 D_0、D_1、D_2、D_3，2 个地址控制端为 A_0、A_1，1 个输出信号为 Y。程序如下：

```
LIBRARY IEEE;
USE IEEE. STD_LOGIC_1164. ALL;
ENTITY   xzq4_1   IS
    PORT( D0,D1,D2,D3 :IN STD_LOGIC;
        A0,A1 :IN STD_LOGIC;
        Y :OUT STD_LOGIC);
END;
ARCHITECTURE arc OF xzq4_1 IS
BEGIN
    PROCESS
    BEGIN
        IF( A1 = '0' AND A0 = '0') THEN Y < = D0;
          ELSIF( A1 = '0' AND A0 = '1') THEN Y < = D1;
          ELSIF( A1 = '1' AND A0 = '0') THEN Y < = D2;
          ELSIF( A1 = '1' AND A0 = '1') THEN Y < = D3;
          ELSE
              Y < = 'Z';
        END IF;
    END PROCESS;
END;
```

第 **4** 章

时序逻辑电路的实现

✅ 内容及目标

◆ 本章内容

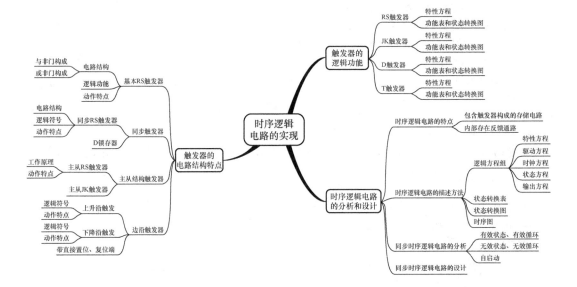

◆ 学习目标

1. 知识目标

1）了解触发器的特点，现态和次态的概念，触发器逻辑功能的表示方法。

2）熟悉触发器的4种结构形式及其动作特点。

3）熟悉触发器在逻辑功能上的4种主要类型，及其逻辑功能表示形式。

4）了解常用集成电路触发器逻辑符号、功能特点以及异步置位、复位端的作用。

5）了解时序逻辑电路的特点，以及同步时序电路的一般分析方法和设计方法。

2. 能力目标

1）能够理解不同类型的触发器的特点，并能分析触发器构成的时序逻辑电路的功能。

2）能够根据设计要求选择合适的触发器，并画出合理的电路图实现逻辑功能。

3. 价值目标

1）了解科学家精神，形成努力拼搏、勇于创新的意识。

2）形成时间精准意识，关注科技前沿。

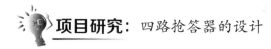 **项目研究：** 四路抢答器的设计

1. 任务描述

设计一个能容纳4组参赛者的抢答器，每个参赛者控制一个按钮；裁判有一个总按钮开关，用于将抢答器清零复位；4组参赛者进行抢答时，当抢答者按下面前的按钮时，抢答器能准确判断出抢先者，并发出光亮，此时其他抢答者再按下按钮均视为无效。

2. 任务要求

1）用四D触发器74LS175实现。

2）画出总体电路图。

 **知识链接**

4.1时序逻辑
电路概述

在数字电路进行逻辑运算的过程中，往往需要将运算结果进行保存。为此，需要使用具有记忆功能的基本逻辑单元。将能够存储1位二值信号（0或1）的基本单元电路称为触发器（Flip-Flop）。

触发器具备两个基本特点：

1）有两个稳定的状态，分别用来存储二进制码0和1。

2）在适当输入信号作用下，可从一种状态翻转到另一种状态；在输入信号取消后，能将获得的新状态保存下来。

触发器接收输入信号之前的状态称为现态（用符号 Q^n 表示）；触发器接收输入信号之后的状态称为次态（用符号 Q^{n+1} 表示）。现态与次态描述的是同一个输出端接收输入信号前后的不同状态。

触发器逻辑功能描述包括逻辑功能表（特性表）、特性方程、状态转换图、波形图等。

触发器按照电路结构可以分为基本RS触发器、同步触发器、主从结构触发器和边沿触发触发器；按照逻辑功能可以分为RS触发器、JK触发器、D触发器、T和T'触发器。

4.1 触发器的电路结构特点

本节思考问题：

1）触发器有什么特点？触发器的描述方法有哪些？触发器按照电路结构分为哪些类型？

2）基本RS触发器电路是如何构成的？从功能表可以看出能实现哪些功能？其动作特点是怎样的？

3）同步RS触发器与基本RS触发器在电路结构上有什么不同？其逻辑符号是怎样的？动作特点是怎样的？

4）D锁存器的电路结构与同步RS触发器有何不同？其逻辑符号是怎样的？从功能表可以看出能实现哪些功能？

5）主从结构的 RS 触发器与同步 RS 触发器对照，在电路结构上有什么特点？其逻辑符号是怎样的？主从结构触发器的动作特点是怎样的？

6）对比主从结构的 JK 触发器和 RS 触发器，在电路结构上有什么不同？其逻辑符号是怎样的？对输入信号有什么要求？

7）认识 74LS76、74LS72、74LS74、74LS175 引脚图，并说明其功能。

8）认识边沿触发器的逻辑符号，了解其动作特点，并会判断是上升沿还是下降沿触发，对比相同时钟和输入波形的情况下，上升沿和下降沿触发的边沿触发器输出波形是否相同？

9）什么是直接置位端和直接复位端？它们什么情况下会起作用？

4.1.1 基本 RS
触发器

4.1.1 基本 RS 触发器（RS 锁存器）

1. 基本 RS 触发器的电路结构

基本 RS 触发器是构成其他各种触发器的基本单元。基本 RS 触发器有两种形式，一种是由两个或非门构成的电路，如图 4-1 所示，其中 R（Reset）为复位端；S（Set）为置位端；另一种是由两个与非门构成的电路，如图 4-2 所示。

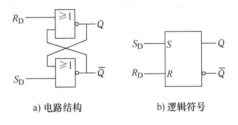

a）电路结构　　　　b）逻辑符号

图 4-1　或非门构成 RS 触发器及其符号

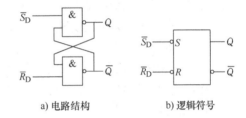

a）电路结构　　　　b）逻辑符号

图 4-2　与非门构成 RS 触发器及其符号

2. 基本 RS 触发器逻辑功能分析

以与非门构成的 RS 触发器（见图 4-2）为例，进行逻辑功能分析。

1）$\overline{R}_D = 1$，$\overline{S}_D = 0$ 时：$Q = 1$，反馈到下面的与非门，此时与非门的两个输入端均为 1，因此，$\overline{Q} = 0$。即不管触发器原来处于何种状态，输出状态均为 1，因此 $\overline{S}_D$ 称为触发器置 1 端（置位端）。

2）$\overline{R}_D = 0$，$\overline{S}_D = 1$ 时：$\overline{Q} = 1$，反馈到上面的与非门，此时与非门的两个输入端均为 1，因此，$Q = 0$。即不管触发器原来处于何种状态，输出状态均为 0，因此 $\overline{R}_D$ 称为触发器置 0 端（复位端）。

3）$\overline{R}_D = 1$，$\overline{S}_D = 1$ 时：触发器保持原来状态不变，即原来的状态被触发器保存。

4）$\overline{R}_D = 0$，$\overline{S}_D = 0$ 时：此状态会导致 $Q = \overline{Q} = 1$。由于与非门延迟时间的不同，在两个输入端的 0 状态同时撤去后，将不能确定触发器状态，因此触发器不允许出现此情况，称为基本 RS 触发器的约束条件。

基本 RS 触发器特性表见表 4-1。

表 4-1 基本 RS 触发器特性表

$\overline{R}_D$	$\overline{S}_D$	Q^n	Q^{n+1}	功能
1	1	0	0	保持
		1	1	
1	0	0	1	置1
		1		
0	1	0	0	置0
		1		
0	0	0	1	应避免
		1		

基本 RS 触发器特性方程：

$$\begin{cases} Q^{n+1} = S + \overline{R}Q^n \\ RS = 0 \end{cases}$$

其中 $RS = 0$ 称为约束条件。

【例4-1】 在图 4-3a 所示的基本 RS 触发器电路中，已知 $\overline{R}_D$ 和 $\overline{S}_D$ 的电压波形如图 4-3b 所示，试画出 Q 和 $\overline{Q}$ 端对应的电压波形。

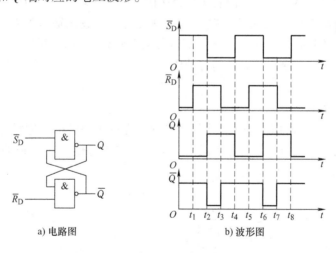

a) 电路图　　　b) 波形图

图 4-3 例4-1电路和波形图

解：按照与非门构成的基本 RS 触发器的逻辑功能，$\overline{R}_D$ 和 $\overline{S}_D$ 每一次改变都要考虑 Q 和 $\overline{Q}$ 的变化，由图 4-3b 可以看出在 $t_3 \sim t_4$ 和 $t_7 \sim t_8$ 期间输入端出现 $\overline{R}_D = \overline{S}_D = 0$，但由于 $\overline{S}_D$ 首先回到了高电平，所以触发器次态是可以确定的。

3. 基本 RS 触发器的动作特点

输入信号在全部作用时间内都直接改变输出端 Q 和 $\overline{Q}$ 的状态。

4. 基本 RS 触发器的应用

基本 RS 触发器可用于防抖动开关，如图 4-4a 所示。当拨动开关 S 时，由于开关触点接通瞬间发生振颤，$\overline{S}_D$ 和 $\overline{R}_D$ 的输入波形如图 4-4b 所示。由图可以看出输入出现一些噪声，然而通过基本 RS 触发器后输出的波形 Q 和 $\overline{Q}$ 已经将噪声滤除。

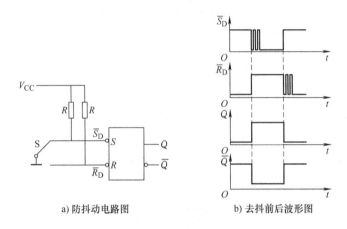

a) 防抖动电路图　　　　　　　b) 去抖前后波形图

图 4-4　开关防抖动电路及其波形图

4.1.2　同步触发器（电平触发的触发器）

在电平触发的触发器电路中，除置 1、置 0 输入端外，增加了一个触发信号输入端。只有触发信号变为有效电平后，触发器方能按照输入的置 1、置 0 信号置成相应的状态。通常这个触发信号称为时钟信号（CLOCK），记作 CLK。当系统中有多个触发器需要同时动作时，可以用同一个 CLK 信号作为同步控制信号。

4.1.2同步触发器

1. 同步 RS 触发器

（1）**同步 RS 触发器的电路结构**　同步 RS 触发器的电路结构和逻辑符号如图 4-5 所示。由图 4-5a 可以看出，同步 RS 触发器由两部分组成：与非门 G_1、G_2 构成的基本 RS 触发器和与非门 G_3、G_4 构成的输入控制回路。

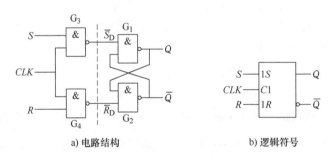

a) 电路结构　　　　　　　　　b) 逻辑符号

图 4-5　同步 RS 触发器

（2）**同步 RS 触发器的逻辑功能分析**　当 $CLK = 0$ 时，门 G_3、G_4 的输出始终停留在 1 状态，S、R 端的信号无法通过 G_3、G_4 影响输出状态，故输出 Q 保持原来的状态不变。只有当触发信号 CLK 变成高电平 1 以后，S、R 信号才能通过门 G_3、G_4 加到由门 G_1、G_2 组成的基本 RS 触发器上，从而使 Q、$\overline{Q}$ 根据 S、R 信号而改变状态。其特性表见表4-2。

表 4-2 同步 RS 触发器的特性表

CLK	S	R	Q^{n+1}	功能
0	×	×	Q^n	保持
1	0	0	Q^n	保持
1	0	1	0	置0
1	1	0	1	置1
1	1	1	—	不定

$CLK = 1$ 时，同样满足特性方程：

$$\begin{cases} Q^{n+1} = S + \overline{R}Q^n \\ RS = 0 \end{cases}$$

【例 4-2】 同步 RS 触发器如图 4-6a 所示，其输入信号波形如图 4-6b 所示，试画出 Q 和 $\overline{Q}$ 端的电压波形。设触发器的初始状态 $Q = 0$。

解： 由给定的输入电压波形可见，在第 1 个 $CLK = 1$ 期间，$S = 1$，$R = 0$，输出被置成 $Q = 1$、$\overline{Q} = 0$；随后 $S = 0$，$R = 0$，Q 保持；最后 $S = 0$，$R = 1$，所以输出被置成 $Q = 0$，$\overline{Q} = 1$。

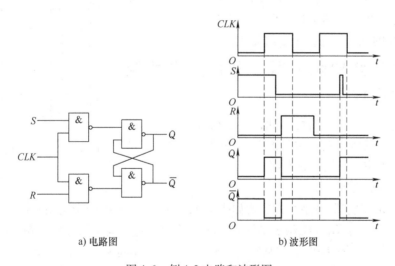

a) 电路图　　　　b) 波形图

图 4-6 例 4-2 电路和波形图

$CLK = 0$ 期间，输出保持不变，因此不必考虑 S 和 R 的变化。

第 2 个 $CLK = 1$ 期间，$S = R = 0$，Q 保持；随后 S 出现一个干扰信号，即 $S = 1$，$R = 0$，输出 Q 被置1；干扰过后，$S = R = 0$，此时，输出 Q 保持高电平 1。

（3）**同步触发器的动作特点** 在 $CLK = 1$ 期间，输入信号的变化都直接改变输出端 Q 和 $\overline{Q}$ 的状态；$CLK = 0$ 期间输出状态保持不变。

2. D 锁存器

为了避免同步 RS 触发器的输入信号同时为 1，可以让 $S = D$，$R = \overline{D}$，信号仅从 S 端（改称数据输入端 D）输入，这种单输入的触发器称为同步 D 触发器（或 D 锁存器），D 锁存器电路结构和逻辑符号如图 4-7 所示，其功能表见表 4-3。

特性方程：

$$Q^{n+1} = D$$

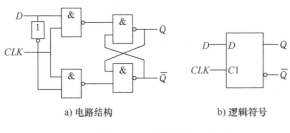

a) 电路结构　　　　b) 逻辑符号

图 4-7　D 锁存器

表 4-3　D 锁存器的功能表

CLK	D	Q^{n+1}
0	×	Q
1	0	0
1	1	1

【例 4-3】 已知 D 锁存器的输入信号波形如图 4-8 所示，试画出 Q 和 $\overline{Q}$ 端的电压波形。设触发器的初始状态 $Q = 0$。

解： 第 1 个 CLK 上升沿到达时，输入 D 为 1，因此输出 Q 跳变为 1，然后 D 变为 0，Q 也随之为 0；$CLK = 0$ 期间，Q 保持；第 2 个 $CLK = 1$ 期间，输入 D 多次变化，输出 Q 与输入 D 的状态相同，也多次变化。

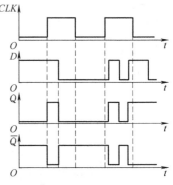

图 4-8　例 4-3 的电压波形图

4.1.3　主从结构触发器（脉冲触发的触发器）

为了提高触发器工作的可靠性，希望在每个时钟周期里输出端的状态只能改变一次。因此，在同步触发器的基础上，设计出了主从结构的触发器。

1. 主从 RS 触发器

主从结构 RS 触发器典型结构形式如图 4-9a 所示，它由两个同样的同步 RS 触发器组成，其中 $G_1 \sim G_4$ 组成的触发器称为从触发器，$G_5 \sim G_8$ 组成的触发器称为主触发器。图 4-9b 为主从结构 RS 触发器的逻辑符号，"¬" 表示延迟输出，即 CLK 回到低电平（有效电平消失）以后，输出状态才改变，因此电路输出状态的变化发生在 CLK 信号的下降沿。

4.1.3-1主从结构RS触发器

（1）主从 RS 触发器工作原理

1）接收输入信号过程。$CLK = 1$ 期间：主触发器控制门 G_7、G_8 打开，接收输入信号 S、R，从触发器控制门 G_3、G_4 封锁，其状态保持不变。

2）输出信号过程。CLK 下降沿到来时，主触发器封锁，从触发器按照主触发器的状态改变。

同样满足特性方程：

$$\begin{cases} Q^{n+1} = S + \overline{R}Q^n \\ RS = 0 \end{cases}$$

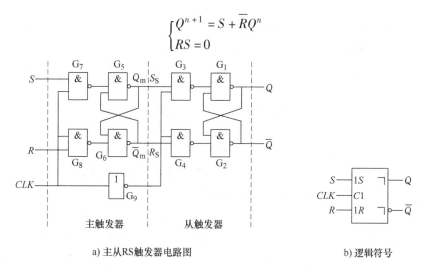

a) 主从RS触发器电路图   b) 逻辑符号

图 4-9 主从 RS 触发器及其符号

（2）主从结构触发器的动作特点

1）触发器翻转分两步动作：第一步，在 $CLK = 1$ 期间主触发器接收输入端信号，被置成相应的状态，从触发器不变；第二步，CLK 下降沿到来时，从触发器按照主触发器的状态翻转，输出端 Q 和 $\overline{Q}$ 的状态改变发生在 CLK 下降沿。

2）在 $CLK = 1$ 的全部时间里输入信号都将对主触发器起控制作用。

2. 主从 JK 触发器

4.1.3-2主从结构
JK触发器（1）

（1）主从 JK 触发器电路结构 为了使用方便，希望即使出现 $S = R = 1$ 的情况，触发器的次态也能够确定，因而需要进一步改进触发器的电路结构。把主从 RS 触发器的 Q 和 $\overline{Q}$ 端作为一对附加的控制信号接回到输入端，则可以达到上述要求。为了与主从结构 RS 触发器区别，以 J、K 表示两个信号输入端，如图 4-10 所示电路称为主从结构 JK 触发器，此时 $S = J\overline{Q^n}$，$R = KQ^n$。

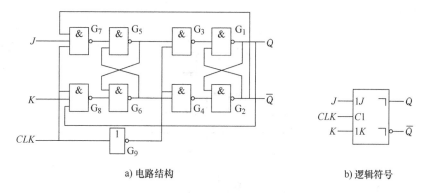

a) 电路结构   b) 逻辑符号

图 4-10 主从 JK 触发器及其符号

（2）主从 JK 触发器逻辑功能 对比图 4-9，可以看出此时 $S = J\overline{Q^n}$，$R = KQ^n$，代入 RS

触发器特性方程，得到主从 JK 触发器特性方程：$Q^{n+1} = S + \overline{R}Q^n = J\overline{Q^n} + \overline{KQ^n}Q^n = J\overline{Q^n} + \overline{K}Q^n$

主从 JK 触发器没有约束，功能表见表4-4，其功能如下。

1）$J=1$，$K=0$ 时，$CLK=1$ 期间主触发器置1；CLK 下降沿到达时，从触发器置1，$Q^{n+1}=1$。

2）$J=0$，$K=1$ 时，$CLK=1$ 期间主触发器置0；CLK 下降沿到达时，从触发器置0，$Q^{n+1}=0$。

3）$J=0$，$K=0$ 时，触发器保持原来状态不变，$Q^{n+1}=Q^n$。

4）$J=1$，$K=1$ 时，$Q^n=0$，G_7 输出0，主触发器置1，CLK 下降沿到达 $Q^{n+1}=1$；$Q^n=1$，G_8 输出0，主触发器置0，CLK 下降沿到达 $Q^{n+1}=0$。

表 4-4　JK 触发器的特性表

CLK	J	K	Q^n	Q^{n+1}	功能
×	×	×	×	Q^n	保持
⌐L	0	0	0	0	$Q^{n+1}=Q^n$ 保持
	0	0	1	1	
⌐L	0	1	0	0	$Q^{n+1}=0$ 置0
	0	1	1	0	
⌐L	1	0	0	1	$Q^{n+1}=1$ 置1
	1	0	1	1	
⌐L	1	1	0	1	$Q^{n+1}=\overline{Q^n}$ 翻转
	1	1	1	0	

【例4-4】　在图4-10给出的主从 JK 触发器电路中，若 CLK、J、K 的波形如图4-11所示，试画出 Q、$\overline{Q}$ 端对应的电压波形。假定触发器的初始状态为 $Q=0$。

解：由图4-11输入波形可以看出，在 $CLK=1$ 期间，J 和 K 的状态保持不变，因此，只要根据 CLK 下降沿到达时 J、K 的状态去查主从 JK 触发器的特性表，就可以逐段画出 Q 和 $\overline{Q}$ 的电压波形了。

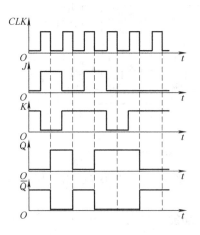

4.1.3-3主从结构JK触发器（2）

图 4-11　例 4-4 波形图

主从 JK 触发器存在一次变化的现象，即在 $CLK=1$ 期间，若 $Q^n=0$ 时，J 端出现正向干扰，或者在 $Q^n=1$ 时，K 端出现正向干扰，则触发器的状态只能根据输入端的信号（正向干扰信号）改变一次。一次变化现象降低了主从 JK 触发器的抗干扰能力。因此，要求主从 JK 触发器在使用时 J、K 信号在 CLK 上升沿前加入，$CLK=1$ 期间保持不变。

（3）**多输入 JK 触发器** 在有些集成电路触发器产品中，输入端 J 和 K 不止一个。在这种情况下，J_1 和 J_2、K_1 和 K_2 是与的逻辑关系，如图 4-12 所示。

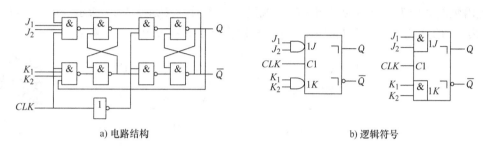

a) 电路结构　　　　　　　　　　　　b) 逻辑符号

图 4-12　具有多输入端的主从 JK 触发器

主从 JK 触发器集成块 74LS76 引脚图和逻辑功能图如图 4-13 所示，其内部有两个 JK 触发器，并有直接置位端和直接复位端，均是低电平有效。

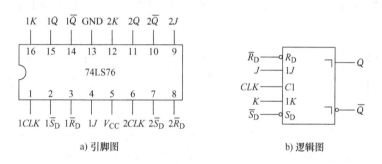

a) 引脚图　　　　　　　　　b) 逻辑图

图 4-13　集成主从 JK 触发器 74LS76 引脚图及逻辑图

主从 JK 触发器集成块 74LS72 引脚图和逻辑功能图如图 4-14 所示，它是一个多输入端 JK 触发器，并有直接置位端和直接复位端，均是低电平有效。

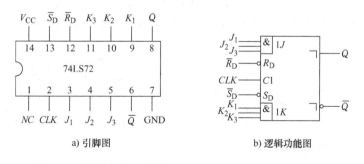

a) 引脚图　　　　　　　　　b) 逻辑功能图

图 4-14　集成主从 JK 触发器 74LS72 引脚图及逻辑功能图

4.1.4 边沿触发器

1. 边沿触发器的逻辑符号及特点

为了提高触发器的可靠性，增强抗干扰能力，希望触发器的次态仅仅取决于 *CLK* 信号下降沿（或上升沿）到达时输入信号的状态，在此之前和之后输入状态的变化对触发器的次态没有影响。为了实现这一设想，人们相继研制成了各种结构形式的边沿触发的触发器。

边沿触发器分为上升沿触发与下降沿触发，其逻辑符号如图 4-15 所示。图中 *CLK* 处的 " > " 表示边沿触发，无小圆圈表示上升沿触发，有小圆圈表示下降沿触发。

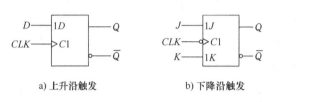

图 4-15 边沿触发器逻辑符号

边沿触发器工作可靠、抗干扰能力强，因此得到广泛应用。图 4-16a、b 为集成边沿 D 触发器 74LS74 和 74LS175 的引脚图，其中 74LS74 为上升沿触发的双 D 触发器，74LS175 为上升沿触发的四 D 触发器。图 4-16c 是 74LS112 的引脚图。74LS112 为下降沿触发的 JK 触发器。

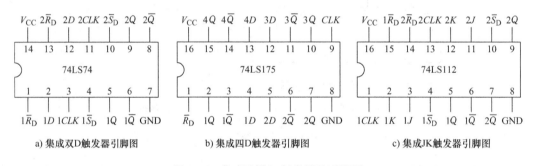

图 4-16 集成边沿 D 触发器的引脚图

【**例 4-5**】 在图 4-17a 所示的两个边沿 D 触发器电路中，若 D 端和 *CLK* 端的输入电压波形为图 4-17b 所示，试画出 Q_1、Q_2 的波形。设触发器的初始状态均为 0。

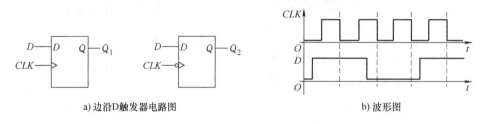

图 4-17 例 4-5 电路图和输入波形

解： 由图 4-17a 可以看出，两个触发器均为边沿触发的 D 触发器，但一个是上升沿触发，一个是下降沿触发，因此输出状态的改变时刻不同，画出其输出波形如图4-18所示。

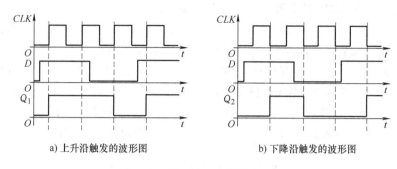

a) 上升沿触发的波形图　　　　　　　b) 下降沿触发的波形图

图4-18　例4-5电路的输出波形

边沿触发器的动作特点：触发器的次态仅仅取决于时钟信号的上升沿（或下降沿）到达时输入的逻辑状态，而在这以前或以后，输入信号的变化对触发器输出的状态没有影响。

2. 触发器的直接置位和直接复位

在某些应用场合，有时需要预先将触发器置成指定的状态，为此，在实用的电路上往往还设置有异步置位、异步复位端。图4-19为带异步置位、复位端的触发器的逻辑符号。

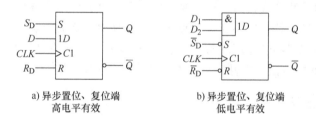

a) 异步置位、复位端　　　　　b) 异步置位、复位端
　　高电平有效　　　　　　　　低电平有效

图4-19　带直接置位和直接复位触发器的逻辑符号

图4-19a是上升沿触发的D触发器，S_D为异步置位端（高电平有效），R_D为异步复位端（高电平有效）。当$S_D=1$，$R_D=0$时，Q被直接置为1；当$S_D=0$，$R_D=1$时，Q被直接置为0。

图4-19b是上升沿触发的多输入端D触发器，$\overline{S}_D$为异步置位端（低电平有效），$\overline{R}_D$为异步复位端（低电平有效）。当$\overline{S}_D=0$，$\overline{R}_D=1$时，Q被直接置为1；当$\overline{S}_D=1$，$\overline{R}_D=0$时，Q被直接置为0。

✐ 自测题

1. ［多选题］以下关于触发器的叙述正确的有（　　）。
A. 触发器是一种具有记忆功能的单元电路
B. 触发器记录的是一位二值信号
C. 触发器接收信号之前的状态称为现态
D. 触发器接收输入信号之后的状态称为次态
2. ［多选题］以下哪些是触发器逻辑功能的描述方法？（　　）

A. 真值表　　　　　　B. 特性方程　　　　　C. 状态转换图　　　　D. 时序图

3. ［多选题］基本 RS 触发器具有以下哪些功能？（　　　）

A. 保持　　　　　　　B. 置 0　　　　　　　C. 置 1　　　　　　　D. 翻转

4. ［单选题］主从结构触发器输出状态在什么情况下可以改变？（　　　）

A. $CLK = 0$ 期间　　B. $CLK = 1$ 期间　　C. CLK 上升沿　　　D. CLK 下降沿

5. ［多选题］以下关于 74LS74 描述正确的有（　　　）。

A. 主从结构的触发器　　　　　　　　　　B. 上升沿触发的边沿触发器

C. 下降沿触发的边沿触发器　　　　　　　D. 内部有两个 D 触发器

4.2　触发器逻辑功能

本节思考问题：

1）说出按照逻辑功能触发器可以分为哪 4 种类型？并能够写出各种触发器的特性方程，说明分别能实现哪些功能？

2）思考如何将 JK 触发器转换为 T 触发器？JK 触发器如何转换为 T' 触发器？

3）思考如何将 D 触发器转换为 T 触发器？D 触发器如何转换为 T' 触发器？

4）由触发器构成的电路，已知输入波形能够画出对应的输出波形。

5）会分析带直接置位、直接复位端的电路，并画出输出波形。

按照逻辑功能触发器可分为 RS 触发器、JK 触发器、D 触发器、T 触发器和 T' 触发器。描述触发器逻辑功能的方法有特性表、特性方程和状态转换图。

4.2.1　RS 触发器

凡在时钟信号作用下，具有表 4-5 的功能，无论触发方式如何，均称为 RS 触发器。

表 4-5　RS 触发器功能表

S	R	Q^n	Q^{n+1}	功能
0	0	0	0	保持
		1	1	
0	1	0	0	置0
		1	0	
1	0	0	1	置1
		1	1	
1	1	0	—	不定
		1	—	

4.2.1 触发器
逻辑功能描述

RS 触发器的特性方程为

$$\begin{cases} Q^{n+1} = S + \overline{R}Q^n \\ RS = 0 \end{cases}$$

RS 触发器状态转换图如图 4-20 所示。

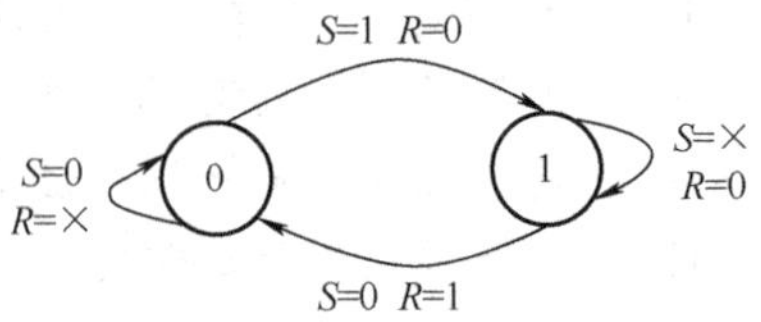

图 4-20　RS 触发器状态转换图

4.2.2 JK 触发器

凡在时钟信号作用下，具有表4-6的功能，无论触发方式如何，均称为JK触发器。JK触发器的特性方程为 $Q^{n+1} = J\overline{Q^n} + \overline{K}Q^n$，其状态转换图如图4-21所示。

表4-6 JK触发器功能表

J	K	Q^n	Q^{n+1}	功能
0	0	0	0	保持
		1	1	
0	1	0	0	置0
		1	0	
1	0	0	1	置1
		1	1	
1	1	0	1	翻转
		1	0	

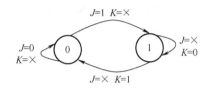

图4-21 JK触发器状态转换图

4.2.3 D 触发器

凡在时钟信号作用下，具有表4-7的功能，无论触发方式如何，均称为D触发器。D触发器特性方程为 $Q^{n+1} = D$，其状态转换图如图4-22所示。

表4-7 D触发器功能表

D	Q^n	Q^{n+1}	功能
0	0	0	置0
	1	0	
1	0	1	置1
	1	1	

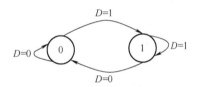

图4-22 D触发器状态转换图

4.2.4 T 触发器

在某些应用场合下，需要这样一种逻辑功能的触发器，当控制信号 $T=1$ 时，每来一个时钟信号它的状态就翻转一次；当 $T=0$ 时，时钟信号到达后它的状态保持不变。这种触发器称为T触发器（当 $T=1$ 时，称为T'触发器。）功能表见表4-8。

特性方程为 $Q^{n+1} = T\overline{Q^n} + \overline{T}Q^n$，其状态转换图如图4-23所示。

表4-8 T触发器功能表

T	Q^n	Q^{n+1}	功能
0	0	0	保持
	1	1	
1	0	1	翻转
	1	0	

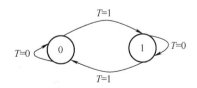

图4-23 T触发器状态转换图

4.2.5 不同逻辑功能触发器之间的转换

目前生产的触发器定型产品中只有 JK 触发器和 D 触发器，如果需要其他功能的触发器时，可以用已有的触发器来取代。

1. JK 触发器转换为 T 触发器

将 T 触发器特性方程与 JK 触发器特性方程对照，即

$$Q^{n+1} = T\overline{Q}^n + \overline{T}Q^n, \qquad Q^{n+1} = J\overline{Q}^n + \overline{K}Q^n$$

可以看到：$J = K = T$，即可将 JK 触发器转换为 T 触发器，如图 4-24a 所示。

2. JK 触发器转换为 T' 触发器

当 $T = 1$ 时，即为 T' 触发器。因此 $J = K = 1$，就可以将 JK 触发器转换为 T' 触发器，如图 4-24b 所示。

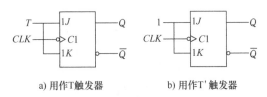

a) 用作T触发器   b) 用作T'触发器

图 4-24 将 JK 触发器用作 T、T' 触发器

3. D 触发器转换为 T 触发器

将 T 触发器特性方程与 D 触发器特性方程对照，即

$$Q^{n+1} = T\overline{Q}^n + \overline{T}Q^n, \qquad Q^{n+1} = D$$

可以看到：如果 $D = T\overline{Q}^n + \overline{T}Q^n$，也就是 $D = T \oplus Q^n = T \odot \overline{Q}^n$，即可将 D 触发器转换为 T 触发器，如图 4-25 所示。

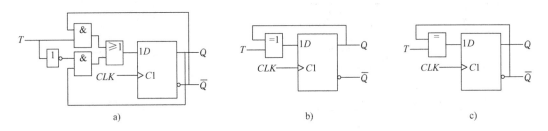

a)   b)   c)

图 4-25 将 D 触发器用作 T 触发器电路

4. D 触发器转换为 T' 触发器

对比 T' 触发器特性方程与 D 触发器特性，即

$$Q^{n+1} = \overline{Q}^n, \qquad Q^{n+1} = D$$

因此，只要 $D = \overline{Q}^n$，即可将 D 触发器转换为 T' 触发器，如图 4-26a 所示。从图 4-26b 波

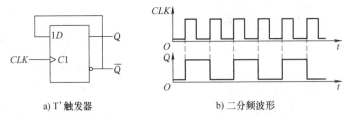

a) T'触发器   b) 二分频波形

图 4-26 将 D 触发器用作 T' 触发器电路及波形

形可以看出，CLK 信号经过 T' 触发器实现了二分频，即 Q 的频率是 CLK 频率的 $1/2$。

【例 4-6】 已知边沿 D 触发器各输入端的电压波形如图 4-27 所示，试画出 Q 和 $\overline{Q}$ 端对应的波形。

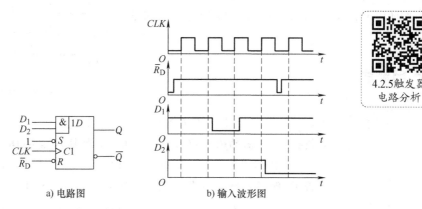

图 4-27　例 4-6 电路图和输入波形图

解： 由图可知 $D = D_1 D_2$，代入特性方程可得

$$Q^{n+1} = D = D_1 D_2$$

CLK 上升沿触发。

异步置位端 $\overline{S}_D = 1$，不起作用。

$\overline{R}_D = 0$ 时，Q 应该立刻置零。

因此，可以画出输出波形如图 4-28 所示。

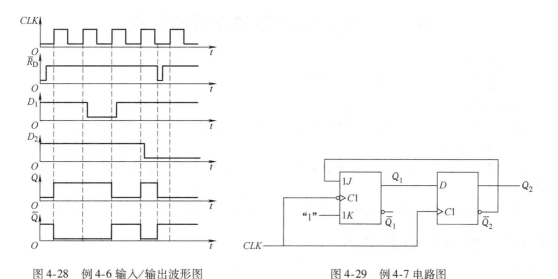

图 4-28　例 4-6 输入/输出波形图　　　　　　图 4-29　例 4-7 电路图

【例 4-7】 已知图 4-29 所示电路的时钟 CLK 波形，试画出各触发器 Q 端的波形，设各输出端 Q 的初始状态为 0。

解： 由图 4-29 可知：$J = \overline{Q}_2^n$，$K = 1$，JK 触发器为下降沿触发的边沿触发器；$D = Q_1^n$，D

触发器为上升沿触发的边沿触发器。代入特性方程，可以得到

$$Q_1^{n+1} = J\overline{Q_1^n} + \overline{K}Q_1^n = \overline{Q_2^n}\,\overline{Q_1^n}, \qquad Q_2^{n+1} = D = Q_1^n$$

按照以上方程可以画出 Q_1、Q_2 的波形，如图 4-30 所示。

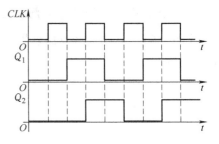

图 4-30　例 4-7 波形图

自测题

1. ［填空题］触发器按照逻辑功能可以分为：_____、_____、_____、_____。

2. ［单选题］要使 JK 触发器的输出端 Q 从 1 变 0，它的输入信号 JK 应为（　　）。

A. 00　　　　　　　B. 01　　　　　　　C. 10　　　　　　　D. 无法确定

3. ［单选题］若将 JK 触发器转变为 T' 触发器，可以选择（　　）。

A. $J = K = 0$　　　　B. $J = 0$，$K = 1$　　　　C. $J = 1$，$K = 0$　　　　D. $J = K = 1$

4. ［单选题］若将 D 触发器转变为 T' 触发器，可以选择（　　）。

A. $D = 0$　　　　　B. $D = 1$　　　　　C. $D = \overline{Q^n}$　　　　　D. $D = Q^n$

5. ［单选题］74LS74 的 $\overline{R}_D = 0$，$\overline{S}_D = 1$ 时，Q 状态为（　　）。

A. 如果 $D = 1$，当 CLK 上升沿到达时，Q 被置为 1

B. Q 立刻被置为 1

C. 如果 $D = 0$，当 CLK 上升沿到达时，Q 被置为 0

D. Q 立刻被置为 0

4.3　时序逻辑电路的分析和设计

本节思考问题：

1）时序逻辑电路有哪些特点？如何分类？

2）时序逻辑电路有哪些描述方法？如何表示？

3）什么是有效状态、有效循环？什么是无效状态、无效循环？电路为什么需要自启动？怎样能够自启动？

4）同步时序逻辑电路的分析步骤是怎样的？同步时序逻辑电路分析时需要写出哪些方程？

5）同步时序逻辑电路的设计步骤是怎样的？最终需要得到什么方程才能画出电路图？

4.3.1　时序逻辑电路介绍

1. 时序逻辑电路的特点

所谓的时序逻辑电路，是指任意时刻的输出信号不仅取决于该时刻的输入信号，而且还取决于电路原来的状态。

时序逻辑电路的结构框图如图 4-31 所示，一般由组合逻辑电路和存储电路构成。组合逻辑电路部分的输入包括外部输入和内部输入，外部输入 X 是整个时序逻辑电路的输

入信号，内部输入 Q 是存储电路部分的输出，它反映了时序逻辑电路过去时刻的状态；组合逻辑电路部分的输出也包括外部输出和内部输出，外部输出 Y 是整个时序逻辑电路的输出信号，内部输出 W 是存储电路部分的输入。存储电路可以由触发器或延迟元件组成。

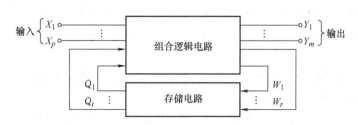

4.3.1时序逻辑电路介绍

图 4-31　时序逻辑电路结构框图

与组合逻辑电路相比，时序逻辑电路在结构上有两个主要特点：其一是包含由触发器构成的存储电路；其二是内部存在反馈通路。

有些时序逻辑电路并不具备图 4-31 所示的时序逻辑电路结构，可能会没有组合逻辑电路部分，或者可能没有输入逻辑变量。但是必须包含存储电路，才能称为时序逻辑电路。

2. 时序逻辑电路的分类

1）时序逻辑电路按电路结构，可分为同步时序逻辑电路和异步时序逻辑电路。所谓同步时序逻辑电路，是指组成时序逻辑电路的各级触发器状态的变化是在同一时钟信号操作下同时发生的；而异步时序逻辑电路是指组成时序逻辑电路的各级触发器没有统一的外部时钟。

2）按照输出信号的特点，可以将时序逻辑电路分为米利（Mealy）型和穆尔（Moore）型。米利型电路有外部输入信号，也就是说输出信号不仅取决于存储电路的状态，还与输入信号有关；穆尔型电路输出信号仅仅取决于存储电路的状态，没有外部输入信号。

3. 时序逻辑电路的描述方法

时序逻辑电路的描述方法有：逻辑方程组、状态转换表、状态转换图、卡诺图、时序图、逻辑图。

1）逻辑方程组：包括五种方程。

① 特性方程：描述触发器逻辑功能的逻辑表达式。

② 驱动方程（激励方程）：触发器输入信号的逻辑表达式。

③ 时钟方程：控制时钟 CLK 的逻辑表达式。

④ 状态方程（次态方程）：次态输出的逻辑表达式，驱动方程代入特性方程得状态方程。

⑤ 输出方程：输出变量的逻辑表达式。

2）状态转换表：反映输出、次态与输入、现态之间关系的表格。

3）状态转换图：反映时序电路状态转换规律及相应输入、输出取值关系的图形。

4）时序图：又叫工作波形图。它用波形的形式形象地表达了输入信号、输出信号、电路的状态等的取值在时间上的对应关系。

4.3.2　同步时序逻辑电路的分析

1. 同步时序逻辑电路的分析步骤

时序逻辑电路的分析：就是根据给定的时序电路的结构，找出该电路在输入信号和时钟信号作用下存储电路的状态变化规律及电路的输出，从而说明该电路所完成的逻辑功能。

由于同步时序逻辑电路是在同一时钟作用下，故分析比较简单些，分析的一般步骤如下：

1）从给定的逻辑电路图中写出每个触发器的驱动方程（也就是存储电路中每个触发器输入信号的逻辑函数式）。

2）把得到的驱动方程代入相应触发器的特性方程中，就可以得到每个触发器的状态方程，由这些状态方程得到整个时序逻辑电路的方程组。

3）根据逻辑图写出电路的输出方程。

4）列出状态转换表，画出状态转换图。

5）由状态转换表或状态转换图说明电路的逻辑功能。

2. 几个相关概念

1）有效状态：在时序电路中，凡是被利用了的状态均为有效状态。

2）有效循环：有效状态构成的循环为有效循环。

3）无效状态：在时序电路中，凡是没有被利用的状态均为无效状态。

4）无效循环：无效状态若构成循环，则称为无效循环。

5）自启动：在 CLK 作用下，无效状态能自动地进入有效循环中，则称电路能自启动，否则称不能自启动。

【例4-8】　试分析图 4-32 所示的时序逻辑电路的逻辑功能，写出它的驱动方程、状态方程和输出方程，列出电路的状态转换表，画出状态转换图和时序图。

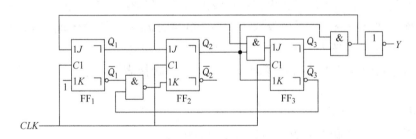

图 4-32　例 4-8 电路图

解：（1）驱动方程：

$$\begin{cases} J_1 = \overline{Q_2^n \cdot Q_3^n} & K_1 = 1 \\ J_2 = Q_1^n & K_2 = \overline{\overline{Q_1^n} \cdot \overline{Q_3^n}} \\ J_3 = Q_1^n \cdot Q_2^n & K_3 = Q_2^n \end{cases}$$

（2）状态方程：

将驱动方程代入 JK 触发器的特性方程 $Q^{n+1} = J\overline{Q^n} + \overline{K}Q^n$ 中，得出电路的状态方程，即

得到

$$
\begin{cases}
Q_1^{n+1} = J_1\overline{Q_1^n} + \overline{K_1}Q_1^n = \overline{Q_2^n\ Q_3^n}\ \overline{Q_1^n} \\
Q_2^{n+1} = J_2\overline{Q_2^n} + \overline{K_2}Q_2^n = Q_1^n\ \overline{Q_2^n} + \overline{Q_1^n}\ \overline{Q_3^n}\ Q_2^n \\
Q_3^{n+1} = J_3\overline{Q_3^n} + \overline{K_3}Q_3^n = Q_1^n\ Q_2^n\ \overline{Q_3^n} + \overline{Q_2^n}\ Q_3^n
\end{cases}
$$

（3）输出方程：

$$Y = Q_2^n\ Q_3^n$$

（4）列状态转换表，见表4-9，画出状态转换图，如图4-33a所示。该电路的时序图如图4-33b所示。

表4-9　例4-8 状态转换表

现态			次态			输出
Q_3^n	Q_2^n	Q_1^n	Q_3^{n+1}	Q_2^{n+1}	Q_1^{n+1}	Y
0	0	0	0	0	1	0
0	0	1	0	1	0	0
0	1	0	0	1	1	0
0	1	1	1	0	0	0
1	0	0	1	0	1	0
1	0	1	1	1	0	0
1	1	0	0	0	0	1
1	1	1	0	0	0	1

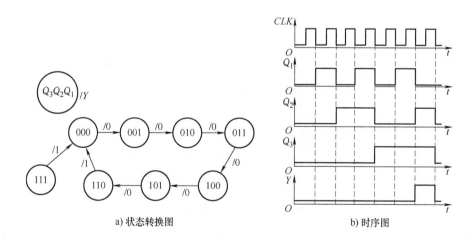

a) 状态转换图　　　b) 时序图

图4-33　例4-8 电路状态转换图和时序图

（5）说明功能：这是一个同步七进制加法计数器，且能自启动。

4.3.3 同步时序逻辑电路的设计

在设计时序逻辑电路时，要求设计者根据给出的具体逻辑问题，求出实现这一逻辑功能的逻辑电路，设计结果应力求简单。

当选用小规模集成电路做设计时，电路最简的标准是所选用的触发器和门电路的数目最少，而且触发器和门电路的输入端数目也最少。当使用中、大规模集成电路时，电路最简的标准是使用的集成电路数目最少，种类最少，而且互相间的连线也最少。

设计同步时序逻辑电路的一般步骤如下：

1）根据设计要求，确定输入、输出变量及状态数。

2）画原始状态图，并进行状态化简。

3）确定触发器数目 n，设计 M 进制计数器应满足 $2^{n-1} < M \leqslant 2^{n}$；进行状态分配（状态编码）。

4.3.3同步时序
逻辑电路设计

4）选触发器，求电路的状态方程、驱动方程和输出方程。

5）根据得到的驱动方程和输出方程画出电路图。

6）检查设计的电路能否自启动。

【例 4-9】 设计一个串行数据检测器，要求：连续输入 3 个或 3 个以上的 1 时，输出为 1，其他输入情况下输出为 0。

解：（1）输入数据作为输入变量，用 X 表示；检测结果为输出变量，用 Y 表示。设电路没有输入 1 以前的状态为 S_0，输入一个 1 状态为 S_1，连续输入两个 1 后的状态为 S_2，连续输入 3 个 1 以后的状态为 S_3。

（2）画出原始状态转换图，如图 4-34a 所示。比较 S_2 和 S_3 两个状态可以发现，它们在同样的输入下有相同的输出，而且转换后得到同样的次态，因此 S_2 和 S_3 两个状态等价，可以合并。化简后的状态转换图如图 4-34b 所示。

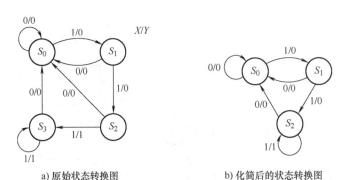

a) 原始状态转换图　　　　　　　b) 化简后的状态转换图

图 4-34　例 4-9 的状态转换图

（3）$M = 3$，应取触发器 $n = 2$，进行状态分配：$S_0 = 00$，$S_1 = 01$，$S_2 = 10$。可以得到状态转换表，见表 4-10，并可以画出电路次态和输出的卡诺图如图 4-35 所示。

（4）选定 JK 触发器进行设计，需用两个 JK 触发器。将图 4-35 分解为图 4-36 中分别表示 Q_1^{n+1}、Q_0^{n+1} 和 Y 的 3 个卡诺图。

表 4-10　例 4-9 状态转换表

X	Q_1^n	Q_0^n	Q_1^{n+1}	Q_0^{n+1}	Y
0	0	0	0	0	0
0	0	1	0	0	0
0	1	0	0	0	0
0	1	1	$\times$	$\times$	$\times$
1	0	0	0	1	0
1	0	1	1	0	0
1	1	0	1	0	1
1	1	1	$\times$	$\times$	$\times$

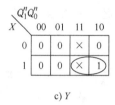

图 4-35　例 4-9 电路次态/输出 $(Q_1^{n+1}Q_0^{n+1}/Y)$ 的卡诺图

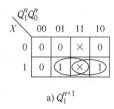 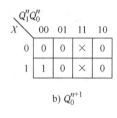

a) Q_1^{n+1}　　　b) Q_0^{n+1}　　　c) Y

图 4-36　例 4-9 卡诺图分解

分别对 3 个卡诺图化简，得到电路的状态方程为

$$Q_1^{n+1} = XQ_0^n + XQ_1^n = XQ_0^n(\overline{Q_1^n} + Q_1^n) + XQ_1^n = (XQ_0^n)\overline{Q_1^n} + XQ_1^n$$

$$Q_0^{n+1} = X\overline{Q_1^n}\,\overline{Q_0^n} = (X\overline{Q_1^n})\overline{Q_0^n} + \overline{1}Q_0^n$$

对比 JK 触发器的特性方程 $Q^{n+1} = J\overline{Q^n} + \overline{K}Q^n$，可以得到驱动方程，即

$$\begin{cases} J_1 = XQ_0^n \\ K_1 = \overline{X} \end{cases}, \qquad \begin{cases} J_0 = X\overline{Q_1^n} \\ K_0 = 1 \end{cases}$$

由图 4-36c 得输出方程：

$$Y = XQ_1^n$$

（5）根据得到的驱动方程和输出方程，可以画出电路图，如图 4-37a 所示，其状态转换图如图 4-37b 所示。

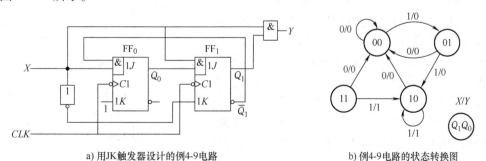

a) 用 JK 触发器设计的例 4-9 电路　　　b) 例 4-9 电路的状态转换图

图 4-37　例 4-9 电路及状态转换图

（6）检查电路能否自启动。

当电路进入无效状态 11 后，若 $X=1$，则次态转入 10；若 $X=0$，则次态转入 00，因此设计的电路能自启动。

本例也可以选用 D 触发器进行设计，只需将驱动方程与 D 触发器的特性方程 $Q^{n+1}=D$ 进行对照，得到驱动方程即可。

自测题

1. ［单选题］若要构成时序逻辑电路，存储电路（　　）。

A. 有无均可　　　　　　B. 必不可少　　　　　C. 可以没有

2. ［判断题］状态转换表反映的是输入和现态与输出和次态之间的关系。（　　）

3. ［单选题］若用触发器构成十一进制加法计数器，需要（　　）触发器，有（　　）个无效状态。

A. 4，5　　　　　　　　B. 5，4　　　　　　　C. 4，4　　　　　　　D. 5，5

4. ［单选题］以下关于同步时序逻辑电路的分析步骤，排列顺序正确的是（　　）。

① 画状态转换图或列状态转换表

② 写出状态方程

③ 写出驱动方程和输出方程

④ 判断电路逻辑功能，检查自启动

A. ①②③④　　　　　B. ②③④①　　　　　C. ②③①④　　　　　D. ③②①④

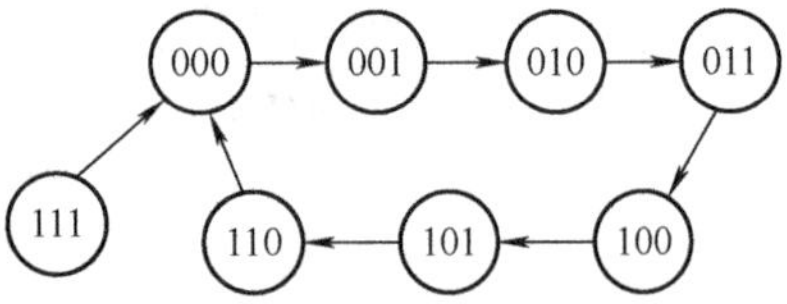

5. ［单选题］图 4-38 状态转换图中有（　　）个有效状态，（　　）个无效状态，（　　）自启动。

A. 1，7，能　　　　　B. 7，1，能　　　　　C. 7，1，不能　　　　D. 1，7，不能

图 4-38　自测题 5 图

项目实现

下面，完成本章开始时提出的"四路抢答器的设计"项目。

设计思路：74LS175 为上升沿触发的四 D 触发器，集成块引脚图如图 4-16b 所示。四路抢答器电路图如图 4-39 所示，将 4 个输入端通过 4 个开关 S_1、S_2、S_3、S_4 接地；4 个输出端通过限流电阻接发光二极管，当 Q 输出为高电平时，二极管发光。为了实现先抢答者灯亮后，其他抢答者再按下开关均无效，设计了由 G_1、G_2、G_3 构成的组合电路。74LS175 的复位端接 5V 时集成块正常工作；当开关 SB 接地时，$\overline{R_D}=0$，所有输出被清零，使得 4 个发

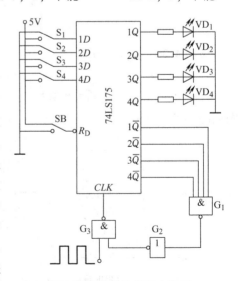

图 4-39　四路抢答器电路图

光二极管均熄灭。

首先，主持人按下 SB 开关接地，$\overline{R}_D = 0$，所有输出被清零，即 $1Q = 2Q = 3Q = 4Q = 0$，使得 4 个发光二极管均熄灭；$1\overline{Q} = 2\overline{Q} = 3\overline{Q} = 4\overline{Q} = 1$，与非门 G_1 输出为 0，通过 G_2 反相后输出为 1，使得与非门 G_3 打开，此时 CLK 脉冲正常送入。SB 开关松开回到接 5V 电源后，$\overline{R}_D = 1$，4 名抢答者可以抢答。抢答开始，当有 1 名抢答者按下开关，比如 S_2 按下，此时 $2D$ 输入高电平 1，当 CLK 上升沿到达，$2Q$ 输出高电平，使得发光二极管 VD_2 点亮，同时 $2\overline{Q} = 0$，与非门 G_1 输出为 1，通过 G_2 反相后输出为 0，使得与非门 G_3 被封锁，CLK 脉冲不能送入，如果有其他抢答者按下开关，由于没有脉冲信号，其输出端也不会改变。因此，实现了四路抢答器的设计要求。

仿真电路： 四路抢答器 Multisim 仿真

参考图 4-39，在 Multisim 中建立四路抢答器仿真电路，如图 4-40 所示。首先将主持人的总开关 SB 接地，将 4 路输出清零，发光二极管均熄灭。当主持人将开关打到 5V，抢答开始，4 路开关初始状态为低电平，如果此时第 2 路 S_2 开关打到高电平，可以看到第 2 个发光二极管被点亮，此时与非门封锁 CLK，其他开关再打到高电平，也不会点亮其对应的二极管，只显示第 2 路信号。

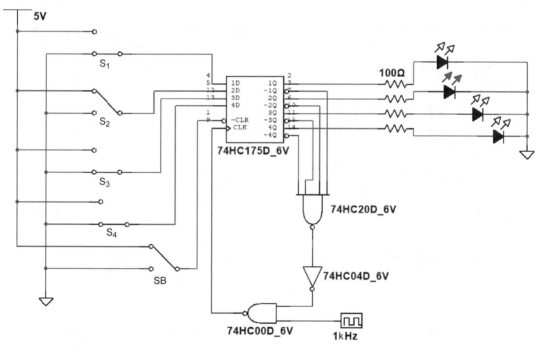

图 4-40　四路抢答器仿真电路图

本章小结

1. 触发器与门电路是构成数字系统的基本逻辑单元。前者具有记忆功能，用于构成时序逻辑电路；后者不具有记忆功能，用于构成组合逻辑电路。

触发器具有记忆功能，常用来存储二进制信息，一个触发器只能存储一位二进制信息。

2. 触发器两个基本特征：

（1）有两个稳定的状态，分别用来存储二进制数码 0 和 1。

（2）在适当输入信号作用下，可从一种状态翻转到另一种状态；在输入信号取消后，能将获得的新状态保存下来。

3. 触发器根据结构不同，可分为基本 RS 触发器（RS 锁存器）、同步触发器（电平触发）、主从触发器（脉冲触发）、边沿触发器，需要知道各种类型的动作特点。

触发器根据功能不同，可分为 RS 触发器、JK 触发器、D 触发器、T 触发器，应该能够写出其特性方程。

4. 触发器逻辑功能的表达方法：特性表、特征方程、状态图和时序图等。

5. 时序电路的分析方法关键是写出驱动方程、特性方程，并求出状态方程。由状态方程和输出函数可以做出状态转换表、状态转换图、波形图，并由此判断其逻辑功能。

6. 同步时序电路的设计步骤可分为两个阶段：

（1）由给定的任务画出原始状态图，经过状态化简求出其最简状态图，并对状态编码。

（2）由状态转换图得到其对应的次态和输出的卡诺图，然后将卡诺图分解，分别求出每一个次态方程和输出方程，对照特性方程得到每一个触发器的驱动方程，最终画出电路图。

为避免电路进入无效循环，设计的电路应该能够自启动。

思考与练习

4-1 写出 JK 触发器的特性方程，图 4-41 为主从 JK 触发器 J、K 和 CLK 端的波形，试画出 Q 端对应的波形。设触发器的初态为 0。

4-2 图 4-42 所示 8 个边沿触发器，假设各输出端 Q 的初始状态 $Q=0$，试画出在触发脉冲 CLK 作用下各触发器输出端 Q 的波形。

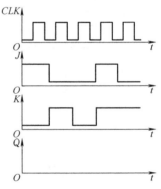

图 4-41 题 4-1 波形图

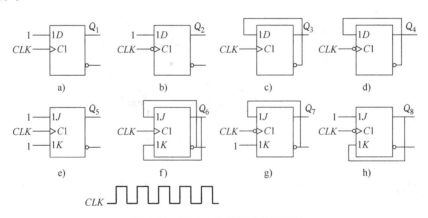

图 4-42 题 4-2 电路图和波形图

4-3 已知图4-43a～d电路的 CLK、A、B、C 的波形,如图4-43e所示。要求:(1)写出驱动方程和状态方程;(2)画出 Q_1、Q_2、Q_3、Q_4 的波形,设各触发器初态均为0。

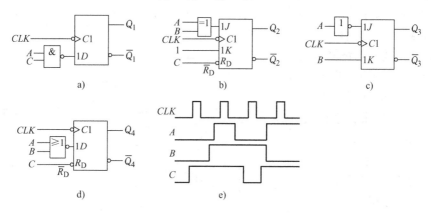

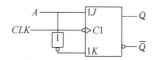

图4-43 题4-3电路图和波形图

4-4 分析由图4-44所示电路的逻辑功能,并写出其状态方程。

图4-44 题4-4电路图

4-5 已知图4-45a电路,时钟 CLK 和输入 A 的波形如图4-45b所示。要求:写出各触发器的驱动方程和状态方程,写出输出端 Y 和 Z 的表达式,并在图4-45b中画出输出端 Y 和 Z 的波形,设各输出端 Q 的初始状态 $Q=0$。

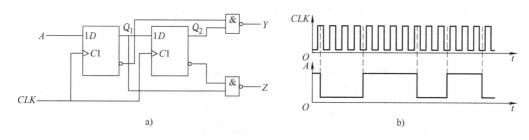

图4-45 题4-5电路图和波形图

4-6 分析图4-46所示电路的逻辑功能,写出电路的驱动方程、状态方程和输出方程,画出电路的状态转换图,判断能否自启动,并说明电路实现的功能。

4-7 已知图4-47所示时序逻辑电路,要求写出驱动方程、状态方程,列出状态转换表并画出状态图,

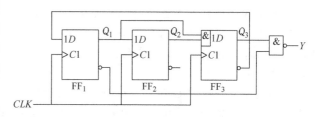

图4-46 题4-6电路图

说明该电路的功能。

4-8　已知图4-48所示时序逻辑电路，X、Y分别表示输入变量和输出变量，要求写出驱动方程、状态方程，画出电路的状态转换图，并说明该电路的功能。

4-9　设计一个自动售饮料机的逻辑电路。每次只允许投入一枚五角或一元的硬币，累计投入两元给出一罐饮料。如果投入一元五角硬币以后再投入一元硬币，则给出一罐饮料的同时还应找回五角钱。试用上升沿触发的 D 触发器设计此电路。

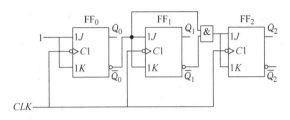

图 4-47　题 4-7 图

图 4-48　题 4-8 图

 拓展链接： 北斗卫星最强中国"心"——铷原子钟

2020 年 7 月 31 日上午，北斗三号全球卫星导航系统建成暨开通仪式在北京举行。北斗卫星导航系统作为我国自主研发、独立运行的全球卫星导航系统，其导航的基本原理为利用多个卫星与地球上某个物体之间的距离来确定该物体的位置。根据物理学原理，这个距离可以用信号传播速度与时间相乘而得到，而卫星导航所使用的信号传播速度，其数值是固定的，因而时间测度越精确，距离计算越精准，导航的位置定位就越准确。从这一角度来说，"卫星导航的核心就是时间测量"。导航卫星上用来计算时间的精密装置就是原子钟，它利用原子吸收或释放能量时发出的电磁波来进行计时。可用作星载原子钟的有氢原子钟、铯原子钟和铷原子钟。三者相比，铷原子钟体积小、重量轻、功耗低、可靠性高和寿命长，制造和使用成本也最低，因此为各国导航系统普遍采用。

20 世纪 90 年代，中国制定北斗卫星导航系统"三步走"发展战略，作为其中关键技术的星载原子钟，在当时的中国属于技术空白。科研团队面对简陋的条件，技术的封锁，付出了数十年的努力，实现了从无到有、从纸上的理论到可以上天的产品之间巨大的跨越。

由于我国的北斗和欧洲的伽利略系统属于同步开展建设，根据国际电联的规定，用于卫星导航的频率资源采取先到先得的方式，也就是说如果不能在约定时间发射卫星，申请的频率资源就将作废。而此时，留给北斗二号首发星的时间只有不到一年。经历了几乎不眠不休的 8 个月，2007 年 4 月 14 日，首颗北斗导航卫星终于竖立在了发射塔架上，此时距离我国申请的频率有效期只有 3 天的时间。北斗二号首发星的成功，拉开了铷原子钟国产化的序幕。2012 年，在北斗二号后期发射的卫星中，改变了以往的国产化铷原子钟为主钟、进口铷原子钟为备份的模式，国产化铷原子钟正式全面取代进口铷原子钟，精度提高到了每300万年才会差 1s。

作为北斗卫星的"心脏"——铷原子钟，它的每一次跳动都直接决定着北斗卫星定位、测速和授时功能的精度。从打破国外技术封锁到不断设计研发更高精度、更强能力的国产原子钟，研制团队走出了一条自主创新、自我超越的发展之路。

第 **5** 章

常用时序逻辑器件

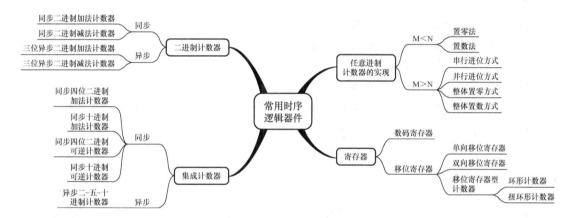
◆ 学习目标

1. 知识目标

1) 了解常见集成计数器的工作原理，熟悉其功能表和引脚图。

2) 掌握用置零法和置数法构成任意进制计数器的方法。

3) 熟悉移位寄存器的原理，熟悉常用移位寄存器的功能表和引脚图。

2. 能力目标

1) 能够利用集成计数器实现任意进制计数器的设计。

2) 能够利用移位寄存器构成时序应用电路。

3. 价值目标

1) 结合实际生活，形成服务社会意识。

2) 了解芯片发展史，增强责任感和使命感。

 项目研究：60s 计数器的设计实现

1. 任务描述

在体育比赛、交通信号灯或定时报警器中都需要计时，本设计要求实现 60s 计数功能，

并用数码管显示；系统设置外部开关，可以控制计时器直接清零和启动。

2. 任务要求

1）用同步十进制加法计数器 74LS160 实现。

2）画出总体电路图。

知识链接

第 3 章中介绍了常用的组合逻辑器件，现在再来介绍一些常用的时序逻辑器件。由于具体的时序电路千变万化，种类不胜枚举，这里只是介绍其中常见的计数器和寄存器。

5.1 二进制计数器

本节思考问题：

1）什么是计数器？计数器有哪些分类？

2）同步二进制加法计数器的连接规律是怎样的？同步二进制减法计数器的连接规律是怎样的？

3）四位同步二进制计数器有多少个状态？

4）异步二进制加法计数器的连接规律是怎样的？下降沿触发和上升沿触发的触发器连接规律相同吗？

5）异步二进制减法计数器的连接规律是怎样的？

5.1.1 计数器

数字电路中能够记忆输入脉冲个数的电路称为计数器，计数器是使用最多的时序电路。

5.1.1 常用时序
逻辑器件概述

计数器的种类非常繁多，特点各异。它有多种分类方法，主要分类如下：

1）按计数进制分：二进制计数器、十进制计数器和任意进制计数器。

2）按计数增减分：加法计数器、减法计数器和可逆计数器（或称为加/减计数器）。

3）按计数器中触发器是否同时翻转分：同步计数器和异步计数器。

5.1.2 同步二进制计数器

将按照二进制规律进行计数的电路称为二进制计数器，由 n 个触发器组成的二进制计数器，如果有效状态为 2^n 个，则称为 n 位二进制计数器。

同步计数器通常用 T 触发器构成，也就是把 JK 触发器的输入端 J 和 K 接在一起，即可以构成 T 触发器。各触发器的时钟脉冲接同一个计数脉冲 CLK，称为同步计数器。当计数脉冲到达时，控制触发器输入端 T_i，使该翻转的触发器输入为 1，不该翻转的输入为 0。

1. 同步二进制加法计数器

n 位二进制同步加法计数器的电路连接规律如下。

各触发器驱动方程为

$$\begin{cases} T_0 = 1 \\ T_1 = Q_0^n \\ T_2 = Q_1^n Q_0^n \\ \vdots \\ T_{n-1} = Q_{n-2}^n Q_{n-3}^n \cdots Q_1^n Q_0^n \end{cases}$$

输出方程为

$$C = Q_{n-1}^n Q_{n-2}^n \cdots Q_1^n Q_0^n$$

图 5-1a 是四位二进制加法计数器的电路图，其驱动方程和输出方程符合同步二进制加法计数器连接规律。将驱动方程代入 JK 触发器特性方程，可以得到其状态方程，利用状态方程求出其状态转换图如图 5-1b 所示。

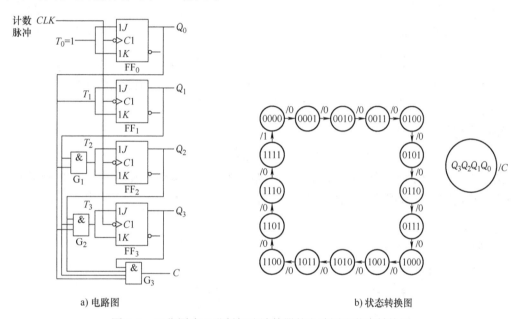

a) 电路图　　　　　　　　　　　　　b) 状态转换图

图 5-1　四位同步二进制加法计数器的电路图和状态转换图

驱动方程为

$$\begin{cases} J_0 = K_0 = 1 \\ J_1 = K_1 = Q_0^n \\ J_2 = K_2 = Q_1^n Q_0^n \\ J_3 = K_3 = Q_2^n Q_1^n Q_0^n \end{cases}$$

状态方程为

$$\begin{cases} Q_0^{n+1} = J_0 \overline{Q_0^n} + \overline{K_0} Q_0^n = \overline{Q_0^n} \\ Q_1^{n+1} = J_1 \overline{Q_1^n} + \overline{K_1} Q_1^n = Q_0^n \overline{Q_1^n} + \overline{Q_0^n} Q_1^n \\ Q_2^{n+1} = J_2 \overline{Q_2^n} + \overline{K_2} Q_2^n = Q_1^n Q_0^n \overline{Q_2^n} + \overline{Q_1^n Q_0^n} Q_2^n \\ Q_3^{n+1} = J_3 \overline{Q_3^n} + \overline{K_3} Q_3^n = Q_2^n Q_1^n Q_0^n \overline{Q_3^n} + \overline{Q_2^n Q_1^n Q_0^n} Q_3^n \end{cases}$$

输出方程为

$$C = Q_3^n Q_2^n Q_1^n Q_0^n$$

图 5-2 为四位同步二进制加法计数器的时序图。由时序图可以看出，若计数脉冲频率为 f_0，则 Q_0、Q_1、Q_2、Q_3 端输出脉冲的频率依次为 f_0 的 1/2、1/4、1/8、1/16，因此计数器具有分频的功能，又称为分频器。

2. 同步二进制减法计数器

n 位二进制同步减法计数器的连接规律如下。

各触发器驱动方程为

$$\begin{cases} T_0 = 1 \\ T_1 = \overline{Q}_0^n \\ T_2 = \overline{Q}_1^n \overline{Q}_0^n \\ \vdots \\ T_{n-1} = \overline{Q}_{n-2}^n \overline{Q}_{n-3}^n \cdots \overline{Q}_1^n \overline{Q}_0^n \end{cases}$$

输出方程为

$$B = \overline{Q}_{n-1}^n \overline{Q}_{n-2}^n \cdots \overline{Q}_1^n \overline{Q}_0^n$$

图 5-3 为四位同步二进制减法计数器的电路图和状态转换图，其驱动方程和输出方程符合同步二进制减法计数器连接规律，读者可以自行列出。

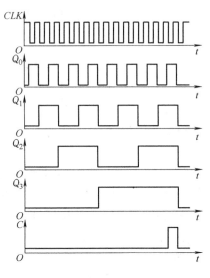

图 5-2　四位同步二进制加法
计数器的时序图

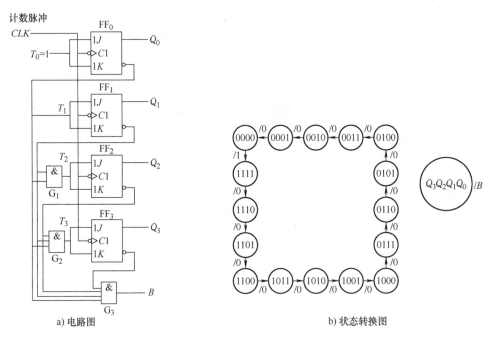

a) 电路图　　　　　　　　　　b) 状态转换图

图 5-3　四位同步二进制减法计数器的电路图和状态转换图

5.1.3　异步二进制计数器

5.1.3异步二进
制计数器

1. 三位异步二进制加法计数器

图5-4是下降沿触发的JK触发器组成的三位异步二进制加法计数器，其中 $J_0 = K_0 = 1$，$J_1 = K_1 = 1$，$J_2 = K_2 = 1$，从而构成了 T′触发器。

由于 T′触发器为下降沿触发，因此时钟连接规律为：CLK_0 为计数脉冲输入，Q_0 接 CLK_1，Q_1 接 CLK_2。根据 T′触发器的翻转规律，可以得到电路的时序图，如图5-5所示。由图可见，触发器输出端新状态的建立要比 CLK 下降沿滞后一个触发器的传输延迟时间。

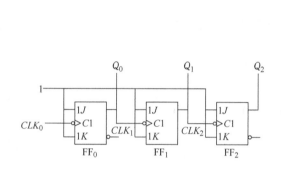

图5-4　三位异步二进制加法计数器

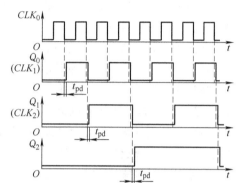

图5-5　图5-4电路的时序图

如果是上升沿触发的 T′触发器，则时钟连接规律为：CLK_0 为计数脉冲输入，$\overline{Q_0}$ 接 CLK_1，$\overline{Q_1}$ 接 CLK_2。

2. 三位异步二进制减法计数器

图5-6是下降沿触发的JK触发器组成的三位异步二进制减法计数器，同样将 $J_0 = K_0 = 1$，$J_1 = K_1 = 1$，$J_2 = K_2 = 1$，构成了 T′触发器。

由于触发器为下降沿触发，因此时钟连接规律为：CLK_0 为计数脉冲输入，$\overline{Q_0}$ 接 CLK_1，$\overline{Q_1}$ 接 CLK_2。电路的时序图如图5-7所示。

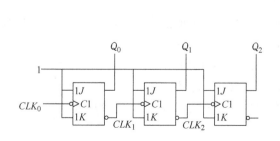

图5-6　三位异步二进制减法计数器

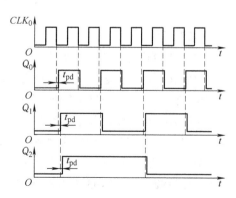

图5-7　图5-6所示电路的时序图

如果是上升沿触发的 T' 触发器，则时钟连接规律为：CLK_0 为计数脉冲输入，Q_0 接 CLK_1，Q_1 接 CLK_2。

📝 自测题

1. ［单选题］以下关于计数器的说法正确的是（　　　）。

A. 计数器是记忆数据大小的电路　　　　　B. 计数器是记忆二进制数 0 和 1 的电路

C. 计数器是记忆输入脉冲个数的电路　　　D. 计数器是记忆输入数据个数的电路

2. ［多选题］以下关于同步计数器和异步计数器叙述正确的有（　　　）。

A. 同步计数器中所有触发器的翻转是同时发生的

B. 同步计数器是指与时钟同步，异步计数器是指与时钟无关

C. 同步计数器有输入，异步计数器无输入

D. 异步计数器中触发器的翻转不是同时发生的

3. ［多选题］以下描述正确的有（　　　）。

A. 四位二进制计数器和十进制计数器都由 4 个触发器构成

B. 四位二进制计数器有 16 个有效状态

C. 十进制计数器有 10 个有效状态

D. 四位二进制计数器和十进制计数器都没有无效状态

4. ［多选题］以下关于同步二进制加法计数器的叙述正确的有（　　　）。

A. 每个触发器都接成 T 触发器　　　　　B. 每个触发器都接成 T' 触发器

C. 所有触发器的 CLK 接在一起　　　　　D. 可以实现分频的功能

5. ［多选题］以下关于异步二进制加法计数器的叙述正确的有（　　　）。

A. 每个触发器都接成 T' 触发器

B. 所有触发器的 CLK 接在一起

C. 如果是上升沿触发的，后一级的 CLK 接到前一级的 $\overline{Q}$

D. 如果是下降沿触发的，后一级的 CLK 接到前一级的 Q

5.2　集成计数器

本节思考问题：

1）常用的四位同步二进制加法计数器有哪些？

2）74LS161 引脚图是怎样的？它能实现哪些功能？画出它的逻辑功能示意图。74LS161 和 74LS163 有哪些异同？74LS160 和 74LS161 有哪些异同？

3）74LS161 在计数状态时，各个功能端是如何连接的？

4）常用的同步可逆计数器有哪些？单时钟结构和双时钟结构的计数器有什么区别？

5）74LS191 和 74LS193 有哪些异同？它们能实现哪些功能？74LS190 和 74LS191 有哪些异同？74LS192 和 74LS193 有哪些异同？

6）集成异步计数器主要介绍了哪个集成块？其引脚图和逻辑功能示意图是怎样的？能实现哪些功能？

　　按照上面的触发器连接规律，再增加一些附加的控制电路，实际生产出了一些计数器集成芯片，电路的功能和使用的灵活性得到了提高。

　　使用集成计数器重要的是掌握外部性能、参数、引脚排列及功能，通过了解其功能表来确定集成计数器的使用方法。

5.2.1　集成同步计数器

1. 同步四位二进制加法计数器

集成同步四位二进制加法计数器 74LS161 具有计数、保持、同步置数和异步清零的功能，其引脚排列图和逻辑示意图如图 5-8 所示，功能表见表 5-1。

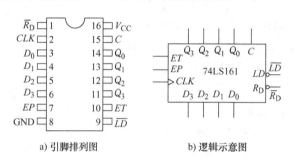

a) 引脚排列图　　　　　　b) 逻辑示意图

5.2.1-1集成同步加法计数器

图 5-8　74LS161 引脚排列图和逻辑示意图

表 5-1　同步四位二进制加法计数器 74LS161 的功能表

CLK	$\overline{R}_D$	$\overline{LD}$	EP	ET	工作状态
×	0	×	×	×	置零
↑	1	0	×	×	预置数
×	1	1	0	1	保持
×	1	1	×	0	保持（但 $C=0$）
↑	1	1	1	1	计数

　　其中 CLK 为计数脉冲，上升沿有效；$D_0 \sim D_3$ 为数据输入端；C 为进位输出端；$Q_0 \sim Q_3$ 为状态输出端，Q_3 为最高位，Q_0 为最低位；EP、ET 为工作状态控制端；$\overline{R}_D$ 为异步清零（复位）端，低电平有效；$\overline{LD}$ 为预置数控制端，低电平有效。

　　由表 5-1 可以看出 74LS161 可以实现以下逻辑功能：

　　1）异步清零。当 $\overline{R}_D = 0$ 时，不管其他输入端状态如何，也不论有无时钟脉冲 CLK，计数器输出端立刻置零，即 $Q_3Q_2Q_1Q_0 = 0000$，故称为异步清零。

　　2）同步置数。当 $\overline{R}_D = 1$，$\overline{LD} = 0$ 时，在输入时钟脉冲 CLK 上升沿的作用下，输入端数据被送到输出端，即 $Q_3Q_2Q_1Q_0 = D_3D_2D_1D_0$，由于这个操作要与时钟脉冲 CLK 的上升沿同步，称为同步置数。

　　3）保持功能。当 $\overline{R}_D = \overline{LD} = 1$，同时 $EP \cdot ET = 0$，即两个使能端中有一个为 0 信号时，计数器保持原来的状态不变。如果 $EP = 0$，$ET = 1$，则进位输出信号 C 保持不变；如果

$ET=0$，则不管 EP 状态如何，进位输出信号 C 为低电平 0。

4）计数功能。当 $\overline{R}_D = \overline{LD} = 1$，同时 $EP = ET = 1$ 时，在 CLK 端输入计数脉冲，计数器将进行加法计数。

同步四位二进制加法计数器 74LS163 与 74LS161 的引脚排列完全相同，逻辑功能仅有一点不同：74LS163 为同步清零，即当 $\overline{R}_D = 0$ 时，计数器并不是立即清零，而是还需要等待计数脉冲 CLK 的上升沿到达才能被清零。

2. 同步十进制加法计数器

同步十进制加法计数器是在同步四位二进制加法计数器基础上修改而得到的。同步十进制加法计数器 74LS160 与 74LS161 逻辑图和功能表均相同，所不同的是 74LS160 是十进制而 74LS161 是十六进制。74LS160 的状态转换图如图 5-9 所示。

3. 同步四位二进制可逆计数器

集成同步四位二进制可逆计数器 74LS191 具有加法计数、减法计数、保持和异步置数的功能，其引脚排列图和逻辑示意图如图 5-10 所示，功能表见表 5-2。

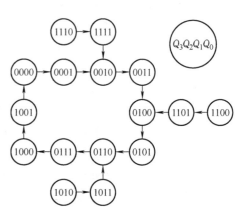

图 5-9　74LS160 状态转换图

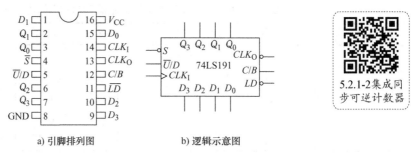

a) 引脚排列图　　b) 逻辑示意图

5.2.1-2集成同步可逆计数器

图 5-10　74LS191 引脚排列图和逻辑示意图

表 5-2　同步四位二进制可逆计数器 74LS191 的功能表

CLK_I	$\overline{S}$	$\overline{LD}$	$\overline{U}/D$	工作状态
×	1	1	×	保持
×	×	0	×	预置数
↑	0	1	0	加法计数
↑	0	1	1	减法计数

其中 $\overline{U}/D$ 为加减计数控制端；$\overline{LD}$ 为预置数控制端；$\overline{S}$ 为工作状态控制端（使能端）；CLK_I 为时钟输入端；$D_0 \sim D_3$ 为并行数据输入端；$Q_0 \sim Q_3$ 为状态输出端；C/B 是进位/借位输出端；CLK_O 为串行时钟输出端，当 $C/B = 1$ 的情况下，在下一个 CLK_I 上升沿到达前 CLK_O 端有一个负脉冲输出。

由表 5-2 可以看出 74LS191 可以实现以下逻辑功能：

1）保持功能。当 $\overline{S} = \overline{LD} = 1$ 时，计数器保持原来的状态不变。

2）异步置数。当 $\overline{LD} = 0$ 时，电路处于预置数状态，输入端数据立刻被送到输出端，即 $Q_3Q_2Q_1Q_0 = D_3D_2D_1D_0$，而不受输入时钟信号 CLK_1 的控制。

3）加法计数。当使能端 $\overline{S} = 0$，$\overline{LD} = 1$ 时，若 $\overline{U}/D = 0$，在 CLK_1 端输入计数脉冲，计数器将进行加法计数。$Q_3Q_2Q_1Q_0$ 将从 0000 一直增加到 1111，当 $Q_3Q_2Q_1Q_0 = 1111$ 时，$C/B = 1$ 有进位输出。

4）减法计数。当使能端 $\overline{S} = 0$，$\overline{LD} = 1$ 时，若 $\overline{U}/D = 1$，在 CLK_1 端输入计数脉冲，计数器将进行减法计数。$Q_3Q_2Q_1Q_0$ 将从 1111 一直递减到 0000，当 $Q_3Q_2Q_1Q_0 = 0000$ 时，$C/B = 1$ 有借位输出。

74LS191 只有一个时钟信号输入端，电路的加、减由 $\overline{U}/D$ 的电平决定，所以称为单时钟结构的计数器。

74LS193 属于双时钟加/减计数器，其引脚排列图和逻辑功能示意图如图 5-11 所示，有加法计数脉冲和减法计数脉冲两个不同的脉冲源。当 CLK_U 有计数脉冲输入时，计数器做加法运算；当 CLK_D 有计数脉冲输入时，计数器做减法运算。74LS193 具有异步清零和异步置数功能。

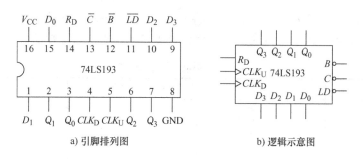

a) 引脚排列图　　　　　　　　b) 逻辑示意图

图 5-11　74LS193 引脚排列图和逻辑示意图

4. 同步十进制可逆计数器

同步十进制可逆计数器也有单时钟和双时钟两种结构形式，属于单时钟的有 74LS190 等，属于双时钟的有 74LS192 等。

74LS190 与 74LS191 逻辑图和功能表均相同；74LS192 与 74LS193 逻辑图和功能表均相同。

5.2.2　集成异步计数器

常用的集成异步计数器有 74LS90、74LS290、74LS196、74LS390 等。74LS290 的逻辑电路、逻辑示意图和引脚排列图，如图 5-12 所示。可以看出，74LS290 有置 0 输入端 $R_{0(1)}$、$R_{0(2)}$ 和两个置 9 输入端 $S_{9(1)}$、$S_{9(2)}$，以便于工作时根据需要将计数器预先置成 0000 或 1001 状态。

74LS290 功能表见表 5-3。从表中可以看出，若计数脉冲由 CLK_0 端输入，输出由 Q_0 端引出，即得到二进制计数器；若计数脉冲由 CLK_1 端输入，输出由 $Q_1 \sim Q_3$ 引出，即是五进制

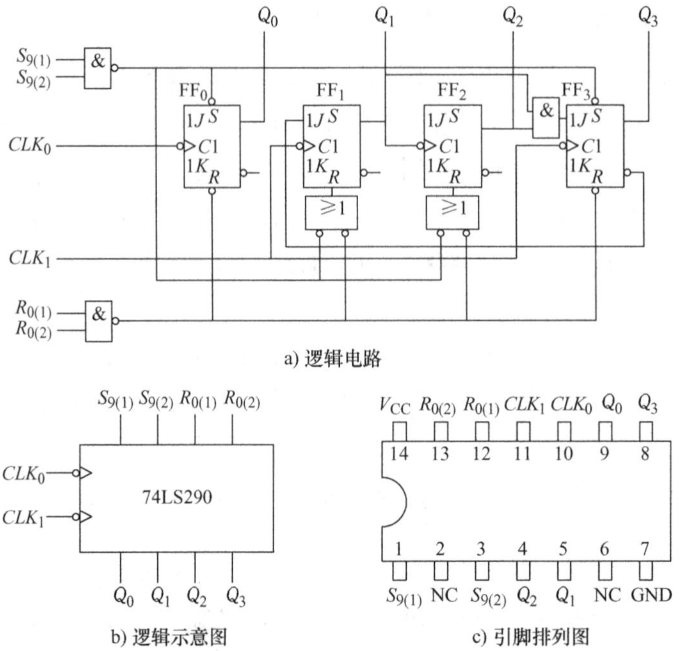

a) 逻辑电路

b) 逻辑示意图

c) 引脚排列图

图 5-12 74LS290 逻辑电路、逻辑示意图和引脚排列图

计数器;若计数脉冲由 CLK_0 端输入,同时将 CLK_1 与 Q_0 相连,输出由 $Q_0 \sim Q_3$ 引出,则得到 8421 码十进制计数器。因此又将这个电路称为异步二-五-十进制计数器。

表 5-3 74LS290 的功能表

$R_{0(1)} \cdot R_{0(2)}$	$S_{9(1)} \cdot S_{9(2)}$	CLK_0	CLK_1	$Q_3\ Q_2\ Q_1\ Q_0$
1	0	×	×	0 0 0 0
×	1	×	×	1 0 0 1
0	0	CLK	0	二进制计数
0	0	0	CLK	五进制计数
0	0	CLK	Q_0	8421 码十进制计数

74LS90 也是异步二-五-十进制计数器,与 74LS290 功能一样,只是外引脚排列顺序不一样。

和同步计数器相比,异步计数器具有结构简单的优点。但异步计数器也存在两个明显的缺点:一是工作频率比较低;二是在电路状态译码时存在竞争-冒险现象。这两个缺点使异步计数器的应用受到了很大的限制。

自测题

1. [单选题] 74LS161 第 1 个引脚 $\overline{R}_D$ 的作用是 (   )。

A. 同步置零,低电平有效 　　　　　　B. 异步置零,低电平有效

C. 异步置数,低电平有效 　　　　　　D. 异步置零,高电平有效

2. ［多选题］74LS163 具有以下哪些功能？（　　　）

A. 异步置零　　　　　　B. 同步置零　　　　　　C. 异步置数　　　　　　D. 同步置数

3. ［多选题］74LS160 在计数状态时，各个功能端连接方式正确的有（　　　）。

A. EP、ET 接高电平　　　　　　　　　　B. $\overline{R_D}$ 接 0，$\overline{LD}$ 接 0

C. $\overline{R_D}$ 接 1，$\overline{LD}$ 接 0　　　　　　　　　　D. $\overline{R_D}$ 接 1，$\overline{LD}$ 接 1

4. ［多选题］关于 74LS191 和 74LS193 描述正确的有（　　　）。

A. 74LS191 是单时钟输入，利用加/减控制端实现加法计数和减法计数

B. 74LS191 是双时钟输入，利用时钟控制端实现加法计数和减法计数

C. 74LS193 是单时钟输入，利用加/减控制端实现加法计数和减法计数

D. 74LS193 是双时钟输入，利用时钟控制端实现加法计数和减法计数

5. ［多选题］关于 74LS290 描述正确的有（　　　）。

A. 这是一个异步的集成计数器

B. 这是一个同步的集成计数器

C. 当 CLK_1 接 Q_0，并且 CLK_0 输入时钟信号时，可以作为十进制计数器

D. 置 0 端和置 9 端都是高电平有效

5.3　任意进制计数器的实现

本节思考问题：

1）用一片 74LS161 可构成最大多少进制的计数器？用一片 74LS160 可构成最大多少进制的计数器？有哪几种方法可以实现任意进制计数器的设计？

2）用一片 74LS290 设计任意进制计数器时，可以有哪些方法实现？

3）利用两片集成计数器构成任意进制计数器时，可以有哪些方法？

4）如果设计倒计时 10s 电路应该选用哪个集成计数器合适？

5）构成可变进制计数器的思路是怎样的？用两种设计方法实现。

5.3.1-1任意进制计数器的实现（1）

目前常见的计数器芯片在计数进制上只做成应用较广的几种类型，如十进制、十六进制等，在需要其他任意进制的计数器时，可以用已有的计数器产品经过反馈电路得到。

5.3.1　一片集成计数器实现任意进制计数器

用已有的 N 进制芯片，组成 M 进制计数器，当要构成的计数器 $M < N$ 时，可以选用一片 N 进制计数器即可。计数循环过程中设法跳过（$N - M$）个状态，即可得到 M 进制计数器。

常用的反馈方式有两种：置零法和置数法。

1. 置零法

它适用于有清零输入端的集成计数器。置零法分为同步置零和异步置零。置零法原理示意图如图 5-13a 所示。

（1）**同步置零**　对于有同步置零输入端的计数器，由于置零输入端变为有效电平后计数器并不会立刻被置零，必须等待下一个时钟信号到达后，才能将计数器置零。因而若要得

到 M 进制计数器，应由 S_{M-1} 状态译出同步置零信号，而 S_{M-1} 状态为稳定状态。

（2）**异步置零**   对于有异步置零输入端的 N 进制计数器，当它从全 0 状态 S_0 开始计数并接收了 M 个计数脉冲以后，电路进入 S_M 状态，如果将 S_M 状态译码产生一个置零信号加到计数器的异步置零端，则计数器将立刻返回 S_0 状态，最后一个状态 S_M 随着计数器被置零而立刻消失，为不稳定状态，如图 5-13a 虚线所示，因此稳定的状态为 $S_0 \sim S_{M-1}$，从而得到 M 进制计数器。

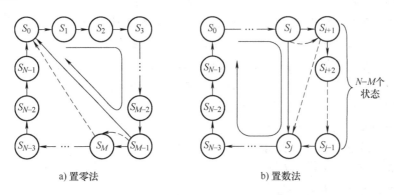

a) 置零法   b) 置数法

图 5-13   获得任意进制计数器的两种方法

2. 置数法

它适用于具有预置数功能的集成计数器。置数法也分为同步置数和异步置数。置数法原理示意图如图 5-13b 所示。

（1）**同步置数**   对于具有同步预置数功能的计数器（如 74LS160、74LS161），$\overline{LD}=0$ 的信号应从 S_i 状态译出，产生一个预置数控制信号反馈至预置数控制端，在下一个 CLK 脉冲作用后，计数器会把预置数输入端 $D_3D_2D_1D_0$ 的状态置入输出端，预置数控制信号消失后，计数器就从被置入的状态开始重新计数。

（2）**异步置数**   对于具有异步预置数功能的计数器（如 74LS190、74LS191），只要 $\overline{LD}=0$ 的信号一出现，立即会将数据置入计数器中，而不受 CLK 信号的控制，因此，$\overline{LD}=0$ 的信号应从 S_{i+1} 状态译出，S_{i+1} 状态为不稳定的状态，如图 5-13b 中的虚线所示。

3. 实现任意进制计数器的步骤

1）画出有效状态转换图，找到反馈状态的二进制码。

2）写出置零或置数端的表达式。

3）画电路图。

5.3.1-2（例5-1）任意进制计数器的实现（2）

【例 5-1】   试用同步十进制计数器 74LS160 接成同步六进制计数器。74LS160 的逻辑图参考 74LS161，如图 5-8 所示，功能表见表 5-1。

解：因为 74LS160 具有异步置零和同步置数的功能，所以置零法和置数法均可采用。

（1）**置零法**

1）画出有效状态转换图如图 5-14 所示。要构成六进制计数器，应该有六个稳定的状态，即 0000 ~ 0101。

2）74LS160 具有异步清零功能，计数器需要多出一个状态来产生置零信号，也就是需计数到 $Q_3Q_2Q_1Q_0 = 0110$ 时，设计一个电路的输出给 $\overline{R}_D$ 一个低电平信号，从而将计数器置零。所以，置零端 $\overline{R}_D = \overline{Q_2Q_1}$。

3）画出电路如图 5-15a 所示。

图 5-15a 所示电路的存在缺点就是置 0 信号作用

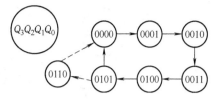

图 5-14 例 5-1 置零法状态转换图

时间短，电路可靠性不高。因此通常采用图 5-15b 所示的改进电路，其中与非门 G_2 和 G_3 组成了 RS 锁存器，以 $\overline{Q}$ 端输出的低电平作为计数器的置零信号。

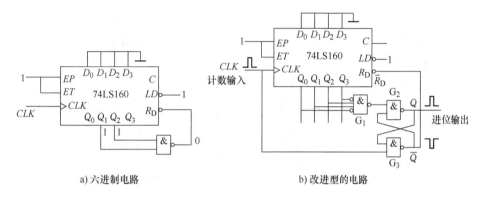

a) 六进制电路　　　　　　　　　　b) 改进型的电路

图 5-15　用置零法将 74LS160 接成六进制计数器

图 5-15b 所示电路中，当 74LS160 输出进入 0110 状态时，G_1 输出低电平，将 RS 锁存器置 1，$\overline{Q}$ 端输出的低电平将计数器置零。此时 G_1 输出的低电平信号消失了，但 RS 锁存器的状态保持不变，因而计数器的置零信号得以维持。加到计数器 $\overline{R}_D$ 端的置零信号宽度与输入计数脉冲高电平持续时间相等。

同时，进位输出脉冲也可以从 RS 锁存器的 Q 端引出，这个脉冲的宽度与输入计数脉冲高电平宽度相等。

（2）**置数法**　74LS160 具有同步置数功能，采用置数法时可以从计数循环中任何一个状态置入适当的数值而跳跃（$N-M$）个状态，得到 M 进制计数器。

置数法可以有多种置数方案，这里列出了两种方案。

1）置入 0000 构成六进制计数器。

① 画出有效状态转换图，如图 5-16a 所示。

② 74LS160 具有同步置数功能，计数到 $Q_3Q_2Q_1Q_0 = 0101$ 时，设计一个电路的输出低电平 0 给 $\overline{LD}$，下一个 CLK 信号到达时置入 0000 状态，跳过 0110 ~ 1001 这 4 个状态，即可构成六进制。所以，置数端可以写出 $\overline{LD} = \overline{Q_2Q_0}$。

③ 画出电路如图 5-16b 所示。

2）置入 1001 构成六进制计数器。

① 画出有效状态转换图，如图 5-17a 所示

② 74LS160 具有同步置数功能，若要置数为 1001，需要利用 0100 状态设计一个电路的

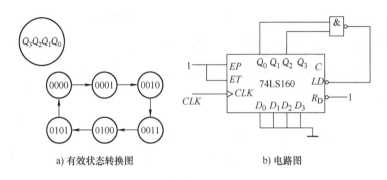

a) 有效状态转换图　　　　　　b) 电路图

图 5-16　用置数法置入 0000 构成六进制计数器

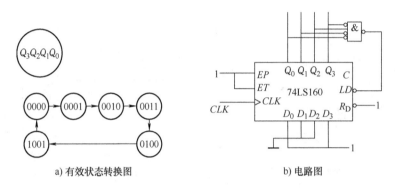

a) 有效状态转换图　　　　　　b) 电路图

图 5-17　用置数法置入 1001 构成六进制计数器

输出低电平 0 给 $\overline{LD}$，下一个 CLK 信号到达时置入 1001 状态，从而构成六进制。所以，置数端可以写出 $\overline{LD} = \overline{Q_3 \overline{Q_2} \overline{Q_1} Q_0}$。

③ 画出电路如图 5-17b 所示。

由于 74LS160 预置数是同步式的，即 $\overline{LD} = 0$ 以后，还要等下一个 CLK 信号到达时才置入数据，而这时 $\overline{LD} = 0$ 的信号已稳定建立，所以不存在异步置零法中因置零信号持续时间短而可靠性不高的问题。

【例 5-2】　图 5-18 电路是可变进制计数器。试分析当控制变量 A 分别为 1 和 0 时电路各为几进制计数器。

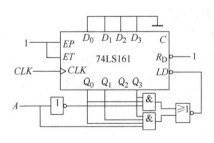

图 5-18　例 5-2 电路图

5.3.1-3（例5-2）
任意进制计数
器的实现（3）

解： 由图可知，$\overline{LD} = \overline{Q_3 Q_0 \overline{A} + Q_3 Q_1 Q_0 A}$。

（1）当 $A = 1$ 时，$\overline{LD} = \overline{Q_3 Q_1 Q_0}$。其状态转换图如图 5-19a 所示，因此，构成十二进制计数器。

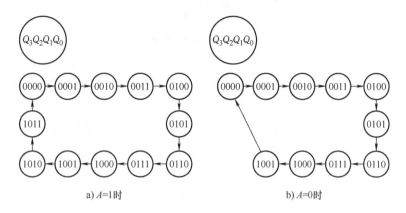

a) $A=1$时　　　　　　　　　　b) $A=0$时

图 5-19　例 5-2 电路状态转换图

（2）当 $A = 0$ 时，$\overline{LD} = \overline{Q_3 Q_0}$。其状态转换图如图 5-19b 所示，因此，构成十进制计数器。

【例 5-3】 用集成异步二-五-十进制计数器 74LS290 接成六进制计数器（模六）。已知 74LS290 的逻辑示意图如图 5-12 所示，功能表见表 5-3。

5.3.1-4（例5-3）任意进制计数器的实现（4）

解：（1）置零法构成六进制

1）画出有效状态转换图，如图 5-20a 所示。要构成六进制计数器，应该有 6 个稳定的状态，即 0000～0101。由表 5-3 可知，74LS290 具有异步清零功能，因此，需多出一个状态 0110 来作为置零信号。

2）将 74LS290 接成 8421BCD 码的十进制计数器，当计数器计数到 $Q_3 Q_2 Q_1 Q_0 = 0110$ 时，设计一个电路的输出使得 $R_{0(1)}$ 和 $R_{0(2)}$ 同时为高电平 1，从而将计数器置零，即回到 0000 状态。因此，可以写出 $R_{0(1)} = R_{0(2)} = Q_2 Q_1$。这里需要注意，由于置零端 $R_{0(1)}$、$R_{0(2)}$ 高电平有效，因此用与门实现反馈。

3）电路图如图 5-20b 所示，首先将 74LS290 接成 8421BCD 码的十进制计数器，即将 CLK_0 作为外部计数脉冲 CLK，并将 CLK_1 与 Q_0 相连；然后，将 $S_{9(1)}$ 和 $S_{9(2)}$ 接低电平；最后，将 $Q_2 Q_1$ 通过与门接到 $R_{0(1)}$ 和 $R_{0(2)}$。如果要求不用其他元件的话也可以接成图 5-20c 的形式。但需注意的是，切不可将输出端相互短路。

由于最后一个状态 0110 不稳定，随着计数器被置零而立刻消失，置 0 信号作用时间短，电路可靠性不高，因此可以在输出端增加一级 RS 锁存器电路。

（2）**置 9 法构成六进制**

1）画出有效状态转换图，如图 5-21a 所示。要构成六进制计数器，由于需要置 9，所以，状态转换图包括 0000～0100 和 1001 这 6 个稳定的状态。由表 5-3 可知，74LS290 具有异步置 9 功能，因此，需多出一个状态 0101 来作为置 9 信号。

2）将 74LS290 接成 8421BCD 码的十进制计数器，当计数器计数到 $Q_3 Q_2 Q_1 Q_0 = 0101$

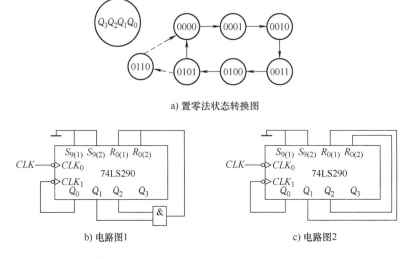

a) 置零法状态转换图

b) 电路图1   c) 电路图2

图 5-20　例 5-3 置零法状态转换图和电路图

时，设计一个电路的输出使得 $S_{9(1)}$ 和 $S_{9(2)}$ 同时为高电平 1，从而将计数器置 9，即回到 1001 状态。因此，可以写出 $S_{9(1)} = S_{9(2)} = Q_2Q_0$。

3）电路图如图 5-21b 所示，首先将 74LS290 接成 8421BCD 码的十进制计数器，即将 CLK_0 作为外部计数脉冲 CLK，并将 CLK_1 与 Q_0 相连；然后，将 $R_{0(1)}$ 和 $R_{0(2)}$ 接低电平；最后，将 Q_2Q_0 通过与门接到 $S_{9(1)}$ 和 $S_{9(2)}$。

如果要求不用其他元件，则可以将 Q_2 和 Q_0 分别接到 $S_{9(1)}$ 和 $S_{9(2)}$。

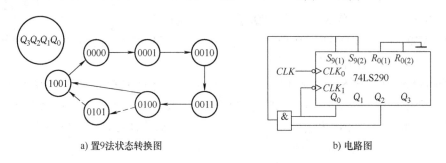

a) 置9法状态转换图   b) 电路图

图 5-21　例 5-3 置 9 法状态转换图和电路图

【例 5-4】　分析图 5-22 给出的计数器电路，画出电路的状态转换图，说明这是几进制的计数器。

解： 从电路图可以看出：CLK_0 作为外部计数脉冲 CLK，并将 CLK_1 与 Q_0 相连，构成 8421BCD 码的十进制计数器形式，并且 $S_{9(1)} = S_{9(2)} = Q_2Q_1$。因此，当 $Q_2 = Q_1 = 1$ 时，也就是 $Q_3Q_2Q_1Q_0 = 0110$ 时，$S_{9(1)} = S_{9(2)} = 1$，74LS290 实现置 9 功能。因此，画状态转换图如图 5-23 所示。由于 74LS290 是异步置 9，所以，最后一个状态是不稳定的，只是用来产生置 9 信号，用虚线来表示。观察状态转换表，可以看到有 7 个稳定的状态，因此，这是一个七进制计数器。

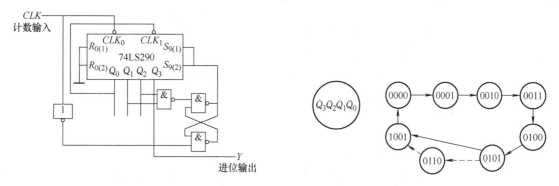

图 5-22　例 5-4 电路图　　　　　　图 5-23　例 5-4 电路状态转换图

5.3.2　多片集成计数器实现任意进制计数器

5.3.1 任意进制计数器的实现（5）

用已有的 N 进制芯片，组成 M 进制计数器，当要构成的计数器 $M > N$ 时，必须选用多片 N 进制计数器组合起来，才能构成 M 进制计数器。

各片之间的连接方式可分为串行进位方式、并行进位方式、整体置零方式和整体置数方式几种。下面以两级之间的连接为例说明这 4 种连接方式的原理。

1）串行进位方式：以低位片的进位信号作为高位片的时钟输入信号。

2）并行进位方式：以低位片的进位信号作为高位片的工作状态控制信号。

3）整体置零方式：首先将两片 N 进制计数器按最简单的方式接成一个大于 M 进制的计数器，然后在计数器计为 M 状态时使 $\overline{R_D} = 0$，将两片计数器同时置零。

4）整体置数方式：首先将两片 N 进制计数器按最简单的方式接成一个大于 M 进制的计数器，然后在某一状态下使 $\overline{LD} = 0$，将两片计数器同时置数成适当的状态，获得 M 进制计数器。

若 M 可分解为 $M = N_1 \times N_2$（N_1、N_2 均小于 N），则以上 4 种连接方式均可使用；若 M 为大于 N 的素数，不可分解，则其连接方式只有整体置零方式和整体置数方式。

【例 5-5】 用两片同步十进制计数器 74LS160 接成百进制计数器。

解： 本例中 $M = 100 = 10 \times 10$，$N_1 = N_2 = 10$，将两片 74LS160 直接按并行进位方式或串行进位方式连接即得百进制计数器。

（1）**并行进位方式**　图 5-24a 所示电路是并行进位方式的接法。两片 74LS160 的时钟输入端 CLK 接在一起。第（1）片的 EP 和 ET 恒为 1，始终处于计数工作状态。以第（1）片的进位输出 C 作为第（2）片的 EP 和 ET 输入，每当第（1）片计到 9（1001）时 C 变为 1，下一个 CLK 信号到达时第（2）片为计数工作状态，计入 1，而第（1）片计数回 0（0000），同时 C 端回到低电平。

（2）**串行进位方式**　图 5-24b 所示电路是串行进位方式的接法。两片 74LS160 的 EP 和 ET 恒为 1，都工作在计数状态。每当第（1）片计到 9（1001）时 C 变为高电平，经反相器后使第（2）片的 CLK 端为低电平，下一个计数输入脉冲到达后，第（1）片计成 0（0000）状态，C 端跳回低电平，经反相器后使第（2）片的 CLK 端产生一个正跳变，于是第（2）片计入 1。可见，在这种接法下，两片 74LS160 不是同步工作的。

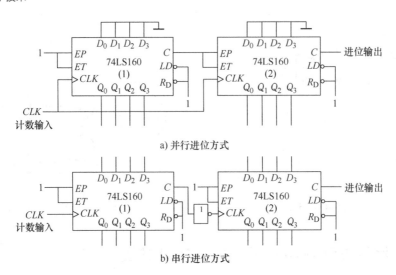

a) 并行进位方式

b) 串行进位方式

图 5-24　两片 74LS160 接成百进制计数器电路图

【**例 5-6**】　试用两片同步十进制计数器 74LS160 接成二十九进制计数器。

解： 因为 $M = 29$ 是一个素数，所以必须用整体置零法或整体置数法构成。

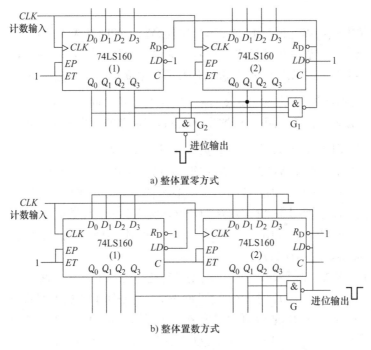

a) 整体置零方式

b) 整体置数方式

图 5-25　两片 74LS160 接成二十九进制计数器电路图

（1）**整体置零方式**　要设计二十九进制计数器，需要 29 个有效状态，即 $S_0 \sim S_{28}$。由于 74LS160 是异步置零方式，因此，要增加一个状态 S_{29}，利用此状态产生置零信号。

图 5-25a 是整体置零方式的接法。首先将两片 74LS160 以并行进位方式连接成一个百制计数器，当计数器从全 0 状态开始计数，计入 29 个脉冲，即高位片 $Q_3Q_2Q_1Q_0 = 0010$，低

位片 $Q_3Q_2Q_1Q_0 = 1001$ 时，经与非门 G_1 译码产生低电平信号同时加到两片 74LS160 的 $\overline{R}_D$，立刻将两片同时置零，构成二十九进制计数器。

由于 S_{29} 是不稳定的状态，门 G_1 输出的脉冲持续时间极短，不宜作进位输出信号，如果要求输出进位信号持续时间为一个时钟信号周期，则应从电路的 S_{28} 状态译出，如图 5-25a 所示。

（2）**整体置数方式**　由于 74LS160 是同步置数方式，如果要置数为 S_0，则状态包含 $S_0 \sim S_{28}$，利用 S_{28} 产生置数信号即可构成二十九进制，如图 5-25b 所示电路。首先仍需将两片 74LS160 连接成百进制计数器，然后将电路的 28 状态译码，即高位片 $Q_3Q_2Q_1Q_0 = 0010$，低位片 $Q_3Q_2Q_1Q_0 = 1000$ 时，与非门 G 输出低电平信号，同时加到两片 74LS160 的 $\overline{LD}$ 端，等待下一个（第 29 个）计数脉冲到达时，将 0000 同时置入两片 74LS160 中，构成二十九进制计数器。进位信号也可以直接由门 G 输出端引出。

【例 5-7】　试分析图 5-26 计数器电路的分频比（即 Y 与 CLK 的频率之比）。

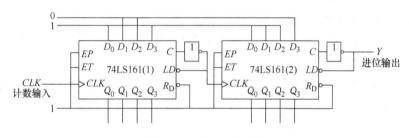

图 5-26　例 5-7 电路图

解：由图 5-26 可以看出：

当第（1）片的 $Q_3Q_2Q_1Q_0 = 1111$ 时，产生进位信号，译出 $\overline{LD} = 0$，置入 $D_3D_2D_1D_0 = 1001$，状态转换图如图 5-27a 所示，构成七进制计数器。

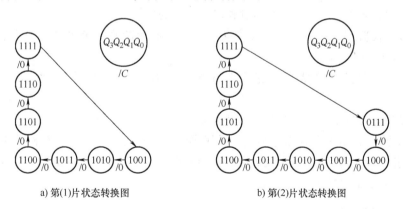

a) 第(1)片状态转换图　　　　b) 第(2)片状态转换图

图 5-27　例 5-7 两片 74LS161 状态转换图

当第（2）片的 $Q_3Q_2Q_1Q_0 = 1111$ 时，产生进位信号，译出 $\overline{LD} = 0$，置入 $D_3D_2D_1D_0 = 0111$，状态转换图如图 5-27b 所示，构成九进制计数器。

两片 74LS161 采用了串行连接方式，构成 $7 \times 9 = 63$ 进制计数器，所以 Y 与 CLK 的频率之比为 $1:63$。

✏️ **自测题**

1. ［多选题］一片74LS160实现任意进制计数器方法有（   ）。

A. 同步置零   B. 同步置数   C. 异步置零   D. 异步置数

2. ［单选题］一片74LS160可以实现（   ）功能。

A. 同步十五进制计数器   B. 异步十五进制计数器

C. 同步七进制计数器   D. 异步七进制计数器

3. ［多选题］两片74LS160并行进位方式连接时，应同时满足以下哪两个条件？（   ）

A. 低位片的进位信号 C 接到高位片的 EP、ET

B. 低位片的进位信号 C 接到高位片的 CLK

C. 两片的 EP、ET 都接在高电平

D. 两片的 CLK 接在一起

4. ［单选题］利用74LS160置数法构成任意进制计数器时，输出状态是通过（   ）实现反馈的，$\overline{LD}$ 得到（   ）信号。

A. 与非门，1   B. 与门，1   C. 与非门，0   D. 与门，0

5. 若要实现六十进制计数器需要用（   ）片74LS160。

A. 1   B. 2   C. 3   D. 4

5.4 寄 存 器

本节思考问题：

1）寄存器能实现什么功能？移位寄存器有什么特点？

2）74LS194能实现哪些功能？其引脚图是怎样的？

3）环形计数器电路结构上有什么特点？有几个有效状态和无效状态？怎样能自启动？用74LS194怎样实现环形计数器？

4）扭环形计数器电路结构上有什么特点？有几个有效状态和无效状态？怎样能自启动？

5）由移位寄存器如何构成序列信号发生器？

在数字电路中，用来存放二进制数据或代码的电路称为寄存器。寄存器是由具有存储功能的触发器组合起来构成的。一个触发器可以存储1位二进制码，存放 n 位二进制码的寄存器，需用 n 个触发器来构成。

5.4.1 数码寄存器

74LS175是用CMOS边沿触发器组成的四位寄存器，它的逻辑图如图5-28所示。其功能主要有：

1）清零：$\overline{R}_D = 0$ 时异步清零，即

$$Q_3 Q_2 Q_1 Q_0 = 0000$$

2）送数：$\overline{R}_D = 1$ 时，CLK 上升沿送数，即

$$Q_3 Q_2 Q_1 Q_0 = D_3 D_2 D_1 D_0$$

3）保持：在 $\overline{R}_D = 1$，CLK 上升沿以外的时间，寄存器内容将保持不变。

5.4.2 移位寄存器

移位寄存器除了具有存储代码的功能以外，还具有移位功能，即寄存器里存储的代码能在时钟脉冲作用下依次左移或右移。因此，移位寄存器不但可以用来寄存代码，还可以用来实现数据的串行-并行转换、数值的运算以及数据处理等。

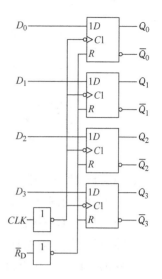

图 5-28 74LS175 逻辑图

1. 单向移位寄存器

图 5-29 所示电路是由边沿触发方式的 D 触发器组成的四位移位寄存器。若移位寄存器的初始状态为 $Q_0 Q_1 Q_2 Q_3 = 0000$，串行输入端 D_I 在 4 个时钟周期内依次输入代码 1011，那么在移位脉冲的作用下，移位寄存器内代码移动情况将见表 5-4。

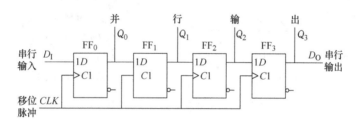

图 5-29 D 触发器构成的四位移位寄存器

从表中可以看到，经过 4 个 CLK 信号以后，串行输入的 4 位代码全部移入了移位寄存器中，同时在 4 个触发器的输出端得到了并行输出的代码。因此，利用移位寄存器可以实现代码的串行-并行转换。

表 5-4 移位寄存器内代码移动情况

CLK 顺序	输入 D_I	Q_0	Q_1	Q_2	Q_3
0	0	0	0	0	0
1	1	1	0	0	0
2	0	0	1	0	0
3	1	1	0	1	0
4	1	1	1	0	1

如果首先将 4 位数据并行置入移位寄存器的 4 个触发器中，然后连续加入 4 个移位脉冲，则移位寄存器里的 4 位代码将从串行输出端 D_O 依次送出，从而实现了数据的并行-串行转换。

图 5-30 是由 JK 触发器构成的四位移位寄存器，其逻辑功能与图 5-29 相同。

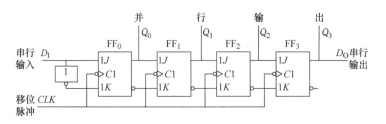

图 5-30 JK 触发器构成的四位移位寄存器

2. 双向移位寄存器

为了便于扩展逻辑功能和增加使用的灵活性，在定型生产的移位寄存器集成电路上有的又附加了左移、右移控制、数据并行输入、保持、异步复位等功能。

（1）**74LS194 的引脚排列图和逻辑功能示意图** 图 5-31 为四位双向移位寄存器 74LS194 的引脚排列和逻辑功能示意图。

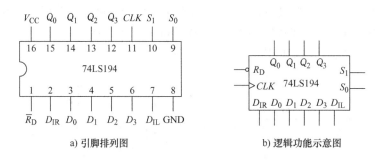

a) 引脚排列图   b) 逻辑功能示意图

图 5-31 双向移位寄存器 74LS194

74LS194 各引脚功能如下：

$\overline{R}_D$：异步复位端。

D_{IR}：数据右移串行输入端。

$D_0 \sim D_3$：数据并行输入端。

D_{IL}：数据左移串行输入端。

S_1、S_0：工作方式控制端。

$Q_0 \sim Q_3$：数据并行输出端。

（2）**74LS194 的功能** 表 5-5 是 74LS194 的功能表，可以看出：

只要 $\overline{R}_D = 0$，寄存器无条件清零。$\overline{R}_D = 1$ 时，工作方式如下：

1）当 $S_1 S_0 = 00$ 时，不论有无时钟 CLK，各触发器保持原态不变。

2）当 $S_1 S_0 = 01$ 时，在时钟 CLK 上升沿作用下，寄存器中的数据依次向右移，此时 $Q_0^{n+1} = D_{IR}$，$Q_1^{n+1} = Q_0^n$，$Q_2^{n+1} = Q_1^n$，$Q_3^{n+1} = Q_2^n$。

3）当 $S_1 S_0 = 10$ 时，在时钟 CLK 上升沿作用下，寄存器中的数据依次向左移，此时 $Q_0^{n+1} = Q_1^n$，$Q_1^{n+1} = Q_2^n$，$Q_2^{n+1} = Q_3^n$，$Q_3^{n+1} = D_{IL}$。

4）当 $S_1 S_0 = 11$ 时，在时钟 CLK 上升沿作用下，把数据 $D_0 \sim D_3$ 送到 $Q_0 \sim Q_3$，实现并行置数操作。

表 5-5 74LS194 的功能表

$\overline{R}_D$	S_1	S_0	CLK	工作状态
0	×	×	×	异步清零
1	0	0	×	保持
1	0	1	↑	右移
1	1	0	↑	左移
1	1	1	↑	并行输入

3. 移位寄存器的应用

移位寄存器可以用来实现数据的串行-并行转换，也可以构成移位型计数器，进行计数、分频，还可以构成串行加法器、序列信号发生器、序列信号检测器等。

（1）用双向移位寄存器 **74LS194** 组成节日彩灯控制电路 由两片 74LS194 构成的节日彩灯控制电路如图 5-32 所示。其中两片的输出端接 LED 管的阴极，LED 的阳极通过 1kΩ 限流电阻接电源，如果初始状态将两片的 $\overline{R}_D$ 通过开关接地，那么两片输出端全为 0，此时 LED 全部点亮。将接地开关打开后，由于两片的 S_0 接 5V 电源、S_1 接地，即 $S_1S_0 = 01$，由表 5-5 可知 74LS194 处于右移工作状态，从图中可以看出（1）片的 Q_3 接（2）片的右移输入 D_{IR}，（2）片的 Q_3 经反相后接（1）片的右移输入 D_{IR}，若在两片的时钟输入端输入 1s 的脉冲信号，则会发现 LED 从左向右逐一熄灭，然后又逐一点亮，依次循环。

5.4.2-3（1）寄存器应用

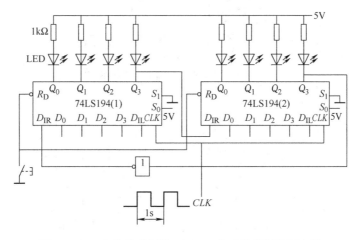

图 5-32 双向移位寄存器 74LS194 构成的彩灯控制电路

（2）**移位寄存器型计数器**

1）环形计数器。4 个 D 触发器构成的四位环形计数器如图 5-33a 所示，其结构特点 $D_0 = Q_3^n$。状态转换图如图 5-33b 所示，可以看出只能构成四进制计数器，而且不能自启动。

对于这种无效状态构成无效循环，不能自启动的电路，需要打开无效循环，修改电路，使其能够自启动，这里只须修改 D_0 即可，修改后的状态转换图如图 5-34a 所示。

5.4.2-3（2）移位寄存器型计数器

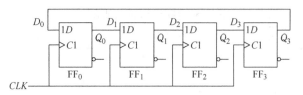

a) 四位环形计数器的电路图

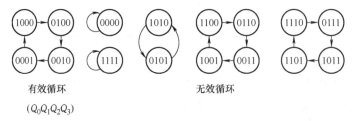

有效循环

$(Q_0Q_1Q_2Q_3)$

b) 四位环形计数器的状态转换图

图 5-33　D 触发器构成的四位环形计数器电路图和状态转换图

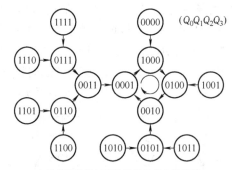

a) 能自启动的环形计数器的状态转换图

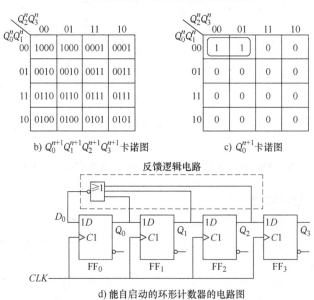

b) $Q_0^{n+1}Q_1^{n+1}Q_2^{n+1}Q_3^{n+1}$ 卡诺图　　　c) Q_0^{n+1} 卡诺图

d) 能自启动的环形计数器的电路图

图 5-34　能自启动的四位环形计数器状态转换图、卡诺图及电路图

依据状态转换图将次态填入卡诺图中，如图 5-34b 所示。Q_1、Q_2、Q_3 均实现的是右移的功能，无须修改。所以单独把 Q_0 次态的卡诺图画出来，并化简，可以得到

$$Q_0^{n+1} = \overline{Q_0^n}\,\overline{Q_1^n}\,\overline{Q_2^n} = \overline{Q_0^n + Q_1^n + Q_2^n}$$

因此，可以取 $D_0 = \overline{Q_0^n + Q_1^n + Q_2^n}$，即可得到能够自启动的环形计数器电路，如图 5-34d 所示。

n 位移位寄存器构成的环形计数器只有 n 个有效状态，有 $2^n - n$ 个无效状态，这显然是一种浪费。

2）扭环形计数器。图 5-35 电路中使 $D_0 = \overline{Q_3^n}$，这样就够构成了扭环形计数器（也称为约翰逊计数器），由状态转换图可以看出，此时有 8 个有效状态，构成了八进制计数器。

在这个电路中无效状态也构成了无效循环，电路不能自启动。因此，需要将无效循环打开，修改状态转换图如图 5-36a 所示。按照前面的方法对 Q_0^{n+1} 化简后，求得 $D_0 = Q_1^n \overline{Q_2^n} + \overline{Q_3^n} = \overline{\overline{Q_1^n \overline{Q_2^n}}\,\overline{\overline{Q_3^n}}}$，修改的电路如图 5-36b 所示，此电路能够自启动。

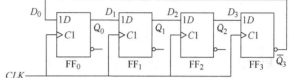

a) 四位扭环形计数器的电路图

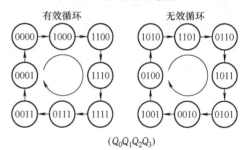

b) 四位扭环形计数器的状态转换图

图 5-35 四位扭环形计数器的电路图和状态转换图

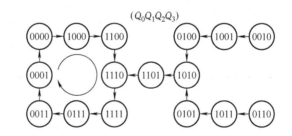

a) 能自启动的扭环形计数器的状态转换图

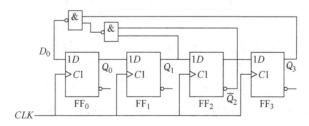

b) 能自启动的扭环形计数器的电路图

图 5-36 能自启动的四位扭环形计数器状态转换图和电路图

可以看出，n 位移位寄存器构成的扭环形计数器有 $2n$ 个有效状态，有 $(2^n - 2n)$ 个无

效状态。

【例5-8】 分析图5-37所示电路功能，设初始状态为0000，画出状态转换图。

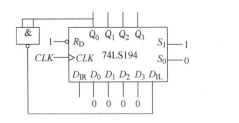

图5-37 例5-8电路图

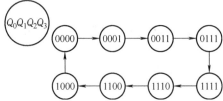

图5-38 例5-8电路状态转换图

解： 由图5-37可知$S_1 S_0 = 10$，因此74LS194工作方式为左移方式，$D_{IL} = \overline{Q_0^n}$，列出状态转换表见表5-6。

根据表5-6，可以画出状态转换图如图5-38所示，该电路为八进制移位计数器；每一路输出信号周期性变化，所以也可以看作是一种序列信号发生器。

表5-6 例5-8状态转换表

CLK	Q_0	Q_1	Q_2	Q_3	D_{IL}
0	0	0	0	0	1
1	0	0	0	1	1
2	0	0	1	1	1
3	0	1	1	1	1
4	1	1	1	1	0
5	1	1	1	0	0
6	1	1	0	0	0
7	1	0	0	0	0
8	0	0	0	0	1

自测题

1. ［单选题］存放n位二进制码的寄存器，需用多少个触发器来构成？（　　）

A. n 　　　　B. $2n$ 　　　　C. n^2 　　　　D. 2^n

2. ［单选题］74LS194的$\overline{R}_D = 1$，$S_1 = 1$，$S_0 = 0$时，能够实现（　　）功能。

A. 保持 　　　　B. 右移 　　　　C. 左移 　　　　D. 并行输入

3. ［判断题］四位环形计数器的特点是$D_0 = Q_3^n$，这个电路不能自启动。（　　）。

4. ［单选题］用74LS194构成环形计数器的方法正确的是（　　）。

A. $\overline{R}_D = 1$，$S_1 = 1$，$S_0 = 0$时，$D_{IR} = Q_0$ 　　　　B. $\overline{R}_D = 1$，$S_1 = 0$，$S_0 = 1$时，$D_{IR} = Q_3$

C. $\overline{R}_D = 1$，$S_1 = 1$，$S_0 = 0$时，$D_{IL} = Q_3$ 　　　　D. $\overline{R}_D = 1$，$S_1 = 0$，$S_0 = 1$时，$D_{IL} = Q_0$

5. ［单选题］四位扭环形计数器的有效状态有（　　）个。

A. 4 　　　　B. 6 　　　　C. 8 　　　　D. 10

项目实现

下面，完成本章开始时提出的"60s 计数器的设计实现"项目。

设计思路：大家知道 1min 是 60s，因此，设计秒计数器，也就是设计一个六十进制的计数器，需要两片 74LS160。可以采取并行进位方式、串行进位方式、整体置零方式和整体置数方式，有多种电路设计方案。这里采用并行进位方式，如图 5-39 所示，依据人们观测习惯，把低位片 74LS160（1）放在右侧，构成十进制正常计数；高位片 74LS160（2）在左侧，用置零法构成六进制。

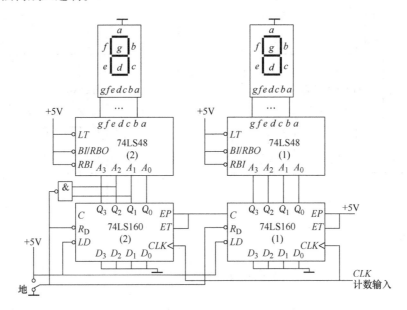

图 5-39 六十进制计数器电路图

先将两片的 $\overline{R}_D$ 接地，计数器清零。开始后，将 $\overline{R}_D$ 接到高电平 5V，两片时钟接到一起，低位片正常计数，当计数到 9 时，其进位输出端会输出一个高电平，给高位片的 EP、ET，使得高位片计数。高位片 $\overline{R}_D = \overline{Q_2 Q_1}$，即当计数到 0110 时立刻置零，由于是异步置零，所以构成六进制。两片 74LS160 通过并行进位方式构成了六十进制计数器，即可实现 60s 计数器。

两片 74LS160 的输出端与显示译码器 74LS48 的地址输入端连接，74LS48 的 3 个功能端均接高电平，7 个输出端驱动共阴极数码管，从而实现了 60s 计数器的显示。

仿真电路：60s 计数器 Multisim 仿真

参考图 5-39，在 Multisim 中建立 60s 计数器电路如图 5-40 所示。按照人们的习惯，低位在右，高位在左，为了仿真观测方便，选取了 50Hz 的脉冲信号作为 CLK，在计数器的输出端接上了两个数码管。低位片的进位输出接到高位片的工作状态控制端，当低位片计数

0～9，高位片计一个数，当高位片为0110时，立刻清零，而数字6不会显示。电路运行后，会看到数码管显示从00到59，实现六十进制计数器，如果 *CLK* 选择1Hz脉冲信号，就构成了60s计数器。

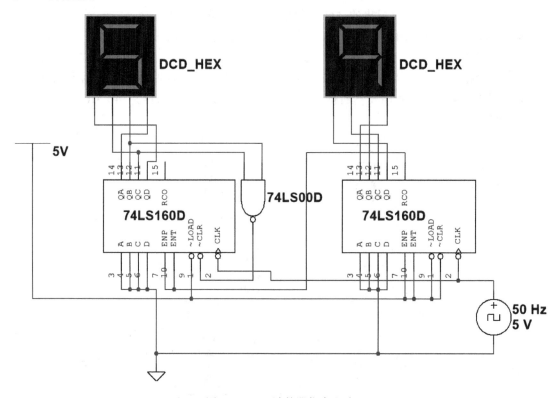

图 5-40　60s 计数器仿真电路

📑 本章小结

1. 计数器是一种简单而又最常用的时序逻辑器件，计数器的类型有异步计数器和同步计数器、二进制计数器和非二进制计数器、加法计数器和减法计数器等。计数器的使用重在掌握计数器的逻辑功能和引脚作用。

2. 用已有的 N 进制芯片可以构成 M（任意）进制计数器。采用的方法有置零法和置数法，根据集成计数器的清零方式和置数方式来选择异步和同步。当 $M < N$ 时，用一片 N 进制计数器即可；当 $M > N$ 时，要用多片 N 进制计数器级联，级联方式有串行进位方式和并行进位方式。

3. 寄存器也是一种常用的时序逻辑器件。寄存器分为数码寄存器和移位寄存器，移位寄存器又分为单向移位寄存器和双向移位寄存器。用移位寄存器可以实现数据的串行-并行转换，组成序列脉冲发生器、计数器等。

✏️ 思考与练习

5-1　分析图 5-41 所示计数器电路，画出其有效状态转换图，说明这是多少进制计数器。74LS161 功能表见表 5-1。

5-2　分析图 5-42 所示计数器电路，画出其有效状态转换图，说明这是多少进制计数器。74LS160 功能表参考 74LS161，见表 5-1。

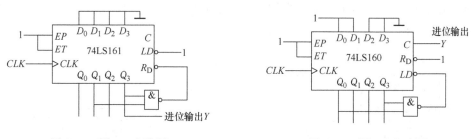

图 5-41　题 5-1 电路图　　　　　　　　　　图 5-42　题 5-2 电路图

5-3　已知图 5-43 所示计数器电路。在 $M=1$ 和 $M=0$ 时，分别画出其有效状态转换图，并判断分别构成几进制计数器。74LS160 功能表参考 74LS161，见表 5-1。

5-4　已知 74LS161 功能表，见表 5-1。

（1）试分析图 5-44 所示电路能构成几进制计数器，并画出有效循环状态转换图。

（2）若用置零法实现该电路的功能应如何改变电路，画出状态转换图和电路图。

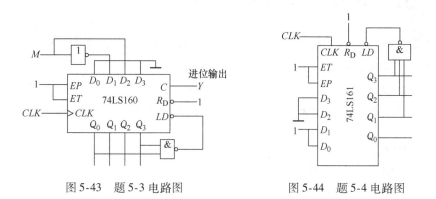

图 5-43　题 5-3 电路图　　　　　　　　　　图 5-44　题 5-4 电路图

5-5　分别用 74LS190 和 74LS192 设计一个倒计时 10s 的电路。

5-6　分析图 5-45 所示电路，说明这是多少进制的计数器，两片之间是哪种进位方式。74LS161 功能表见表 5-1。

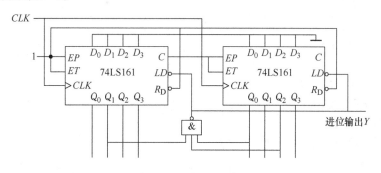

图 5-45　题 5-6 电路图

5-7 试分析图5-46所示电路,列出状态转换表,说明电路能实现什么功能。

5-8 设计一个脉冲序列发生器,使之在 CLK 脉冲作用下,能够周期性地输出脉冲序列 0100100011。

5-9 试分析图5-47所示电路,当初始状态是0000时,画出状态转换图,写出分析过程,说明电路功能。

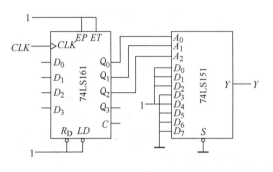 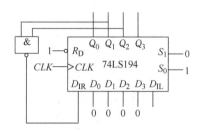

图 5-46　题 5-7 电路图　　　　　　　　图 5-47　题 5-9 电路图

🔍 **拓展链接:** 硬件描述语言 VHDL 设计时序逻辑电路

前面介绍了两个利用 VHDL 语言设计组合逻辑电路的实例,这里介绍两个利用 VHDL 语言设计时序逻辑电路的实例。

1. 利用 VHDL 设计一个上升沿触发的 D 触发器

假设 D 触发器的输入信号为 D,脉冲输入为 CLK,输出信号为 Q。程序如下:

```
LIBRARY   IEEE;
USE IEEE. STD_LOGIC_1164. ALL;
ENTITY   DFF1   IS
    PORT(CLK,D:IN STD_LOGIC;
         Q:OUT STD_LOGIC);
END;
ARCHITECTURE arc OF DFF1 IS
SIGNAL Q1:STD_LOGIC;
BEGIN
    PROCESS(CLK,Q1)
    BEGIN
        IF CLK 'EVENT AND CLK = '1'
            THEN   Q1 < = D;
        END IF;
    END PROCESS;
        Q < = Q1;
END;
```

2. 利用 VHDL 设计一个同步十进制加法计数器

假设计数器的脉冲输入为 CLK 表示，清零端为 CLR，使能端 EN，置数端为 LD，输入信号为 D（D_3、D_2、D_1、D_0），输出信号为 Q（Q_3、Q_2、Q_1、Q_0），进位信号为 C。程序如下：

```
LIBRARY IEEE;
USE IEEE. STD_LOGIC_1164. ALL;
USE IEEE. STD_LOGIC_UNSIGNED. ALL;
ENTITY JSQ_T10   IS
    PORT(CLK,CLR,EN,LD:IN STD_LOGIC;
       D:IN STD_LOGIC_VECTOR(3 downto 0);
       Q:OUT STD_LOGIC_VECTOR(3 downto 0);
       C:OUT STD_LOGIC);
END;
ARCHITECTURE arc OF JSQ_T10 IS
BEGIN
  PROCESS(CLK,CLR,EN,LD)
    VARIABLE   TEMP_Q:STD_LOGIC_VECTOR(3 downto 0);
  BEGIN
    IF CLR = '0'   THEN   TEMP_Q: = (OTHERS = > '0');
       ELSIF   CLK 'EVENT AND CLK = '1'   THEN
          IF EN = '1 'THEN
            IF(LD = '0')   THEN   TEMP_Q: = D;ELSE
             IF   TEMP_Q < 9   THEN   TEMP_Q: = TEMP_Q + 1;
               ELSE   TEMP_Q: = (OTHERS = > '0');
                END IF;
              END IF;
            END IF
          END IF;
          IF TEMP_Q = "1001"   THEN   C < = '1';
             ELSE   C < = '0';
       END IF;
       Q < = TEMP_Q;
    END PROCESS;
END;
```

第 **6** 章

脉冲波形的产生和整形电路

☑ 内容及目标

◆ 本章内容

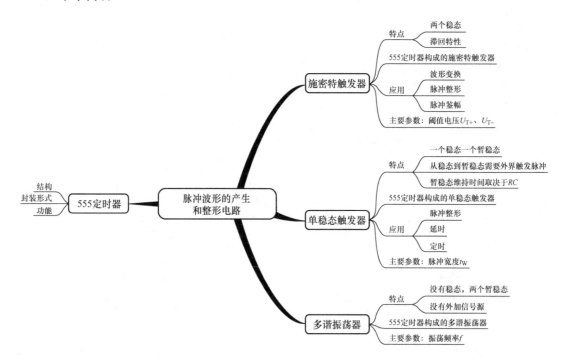

◆ 学习目标

1. 知识目标

1）了解 555 定时器电路结构、工作原理及特点。

2）了解脉冲产生和整形电路的特点及应用场合。

3）认识 555 定时器构成的典型电路，并了解电路的典型参数。

4）了解由简单门电路构成的脉冲产生和整形电路。

2. 能力目标

1）学会用 555 定时器构成施密特触发器、单稳态触发器和多谐振荡器的方法。

2）能够选择和设计合理的时基电路，并计算、选择合适的参数以达到设计要求。

3. 价值目标

1）了解中国成就，增强爱国热情。

2）通过多种电路对比，建立创新意识，形成发散思维。

 **项目研究：** 叮咚电子门铃的设计

1. 任务描述

设计制作一个叮咚双音门铃，门铃的音频为 1.47kHz 与 1.05kHz。

2. 任务要求

（1）用 555 定时器实现。

（2）画出电路图，并通过计算确定各个元器件参数。

知识链接

6.1　概　　述

本节思考问题：

1）脉冲波形的主要参数有哪些？

2）如何获得脉冲波形？有哪些电路？

3）555 定时器引脚图中各个引脚的功能是怎样的？5 引脚有几种工作方式？

4）当 5 引脚接 V_{CO} 和交流接地，两种工作方式下，555 定时器阈值电压分别是多少？

6.1.1　脉冲波形

矩形波是数字系统最常用的信号，波形的好坏直接影响系统的性能。

1. 脉冲波形的主要参数

为了描述矩形波，常给出图 6-1 中所标注的几个主要参数：

1）脉冲周期 T：周期性重复的脉冲序列中，两个相邻脉冲之间的时间间隔。

2）脉冲幅度 U_m：脉冲电压的最大变化幅度。

3）脉冲宽度 t_W：从脉冲前沿到达 $0.5U_m$ 起，到脉冲后沿到达 $0.5U_m$ 为止的一段时间。

4）上升时间 t_r：脉冲上升沿从 $0.1U_m$ 上升到 $0.9U_m$ 所需要的时间。

5）下降时间 t_f：脉冲下降沿从 $0.9U_m$ 下降到 $0.1U_m$ 所需要的时间。

6）占空比 q：脉冲宽度与脉冲周期的比值，即 $q = t_W/T$。

2. 获得脉冲波形的途径

获得矩形脉冲信号的途径有两种：一种是直接产生所需要的矩形脉冲；另一种则是通过整形

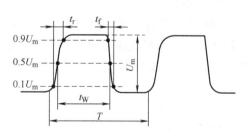

图 6-1　脉冲波形参数

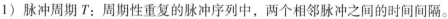

电路将已有的周期性变化波形变换为符合要求的矩形波。脉冲信号的产生电路有多谐振荡

器，脉冲波形整形电路有施密特触发器和单稳态触发器。

脉冲产生和整形电路可以由门电路构成，也可以由 555 定时器实现，本章着重介绍由 555 定时器构成的电路。

6.1.2　555 定时器

555 定时器是一种多用途的数字-模拟混合集成电路。该电路功能灵活、适用范围广，只要外围电路稍作配置，即可构成单稳态触发器、多谐振荡器或施密特触发器，因而可应用于定时、检测、控制、报警等方面。

1. 芯片结构

集成 555 定时器因为其内部有 3 个精密的 5kΩ 电阻而得名。后来国内外许多公司和厂家都相继生产出双极型和 CMOS 型 555 集成电路。虽然 CMOS 型 3 个分压电阻不再是 5kΩ，但仍然沿用 555 名称。目前一些厂家在同一基片上集成两个 555 单元，型号后加 556，同一基片上集成 4 个 555 单元，型号后加 558。

图 6-2 是国产双极型定时器 CB555 的电路结构图。它由 3 个串联的 5kΩ 电阻、比较器 C_1 和 C_2、RS 锁存器及 G_3 和 G_4 门电路，以及集电极开路的放电晶体管 VT_D 四部分组成。

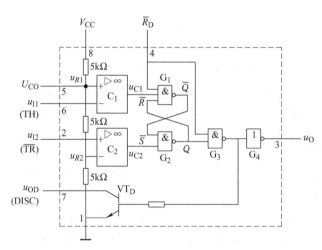

6.1.2 555定时器

图 6-2　国产双极型定时器 CB555 定时器电路结构图

2. 封装形式

555 定时器的封装一般有两种：八脚圆形封装和八脚双列直插式封装。图 6-3 是双列直插式 555 定时器的实物图和引脚排列图。

各引脚功能如下：

1 脚：接地端。

2 脚：低触发器。

3 脚：输出端。

4 脚：直接清零端。

a) 实物图

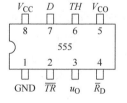

b) 引脚排列图

图 6-3　双列直插式 555 定时器

5 脚：控制电压输入端。

6 脚：高触发端。

7 脚：放电端。

8 脚：外接电源。

3. 芯片功能

555 定时器功能表见表 6-1。

表 6-1 555 定时器功能表

输入			输出	
$\overline{R_D}$	u_{I1}（TH）	u_{I2}（$\overline{TR}$）	u_O	VT_D 状态
0	×	×	低	导通
1	$>2V_{CC}/3$	$>V_{CC}/3$	低	导通
1	$<2V_{CC}/3$	$>V_{CC}/3$	不变	不变
1	$<2V_{CC}/3$	$<V_{CC}/3$	高	截止
1	$>2V_{CC}/3$	$<V_{CC}/3$	高	截止

在不使用控制电压输入端（一般将 V_{CO} 端通过 $0.01\mu F$ 的电容接地），并且 $\overline{R_D}=1$ 的条件下，比较器的基准电压由电阻分压后，分别为 $2V_{CC}/3$、$V_{CC}/3$。比较器 C_1 的同相输入端电压为 $2V_{CC}/3$，比较器 C_2 的反相输入端电压为 $V_{CC}/3$。由功能表可以看出：

1）当外加电压使得 $u_{I1}>2V_{CC}/3$，$u_{I2}>V_{CC}/3$ 时，比较器 C_1 输出 $u_{C1}=0$，比较器 C_2 输出 $u_{C2}=1$，RS 锁存器置 0，与非门 G_3 输出为 1，VT_D 导通，同时 u_O 为低电平。

2）当外加电压使得 $u_{I1}<2V_{CC}/3$，$u_{I2}>V_{CC}/3$ 时，比较器 C_1 输出 $u_{C1}=1$，比较器 C_2 输出 $u_{C2}=1$，RS 锁存器状态保持不变，VT_D 和 u_O 均保持不变。

3）当外加电压使得 $u_{I1}<2V_{CC}/3$，$u_{I2}<V_{CC}/3$ 时，比较器 C_1 输出 $u_{C1}=1$，比较器 C_2 输出 $u_{C2}=0$，RS 锁存器置 1，与非门 G_3 输出为 0，VT_D 截止，同时 u_O 为高电平。

4）当外加电压使得 $u_{I1}>2V_{CC}/3$，$u_{I2}<V_{CC}/3$ 时，比较器 C_1 输出 $u_{C1}=0$，比较器 C_2 输出 $u_{C2}=0$，RS 锁存器违反约束条件，输出为 1，与非门 G_3 输出为 0，VT_D 截止。

若外接 V_{CO} 时，比较器 C_1 的基准电压为 V_{CO}，比较器 C_2 的基准电压为 $V_{CO}/2$。

555 定时器虽然是只有 8 个引脚的小集成块，但它的应用很广，通过简单的外围电路可以实现施密特触发器、单稳态触发器和多谐振荡器的功能。

自测题

1. ［单选题］以下关于占空比的叙述正确的是（　　）。

A. 脉冲宽度与频率的比值　　　　　　　B. 脉冲宽度与周期的比值

C. 脉冲幅度与频率的比值　　　　　　　D. 脉冲幅度与周期的比值

2. ［填空题］获得脉冲波形的方法有两种：一种是_____，另一种是_____。

3. ［单选题］脉冲波形产生电路有（　　）。

A. 施密特触发器　　　　B. 单稳态触发器　　　　C. 多谐振荡器　　　　D. JK 触发器

4. ［多选题］555 定时器当 5 引脚 $V_{CO} = 6V$ 时，两个阈值电压为（　　　）。

A. 2V　　　　　　　B. 3V　　　　　　　C. 4V　　　　　　　D. 6V

5. ［多选题］555 定时器由 V_{CC} 电源供电，当 V_{CO} 端通过 $0.01\mu F$ 的电容接地时，两个阈值电压为（　　　）。

A. $\dfrac{1}{3}V_{CC}$　　　　　B. $\dfrac{1}{2}V_{CC}$　　　　　C. $\dfrac{2}{3}V_{CC}$　　　　　D. V_{CC}

6.2　施密特触发器

本节思考问题：

1）施密特触发器是一种什么电路？其特点是什么？逻辑符号是怎样的？

2）555 定时器构成的施密特触发器电路是怎样的？是反相还是同相输出？其阈值电压是多少？

3）门电路构成的施密特触发器电路是怎样的？如何得到反相或同相输出？其阈值电压是多少？

4）施密特触发器有哪些应用？

6.2.1　施密特触发器介绍

1. 特点

施密特触发器是一种能够把输入波形整形为适合于数字电路需要的矩形脉冲的电路，有如下特点：

1）它具有两个稳定的状态。

2）它具有滞回特性，有两个阈值电压 U_{T+} 和 U_{T-}，回差电压为 $\Delta U_T = U_{T+} - U_{T-}$。

3）电路的抗干扰能力很强。

2. 逻辑符号

施密特触发器的逻辑符号如图 6-4 所示。其中，图 6-4a 为同相输出的施密特触发器，图 6-4b 为反相输出的施密特触发器。

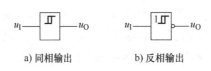

a) 同相输出　　　　　b) 反相输出

图 6-4　施密特触发器的逻辑符号

6.2 施密特触发器

6.2.2　555 定时器构成的施密特触发器

1. 电路构成

由 555 定时器构成的施密特触发器电路如图 6-5 所示。图 6-5a 画出了 555 定时器的内部电路图，方便理解工作原理，图 6-5b 是将图 6-5a 简化的施密特触发器电路图。从图中可以看到，将 555 定时器的 4 脚 $\overline{R_D}$ 接到电源（高电平），2 脚和 6 脚两个输入端连接在一起作为 u_I 输入，5 脚通过 $0.01\mu F$ 电容接地，起到滤波的作用，3 脚输出 u_O，即可构成施密特触发器。

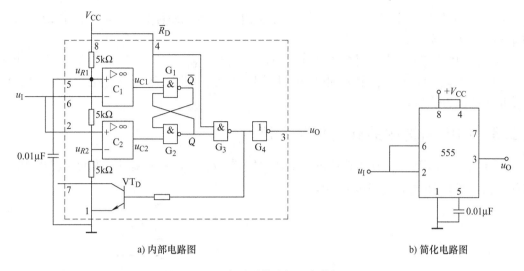

a) 内部电路图　　　　　　　　　　　　　b) 简化电路图

图 6-5 555 定时器构成的施密特触发器

2. 工作原理

图 6-5a 电路中，5 引脚通过 $0.01\mu F$ 电容接地，因此 u_{R1} 和 u_{R2} 分别为 $2V_{CC}/3$、$V_{CC}/3$。假设输入信号 u_I 为三角波，则施密特触发器的工作波形和电压传输特性如图 6-6 所示。

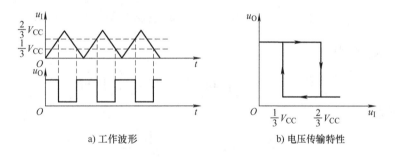

a) 工作波形　　　　　　　　　　　b) 电压传输特性

图 6-6 施密特触发器的工作波形和电压传输特性

当输入信号 u_I 从 0 逐渐增大时，$u_I < V_{CC}/3$ 期间，555 定时器工作在表 6-1 的第 4 行，根据图 6-5a 555 定时器内部电路可以得到：比较器 C_1 输出为 1，C_2 输出为 0，RS 锁存器置 1，此时输出端 u_O 为高电平；$V_{CC}/3 < u_I < 2V_{CC}/3$ 期间，555 定时器工作在表 6-1 的第 3 行，其内部的比较器 C_1 和 C_2 输出为 1，RS 锁存器的状态保持，此时输出端 u_O 保持不变，也就是保持高电平；$u_I > 2V_{CC}/3$ 期间，555 定时器工作在表 6-1 的第 2 行，其内部的比较器 C_1 输出为 0，C_2 输出为 1，RS 锁存器置 0，此时输出端 u_O 跳变为低电平。

当输入信号 u_I 从最大逐渐减小时，$u_I > 2V_{CC}/3$ 期间，输出端 u_O 仍为低电平；$V_{CC}/3 < u_I < 2V_{CC}/3$ 期间，555 定时器输出端 u_O 保持不变，而此时是保持低电平；$u_I < V_{CC}/3$ 期间，输出端 u_O 跳变为高电平。

根据分析画出工作波形如图 6-6a 所示，电路的电压传输特性如图 6-6b 所示。可以看到，由 555 定时器构成的施密特触发器具有反相输出特性。

可以看到 555 定时器构成的施密特触发器有两个阈值电压分别为 $U_{T+} = 2U_{CC}/3$ 和 $U_{T-} =$

$V_{CC}/3$，U_{T+} 称为上门限电平，U_{T-} 称为下门限电平。两者之差称为回差电压，用 ΔU_{T} 表示，$\Delta U_{T} = U_{T+} - U_{T-} = V_{CC}/3$。

若在控制电压输入端 5 引脚加入电压 V_{CO}，此时 $U_{T+} = V_{CO}$、$U_{T-} = V_{CO}/2$，回差电压 $\Delta U_{T} = U_{T+} - U_{T-} = V_{CO}/2$，控制外加电压的大小即可改变回差电压。回差电压的大小反映了电路抗干扰能力的强弱。

6.2.3 门电路构成的施密特触发器

图 6-7a 是用 CMOS 反相器构成的施密特触发器，u_{O} 作为输出端时，为同相输出的施密特触发器，图 6-7b 为其电压传输特性。

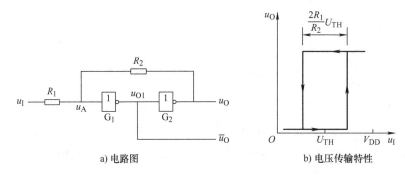

a) 电路图　　　　　　　b) 电压传输特性

图 6-7　用 CMOS 反相器构成的施密特触发器

两个阈值电压分别为

$$U_{T+} = \left(1 + \frac{R_1}{R_2}\right)U_{TH}, \quad U_{T-} = \left(1 - \frac{R_1}{R_2}\right)U_{TH}$$

回差电压为

$$\Delta U_{T} = U_{T+} - U_{T-} = \frac{2R_1}{R_2}U_{TH}$$

改变 R_1、R_2 的大小，可以方便地调整回差电压的大小。但必须 $R_1 < R_2$，否则触发器进入自锁状态，不能正常工作。

6.2.4 施密特触发器的应用

利用施密特触发器可以实现波形变换、脉冲整形和幅度鉴别等功能。

1. 波形变换

如果输入是正弦波或其他非矩形波，都可以通过施密特触发器进行波形变换为矩形波，如图 6-8 所示。

2. 脉冲整形

通过施密特触发器可以将边沿不够陡的矩形波或者有杂波产生畸变的矩形波进行整形，得到较为理想的矩形波，如图 6-9 所示。

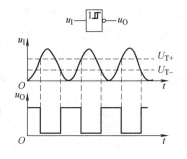

图 6-8　用施密特触发器实现波形变换

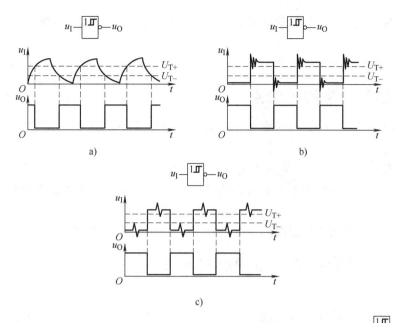

图 6-9 用施密特触发器实现脉冲整形

3. 脉冲幅度鉴别

脉冲幅度鉴别是从一连串幅度不等的脉冲波形中，选出幅度较大的脉冲。图 6-10 中，利用施密特触发器可以实现将脉冲幅度大于 U_{T+} 的脉冲选出来。

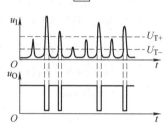

图 6-10 用施密特触发器
实现脉冲幅度鉴别

自测题

1. [单选题] 施密特触发器可以把正弦波整形成为（　　）。

A. 正弦波　　　　　　B. 矩形脉冲　　　　　　C. 三角波　　　　　　D. 锯齿波

2. [判断题] 555 定时器构成的施密特触发器是反相输出的。（　　）

3. [单选题] 施密特触发器有（　　）阈值电压，具有（　　）特性。

A. 一个，滞回　　　　B. 一个，开关　　　　C. 两个，滞回　　　　D. 两个，开关

4. [单选题] 一个施密特触发器电路的回差电压大说明其抗干扰能力相对较（　　）。

A. 小　　　　　　　　B. 大　　　　　　　　C. 一样　　　　　　　D. 不好判断

5. [多选题] 施密特触发器可以实现以下哪些功能？（　　）

A. 波形变换　　　　　B. 脉冲产生　　　　　C. 脉冲整形　　　　　D. 脉冲鉴幅

6.3　单稳态触发器

本节思考问题：

1）单稳态触发器的特点是什么？有哪些应用？脉冲整形时对输入信号有什么要求？

2）555 定时器构成的单稳态触发器的电路是怎样连接的？是下降沿还是上升沿触发？电路输出的暂稳态是高电平还是低电平？如何计算脉冲宽度？

3）门电路构成的微分型和积分型单稳态触发器电路是怎样的？其脉冲宽度和哪些参数有关？

4）认识集成单稳态触发器 74121 功能表，如何连接电路？脉冲宽度如何计算？

6.3.1 单稳态触发器的特点

6.3 单稳态触发器

单稳态触发器是一种用于整形、延时、定时的脉冲单元电路，它具有以下特点：

1）电路有两个工作状态：一个稳态和一个暂稳态。

2）在外界触发脉冲作用下，电路能从稳态翻转至暂稳态，在暂稳态维持一段时间后，再自动翻转至稳态。

3）暂稳态维持时间的长短取决于电路本身的参数与触发脉冲无关。

6.3.2 555 定时器构成的单稳态触发器

1. 电路构成

由 555 定时器构成的单稳态触发器电路如图 6-11 所示。图 6-11a 画出了 555 定时器的内部电路图，为方便理解工作原理，图 6-11b 是将图 6-11a 简化的单稳态触发器电路图，可以用一句简单的口诀来表述"六七搭一，上 R 下 C"。

从图 6-11 中可以看到，555 定时器的 4 脚 $\overline{R}_D$ 接到电源（高电平），5 脚通过 $0.01\mu F$ 电容接地，将 6 脚和 7 脚接在一起，上面通过电阻 R 接电源，下面通过电容 C 接地，2 脚作为 u_I 输入，3 脚为 u_O 输出，即可构成单稳态触发器。

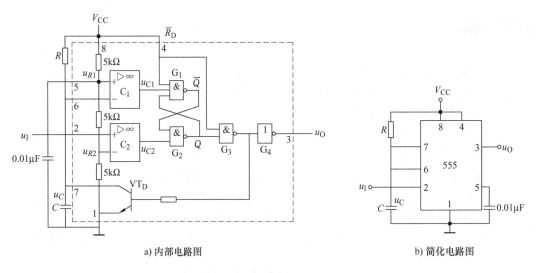

a) 内部电路图   b) 简化电路图

图 6-11　555 定时器构成的单稳态触发器

2. 工作原理

图 6-12 是 555 定时器构成的单稳态触发器的工作波形图，u_O 初始状态为低电平（稳态）。

当 u_I 下降沿到达时，即 u_I 从高电平跳变为低电平，此时 555 定时器内部的比较器 C_2 输出低电平，RS 锁存器被置为 1，通过与非门 G_3 变为低电平，再经过反相器 G_4，使得 u_O 输出跳变为高电平（暂稳态）；此时由于晶体管 VT_D 基极为低电平，晶体管截止。电源 V_{CC} 通过电阻 R 给电容 C 充电，一旦电容上的电压 u_C 达到 $2V_{CC}/3$，即 6 脚电压大于 $2V_{CC}/3$，555 定时器内的比较器 C_1 输出为 0，RS 锁存器被置为 0，通过与非门 G_3 变为高电平，再经过反相器 G_4，使得 u_O 输出跳变为低电平（稳态）；此时由于晶体管 VT_D 基极为高电平，晶体管饱和导通，电容 C 通过 7 脚经导通的晶体管 VT_D 迅速放电。u_I 下一个下降沿到达，重复上述过程。

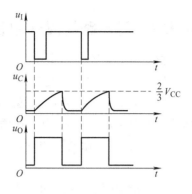

图 6-12　单稳态触发器工作波形图

3. 主要参数

（1）**输出脉冲宽度 t_W**　暂稳态持续的时间称为单稳态触发器的输出脉冲宽度 t_W，是电容 C 从开始充电到充电至 $2V_{CC}/3$ 所需要的时间。

对 RC 电路暂态过程分析，$u_C(0^+) = 0$，$u_C(\infty) = V_{CC}$，$\tau = RC$，$U_T = \dfrac{2}{3}V_{CC}$，因此，

$$t_W = RC\ln \frac{u_C(\infty) - u_C(0^+)}{u_C(\infty) - U_T} = RC\ln \frac{V_{CC} - 0}{V_{CC} - \dfrac{2}{3}V_{CC}} = RC\ln3 \approx 1.1RC$$

可以看到，输出脉冲宽度 t_W 仅取决于定时元件 R、C 的值，与输入触发脉冲信号 u_I 和电源电压无关。改变 R、C 的取值，即可方便地调节 t_W。

（2）**恢复时间 t_{re}**　从暂稳态结束到电容 C 放电至 $u_C = 0$ 所需的时间称为恢复时间 t_{re}，通常取

$$t_{re} = (3 \sim 5)R_{CES}C$$

式中，R_{CES} 为放电晶体管饱和导通电阻，其值非常小，因此恢复时间 t_{re} 极短。

（3）**最高工作频率 f_{max}**　假设输入触发信号 u_I 是周期为 T 的连续脉冲，为了保证单稳态触发器能够正常工作，必须满足下列条件：$T > t_W + t_{re}$，也就是 $T_{min} = t_W + t_{re}$。因此，单稳态触发器的最高工作频率应为

$$f_{max} = \frac{1}{T_{min}} = \frac{1}{t_W + t_{re}}$$

必须注意的是，555 定时器构成的单稳态触发器电路中，输入触发信号 u_I 的触发脉冲宽度（图 6-12 中 u_I 低电平持续时间）必须小于单稳态触发器输出脉冲宽度 t_W，否则电路不能正常工作。因为，当单稳态触发器被触发翻转到暂稳态后，如果 u_I 的低电平信号保持不变，电压比较器 C_2 的输出保持为 0，RS 锁存器将保持在置 1 状态，电容 C 充电至大于 $2V_{CC}/3$ 时，电路无法自动结束暂稳态，不能够回到稳态。为了解决这一问题，通常可以在电路的输入端增加一个微分电路，如图 6-13 所示，增加了 R_d、C_d，使得宽脉冲成为尖脉冲，减小了 u_I 低电平持续时间。

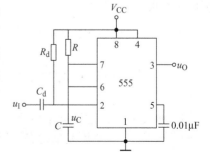

图 6-13　有微分环节的单稳态触发器

6.3.3 门电路构成的单稳态触发器

根据 RC 电路的不同接法，门电路组成的单稳态触发器可分为微分型和积分型两种。

1. 微分型单稳态触发器

图 6-14a 是由 CMOS 门电路和 RC 微分电路构成的微分型单稳态触发器，电路中各点的电压波形如图 6-14b 所示，其工作原理如下：

1）稳态：无触发脉冲时，u_1 为低电平，u_{O1} 为高电平，电容 C 两端的电压为 0，u_O 为低电平。

2）稳态至暂稳态：当 u_1 正跳变时，u_{O1} 由高到低，u_{12} 为低电平，于是 u_O 为高电平。即使 u_1 触发信号撤除，由于 u_O 的作用，u_{O1} 仍可为低电平。

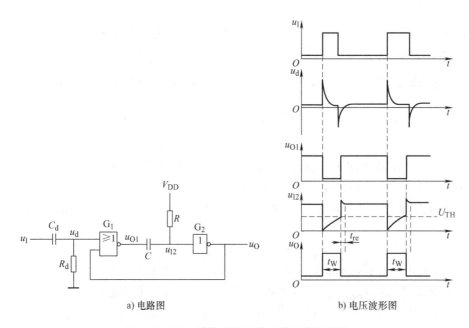

a) 电路图   b) 电压波形图

图 6-14 门电路构成的微分型单稳态触发器

3）暂稳态至稳态：暂稳态期间，电源经电阻 R 对电容 C 充电，u_{12} 逐渐升高，当 $u_{12} = U_{TH}$ 时，引发正反馈，u_O 下降，u_{O1} 上升。此时，如果触发脉冲 u_1 已回到低电平，则 u_{O1} 迅速跳变为高电平，u_{12} 也产生正向跳变，电路输出 u_O 迅速进入低电平 0 的状态，暂稳态结束。

由于 $u_{12}(0^+) = 0, u_{12}(\infty) = V_{DD}, \tau = RC, U_T = \dfrac{1}{2}V_{DD}$，因此，暂稳态持续时间 t_W 为

$$t_W = RC\ln\frac{u_C(\infty) - u_C(0^+)}{u_C(\infty) - U_T} = RC\ln\frac{V_{DD} - 0}{V_{DD} - \dfrac{1}{2}V_{DD}} = RC\ln 2 \approx 0.69RC$$

4）恢复阶段：暂稳态结束后，电容 C 通过门 G_2 迅速放电，直至电容上的电压放完，$u_{12} = u_{O1} = V_{DD}$，电路恢复到稳态。这段放电的时间称为恢复时间 t_{re}，通常取

$$t_{re} = (3 \sim 5)R_{ON}C$$

式中，R_{ON}是图6-14a中门G_2输出低电平时的输出电阻，$R_{ON} \ll R$。

C_d、R_d的作用为：当u_1的脉冲宽度很宽时，经过C_d和R_d组成的微分电路变为尖脉冲，否则，在电路由暂稳态返回到稳态时，由于门G_1被u_1封住了，会使u_O的下降沿变缓。

2. 积分型单稳态触发器

图6-15a所示为高电平触发的积分型单稳态触发器，其中反相器G_1与与非门G_2起开关作用，RC电路以积分电路的形式起定时作用。电路的工作波形如图6-15b所示。

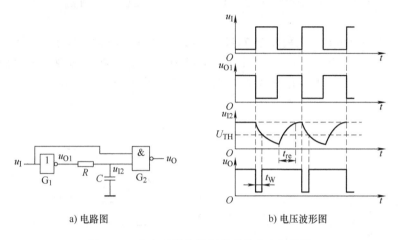

a) 电路图　　　　　　b) 电压波形图

图6-15　高电平触发的积分型单稳态触发器

积分型单稳态触发器的工作原理如下：

1）稳态：没有触发脉冲时，u_1为低电平，u_{O1}和u_O均为高电平，电容C的电压u_{12}等于u_{O1}，为高电平，电路处于稳态，输出为高电平1。

2）稳态至暂稳态：当u_1正跳变时，u_{O1}由高到低，电容C的电压不能突变，u_{12}仍为高电平，与非门G_2输出迅速跳变为低电平，电路进入暂稳态，输出为低电平0。

3）暂稳态至稳态：暂稳态期间，由于u_{O1}为低电平，C、u_{12}、R、u_{O1}形成放电回路，电容C放电导致u_{12}的电压下降，当u_{12}下降到与非门G_2的阈值电压U_{TH}时，与非门G_2跳变为高电平，电路结束暂稳态。

如果非门G_1和与非门G_2均为CMOS门，则暂稳态持续时间为

$$t_W = RC\ln \frac{u_C(\infty) - u_C(0^+)}{u_C(\infty) - U_T} = RC\ln \frac{0 - V_{DD}}{0 - \frac{1}{2}V_{DD}} = RC\ln 2 \approx 0.69RC$$

4）恢复阶段：暂稳态结束后，在反相器G_1的触发脉冲高电平消失之前，电容C继续放电。直到u_1变为低电平，u_{O1}变为高电平，电容C转入充电状态，通过u_{O1}、R、C到地形成充电回路，当电容C的电压上升到u_{O1}，电路回到真正的稳态，这段充电的时间称为恢复时间t_{re}，通常取

$$t_{re} = (3 \sim 5)(R + R_{ON})C$$

式中，R_{ON}是图6-15a中反相器G_1输出高电平时的输出电阻，$R_{ON} \ll R$。

需要注意，图6-15a电路为宽脉冲触发，u_1的高电平持续时间必须大于电路的暂稳态持续时间。

3. 集成单稳态触发器

用门电路构成的单稳态触发器虽然电路简单，但输出脉宽的稳定性差，调节范围小，触发方式单一。单稳态触发器的应用十分普遍，在 TTL 和 CMOS 电路的集成产品中，已生产出单片集成单稳态触发器。根据电路及工作状态不同，集成单稳态触发器可分为可重复触发和不可重复触发两种类型。所谓的可重复触发是指单稳态触发器在暂稳态期间可接收新的触发信号，重新开始新的暂稳态过程；不可重复触发是指单稳态触发器在暂稳态期间不可接收新的触发信号，或者说，即使有新的触发信号到来，正在进行的暂稳态过程不受影响，会照常进行，直至结束为止。

（1）**不可重复触发单稳态触发器 74121** 74121 是一种典型的不可重复触发的单稳态触发器，其引脚排列图和逻辑功能示意图如图 6-16 所示。它是在普通微分型单稳态触发器的基础上附加输入控制电路和输出缓冲电路而形成的。其功能表见表 6-2。图 6-17 为其工作波形。

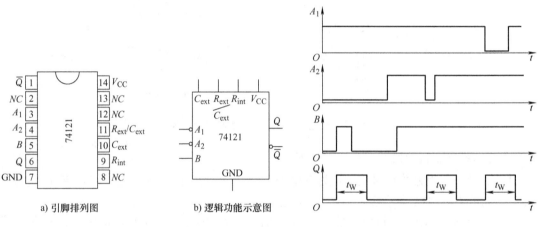

图 6-16　集成单稳态触发器 74121　　　　图 6-17　集成单稳态触发器 74121 工作波形

表 6-2　集成单稳态触发器 74121 的功能表

输　入			输　出		说明
A_1	A_2	B	Q	$\overline{Q}$	
0	×	1	0	1	保持稳态
×	0	1	0	1	
×	×	0	0	1	
1	1	×	0	1	
1	⤵	1	⊓	⊔	下降沿触发
⤵	1	1	⊓	⊔	
⤵	⤵	1	⊓	⊔	
0	×	⤴	⊓	⊔	上升沿触发
×	0	⤴	⊓	⊔	

图 6-18 是集成单稳态触发器 74121 外部连接典型电路,其中,图 6-18a 为下降沿触发,使用外接电阻 R_{ext},计算脉冲宽度公式为

$$t_W = 0.69 R_{ext} C_{ext}$$

R_{ext} 的取值在 2 ~ 30kΩ 之间,C_{ext} 的取值在 10pF ~ 10μF 之间,因此得到的 t_W 的范围为 20ns ~ 200ms。

图 6-18b 为上升沿触发,使用内部电阻 R_{int},R_{int} 的阻值约为 2kΩ,所以在希望得到较宽的输出脉冲时,还是需要外接电阻。

在定时时间 t_W 结束后,定时电容 C_{ext} 有一段充电恢复时间 t_{re},如果在此恢复时间内有输入触发脉冲,电路可以被触发,但再次输出的脉冲宽度会小于规定的定时时间 t_W,使用时应该注意这个问题。

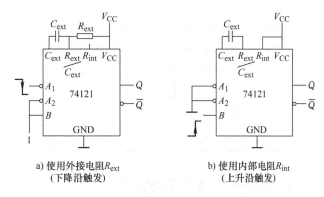

a) 使用外接电阻 R_{ext} (下降沿触发)　　b) 使用内部电阻 R_{int} (上升沿触发)

图 6-18　集成单稳态触发器 74121 外部连接典型电路

(2) 可重复触发单稳态触发器 74122
74122 是一种典型的可重复触发的单稳态触发器,其引脚排列图和逻辑功能示意图如图 6-19 所示,其功能表见表 6-3。74122 在恢复时间内有输入触发脉冲时,电路可以触发,并且输出的脉冲宽度不变,这是其相对于 74121 的一个优点。

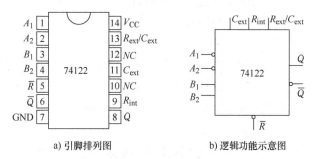

a) 引脚排列图　　b) 逻辑功能示意图

图 6-19　集成单稳态触发器 74122

表 6-3　集成单稳态触发器 74122 的功能表

输　入					输　出		说明
$\overline{R}$	A_1	A_2	B_1	B_2	Q	$\overline{Q}$	
0	×	×	×	×	0	1	复位
×	1	1	×	×	0	1	保持稳态
×	×	×	0	×	0	1	
×	×	×	×	0	0	1	
1	0	×	⤒	1	⊓	⊔	上升沿触发
1	0	×	1	⤒	⊓	⊔	
1	×	0	⤒	1	⊓	⊔	
1	×	0	1	⤒	⊓	⊔	
⤒	0	×	1	1	⊓	⊔	
⤒	×	0	1	1	⊓	⊔	

（续）

输　入					输　出		说明
$\overline{R}$	A_1	A_2	B_1	B_2	Q	$\overline{Q}$	
1	1	⌐	1	1	⊓	⊔	
1	⌐	⌐	1	1	⊓	⊔	下降沿触发
1	⌐	1	1	1	⊓	⊔	

6.3.4　单稳态触发器的应用

利用单稳态触发器在外加信号作用下由稳态转换到暂稳态，暂稳态维持一定时间后电路自动回到稳态的特点，可以将其用作波形的整形、定时和延时。实际应用中常见的红外控制水龙头、声控楼梯灯等都是单稳态电路的典型应用。

1. 脉冲整形

图 6-14b 中 u_I 波形虽然是矩形波，但是脉冲宽度不等，经过图 6-14a 单稳态触发器后，由于电路暂稳态脉冲宽度仅取决于电路自身的参数，t_W 是一个定值，因此，可以得到脉冲宽度相等的输出波形 u_O。

2. 定时和延时

利用单稳态电路输出脉冲宽度一定的特性，可以实现延时和定时作用。图 6-20a 所示的电路中，单稳态触发器的输出 u_P 作为与门的定时控制信号，当 u_P 为高电平时，也就是在 t_W 时间内，与门打开，$u_O = u_A$；当 u_P 为低电平时，与门关闭，输出为低电平 $u_O = 0$。电路工作的波形图如图 6-20b 所示，单稳态触发器起到了定时的作用。单稳态定时器还可以用于控制定时开关，如楼梯定时等。

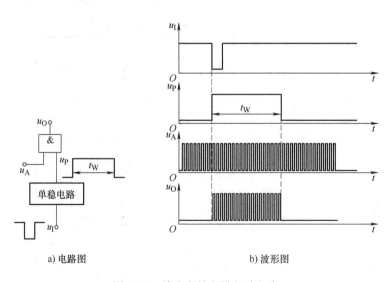

a) 电路图　　　　　　　　　　b) 波形图

图 6-20　单稳态触发器定时电路

观察图 6-20b 中 u_P 与 u_I 的波形，可以看到 u_P 的下降沿比 u_I 的下降沿延迟了 t_W 这段时间，也可以认为，单稳态触发器输出的脉冲宽度 t_W 反映了其延时特性。

✎ 自测题

1. ［多选题］关于 555 定时器构成的单稳态触发器，以下叙述正确的有（　　）。

A. 正脉冲触发　　　　　　　　　　　　B. 负脉冲触发

C. 暂稳态为高电平　　　　　　　　　　D. 暂稳态为低电平

2. ［单选题］555 定时器构成的单稳态触发器，其输出脉冲宽度为（　　）。

A. 0.69RC　　　　　B. 1.1RC　　　　　C. 1.4RC　　　　　D. 1.8RC

3. ［单选题］单稳态触发器从稳态翻转到暂稳态（　　）外加触发脉冲，从暂稳态翻转到稳态（　　）外加触发脉冲。

A. 需要，需要　　　B. 不需要，不需要　　　C. 需要，不需要　　　D. 不需要，需要

4. ［判断题］单稳态触发器可以将脉冲宽度不等的矩形波整形为脉冲宽度相等的矩形波。（　　）

5. ［单选题］单稳态触发器输出脉冲 t_W 与（　　）有关。

A. 电源电压 U_{CC}　　　B. 输入信号 u_I　　　C. 电路结构　　　D. 定时元件 RC

6.4　多谐振荡器

6.4多谐振荡器

本节思考问题：

1）多谐振荡器的特点是什么？有哪些应用？

2）555 定时器构成的多谐振荡器的电路是怎样的？如何计算振荡频率 f_0？如何改变其占空比？

3）门电路构成的多谐振荡器有哪些电路形式？

4）如果要求多谐振荡器的振荡频率非常稳定，应该选择怎样的电路形式？

6.4.1　多谐振荡器的特点

多谐振荡器又称无稳电路，主要用于产生各种方波或时间脉冲信号。它是一种自激振荡器，在接通电源之后，不需要外加触发信号，便能自动地产生矩形脉冲波。由于矩形脉冲波中含有丰富的高次谐波分量，所以习惯上又把矩形波振荡器称为多谐振荡器。

多谐振荡器的性能特点如下：

1）没有稳态，有两个暂稳态。

2）工作不需要外加信号源，只需要电源。

6.4.2　555 定时器构成的多谐振荡器

1. 电路组成

555 定时器构成的多谐振荡器如图 6-21a 所示，外接电阻 R_1、R_2 和电容 C，555 定时器的两个输入端 2 和 6 脚连接起来，接到电容 C 的上端，其电压为 u_C；放电端 7 脚（晶体管 VT_D 的集电极）接到电阻 R_1 和 R_2 中间。

2. 工作原理

电路没有外接输入信号，闭合电源后 V_{CC} 通过 R_1、R_2 对电容 C 充电，由于 $u_C < V_{CC}/3$，此时输出高电平，VT_D 截止。随着电容的充电，u_C 上升，一旦 $u_C > 2V_{CC}/3$，输出跳变为低电平，VT_D 导通，电容 C 通过 R_2 经 VT_D 放电。随着电容的放电，u_C 下降，一旦 $u_C < V_{CC}/3$，输出又跳变为高电平。周而复始，输出周期性脉冲信号。图 6-21b 所示为 555 定时器构成的多谐振荡器的工作波形图。

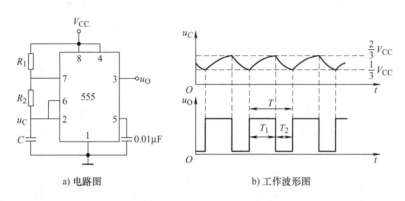

a) 电路图　　　　　　　　b) 工作波形图

图 6-21　555 定时器构成的多谐振荡器

3. 振荡频率

电容充电时间常数为：$\tau_1 = (R_1 + R_2)C$，$u_C(0^+) = \frac{1}{3}V_{CC}$，$u_C(\infty) = V_{CC}$，$U_T = \frac{2}{3}V_{CC}$，代入 RC 过渡过程公式，可求得电容的充电时间为

$$T_1 = \tau_1 \ln \frac{u_C(\infty) - u_C(0^+)}{u_C(\infty) - U_T} = (R_1 + R_2)C \ln \frac{V_{CC} - \frac{1}{3}V_{CC}}{V_{CC} - \frac{2}{3}V_{CC}} = (R_1 + R_2)C \ln 2 \approx 0.69(R_1 + R_2)C$$

电容放电的时间常数为

$$\tau_2 = R_2 C, \quad u_C(0^+) = \frac{2}{3}V_{CC}, \quad u_C(\infty) = 0, \quad U_T = \frac{1}{3}V_{CC}$$

代入 RC 过渡过程公式，可求得电容的放电时间为

$$T_2 = \tau_2 \ln \frac{u_C(\infty) - u_C(0^+)}{u_C(\infty) - U_T} = R_2 C \ln \frac{0 - \frac{2}{3}V_{CC}}{0 - \frac{1}{3}V_{CC}} = R_2 C \ln 2 \approx 0.69 R_2 C$$

因此，电路的振荡周期 T 为

$$T = T_1 + T_2 = (R_1 + 2R_2)C \ln 2 = 0.69(R_1 + 2R_2)C$$

电路的振荡频率 f 为

$$f = \frac{1}{T} = \frac{1}{0.69(R_1 + 2R_2)C}$$

可以看到，多谐振荡器的振荡频率取决于充放电电阻和电容，改变电阻和电容的值，可以改变频率。另外，也可以通过改变 5 脚的外部电压 V_{CO}，从而改变 U_T 的值，来达到改变

振荡频率的目的。

4. 占空比可调的多谐振荡器

占空比表示脉冲宽度与脉冲周期的比值，多谐振荡器的占空比可以写为

$$q = \frac{T_1}{T} = \frac{0.69(R_1 + R_2)C}{0.69(R_1 + 2R_2)C} = \frac{R_1 + R_2}{R_1 + 2R_2}$$

可以看到，占空比 q 总是大于 50%，因此，图 6-21a
电路输出的不是方波信号，因为充电时间常数和放电时间常数不相等。要想调节占空比，可以考虑改变充电和放电通路。图 6-22 利用二极管的单向导电性，将充电和放电回路隔离开，电容充电回路是 $V_{CC} \to R_A \to VD_1 \to C \to$ GND，电容放电回路是 $C \to VD_2 \to R_B \to VT_D$（7 脚），其占空比为

$$q = \frac{R_A}{R_A + R_B}$$

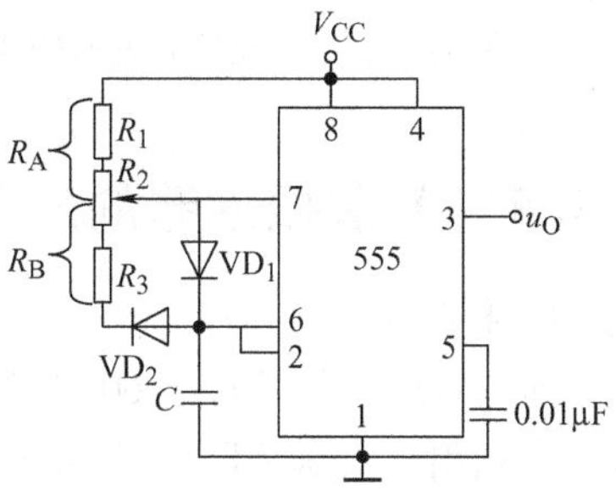

图 6-22 占空比可调的多谐振荡器

通过调节电位器 R_2 来改变电路的充放电时间常数，如果调节 R_2 使得 $R_A = R_B$，则占空比 $q = 50\%$，此时电路输出为方波。

6.4.3 门电路构成的多谐振荡器

用门电路构成的多谐振荡器有多种形式的电路，如图 6-23 所示。

图 6-23a 为对称式多谐振荡器，图 6-23b 为非对称式多谐振荡器，其振荡频率均与 R_F 和 C 有关。图 6-23c 为环形振荡器，它是将奇数个反相器首尾相连而构成的，这种电路是利用门电路的传输延迟负反馈产生振荡的，其振荡频率与门电路的传输延迟时间 t_{pd} 有关，近似估算其振荡周期为 $T = 2nt_{pd}$。

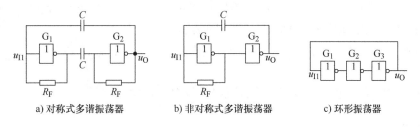

a) 对称式多谐振荡器 b) 非对称式多谐振荡器 c) 环形振荡器

图 6-23 门电路构成的多谐振荡器

另外，还可以用施密特触发器构成多谐振荡器，如图 6-24a 所示，图 6-24b 是占空比可调的多谐振荡电路，改变 R_1 的阻值就可以改变输出脉冲波形的占空比。

另外当对多谐振荡器的振荡频率稳定性有严格要求时，往往采用石英晶体多谐振荡器。图 6-25 将石英晶体与对称式多谐振荡器的耦合电容串联起来，就构成了石英晶体多谐振荡器，此时的振荡频率等于石英晶体谐振频率。石英晶体具有极高的频率稳定性，足以满足大多数数字系统对频率稳定度的要求。

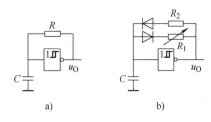

图 6-24　施密特触发器构成的多谐振荡器

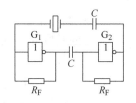

图 6-25　石英晶体多谐振荡器

6.4.4　多谐振荡器的应用

1. 秒脉冲产生

前一章中我们设计了 60s 计数器，在这个电路中的 CLK 应该输入一个周期为 1s 的脉冲信号，利用多谐振荡器可以实现这个功能，如果想要频率稳定，可以采用图 6-25 电路，假设石英晶体的固有振荡频率为 4MHz，那么这个石英晶体多谐振荡器的输出频率 f_0 为 4MHz，这个频率很高，需要进行分频。

利用一片 74LS74，其内部有两个 D 触发器，可以对输出频率 f_0 进行 4 分频变成 1MHz，然后再利用十进制计数器（如 74LS90）进行 10 分频，经过 6 次 10 分频即可获得 1Hz 的方波信号作为秒脉冲信号。

2. 防盗报警电路

图 6-26 是一个防盗报警电路，由 555 定时器构成的多谐振荡器进行改进实现。电路中 a、b 两端由一根细铜丝连接，将此铜丝置于盗窃者必经之路，正常情况下，4 脚 $\overline{R}_D$ 通过铜丝与地连接，因此，多谐振荡器不振荡，输出始终为低电平，扬声器不会响。当盗窃者闯入室内将铜丝碰断后，4 脚 $\overline{R}_D$ 为高电平，多谐振荡器开始振荡，扬声器会发出报警声音。

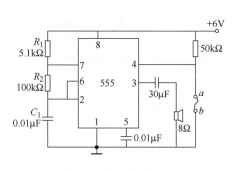

图 6-26　防盗报警电路

多谐振荡器的应用电路有很多，读者可以自行探究开发。

 自测题

1. ［单选题］多谐振荡器可以产生（　　）。

A. 正弦波　　　　　　　　B. 矩形波　　　　　　　C. 三角波　　　　　　　D. 锯齿波

2. ［单选题］施密特触发器有两个（　　），单稳态触发器有一个（　　），多谐振荡器有两个（　　）。

A. 稳态，稳态，稳态　　　　　　　　　　　B. 暂稳态，暂稳态，暂稳态

C. 暂稳态，稳态，稳态　　　　　　　　　　D. 稳态，稳态，暂稳态

3. ［单选题］为了获得频率稳定的脉冲波形，可以选择（　　）。

A. 施密特触发器　　　　　　　　　　　　　B. 单稳态触发器

C. 带石英晶体的多谐振荡器　　　　　　D. 触发器

4. ［判断题］多谐振荡器需要有输入信号，才能产生脉冲波形。（　　）

5. ［单选题］555 定时器构成的多谐振荡器输出脉冲频率 f 为（　　）。

A. $0.69(R_1 + 2R_2)C$

B. $0.69(R_1 + R_2)C$

C. $\dfrac{1}{0.69(R_1 + R_2)C}$

D. $\dfrac{1}{0.69(R_1 + 2R_2)C}$

☑ 项目实现

下面，完成本章开始时提出的"叮咚电子门铃的设计"项目。

设计思路：不同的频率对应不同的声音，所以要设计叮咚门铃，实际上是设计输出两个不同频率的振荡电路。可以用 555 定时器构成多谐振荡器，然后增加一个开关，使得开关断开和闭合时，分别产生不同的频率即可。

设计电路如图 6-27 所示，电路中增加了 VD_1、R_1 和 C_1，C_1 的上端接 555 定时器的 4 脚，当按钮 SB 没有按下时，C_1 两端电压为 0，4 脚相当于接地，555 定时器复位。当按钮 SB 按下时，给 C_1 充电，使得 C_1 上端的电位逐渐升高，当接近电源电压时，4 脚 $\overline{R}_D$ 为高电平，电路开始振荡。

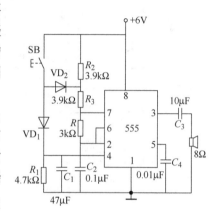

图 6-27　555 定时器构成的叮咚
电子门铃

按钮 SB 在按下状态，二极管 VD_2 导通，充电不经过 R_2，只经 R_3、R、C_2 充电，放电是 R 和 C_2，所以此时的振荡频率为

$$f_1 = \frac{1}{0.69(R_3 + 2R)C_2} = \frac{1}{0.69 \times (3.9 \times 10^3 + 2 \times 3 \times 10^3) \times 0.1 \times 10^{-6}}$$
$$= 1.47 \times 10^3 \text{Hz} = 1.47 \text{kHz}$$

松开开关时，充电时间由 R_2、R_3、R、C_2 决定，放电时间由 R 和 C_2 决定，频率为

$$f_2 = \frac{1}{0.69\ (R_2 + R_3 + 2R)\ C_2} = \frac{1}{0.69 \times\ (3.9 \times 10^3 + 3.9 \times 10^3 + 2 \times 3 \times 10^3)\ \times 0.1 \times 10^{-6}}$$
$$= 1.05 \times 10^3 \text{Hz} = 1.05 \text{kHz}$$

同时，C_1 通过 R_1 放电，C_1 上端的电位降为低电平时，4 脚 $\overline{R}_D = 0$，555 定时器停止振荡。

由此，扬声器发出了叮咚声音，并自动停止，实现了设计要求。图中的 R 如果选择可调电阻，则可以改变输出频率，从而改变门铃的声音。

🖐 仿真电路：叮咚电子门铃 Multisim 仿真

打开 Multisim 建立一个新文件，依次单击"元件库"→"Mixed"→"555_VIRTUAL"，

将555定时器放到电路图编辑区,在Basic中选取各种电阻、电容、开关,在Diodes中选取二极管,参考图6-27。连接仿真电路如图6-28所示,将虚拟仪器中的双踪示波器通过10μF接到555定时器的输出端。

运行电路,闭合开关SB,双击示波器,可以观测到图6-28所示波形,暂停电路运行,移动标尺,可测得脉冲波形的周期T_1为797.186μs,因此频率f_1为1.25kHz,和理论计算值比较,有误差。这是因为理论计算时把二极管看作是理想二极管,忽略了其内阻,但仿真时是把二极管内阻考虑在内的,因此,通过测周期计算的频率比理论计算值小了。

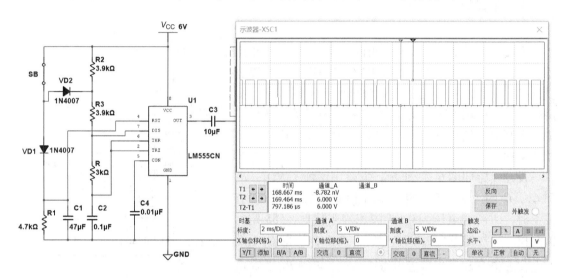

图6-28 叮咚门铃仿真开关闭合时的电路和波形

在电路运行过程中断开开关SB,双击示波器,可以观测到图6-29所示波形,暂停电路运行,移动标尺,可测得脉冲波形的周期T_2为961.313μs,因此频率f_2为1.04kHz,和理论计算值基本一致。

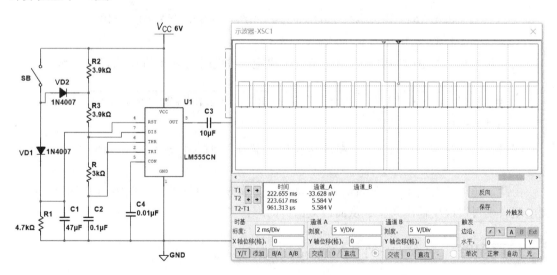

图6-29 叮咚门铃仿真开关打开时的电路和波形

本章小结

脉冲信号的产生和整形电路主要包括多谐振荡器、单稳态触发器和施密特触发器。多谐振荡器用于产生矩形波脉冲信号，单稳态触发器和施密特触发器主要用于对波形进行整形和变换，它们都是电子系统中经常使用的单元电路。

1. 555 定时器是一种多用途的集成电路，它把模拟电路和数字电路兼容在一起，只须外接少量阻容元件便可组成多谐振荡器、单稳态触发器和施密特触发器。此外，它还可以组成其他各种实用的电路。由于 555 定时器使用方便、灵活，有较强的带负载能力和较高的触发灵敏度，因此，它在自动控制、仪器仪表、家用电器等诸多领域都有广泛的应用。

2. 施密特触发器有两个稳态。它有两个阈值电压，具有回差特性。调节回差电压的大小，可改变输出脉冲的宽度。施密特触发器可以将非矩形波变换为矩形波，还可以实现脉冲整形、鉴幅等。

3. 单稳态触发器有一个稳态和一个暂稳态，可将输入触发脉冲变换为一定宽度的输出脉冲，输出脉冲的宽度（暂稳态维持时间）仅取决于电路本身的参数，而与输入触发信号无关。输入信号仅起触发作用，使单稳态电路进入暂稳态。改变 R、C 的参数值，可调节输出脉冲的宽度。单稳态触发器不仅可用于脉冲波形变换，还可以用作定时、延时等电路。

4. 多谐振荡器没有稳态，只有两个暂稳态。暂稳态间的相互转换完全是靠电路本身电容的充放电自动完成的。因此，无须外加触发信号，只要接通电源，就可以产生连续的矩形脉冲信号，常用作信号源。改变 R、C 定时元件数值的大小，可调节振荡频率。在振荡频率稳定性要求很高的情况下，可采用石英晶体振荡器。

思考与练习

6-1 判断图 6-30 所示电路中的 555 定时器构成何种应用电路？若 $V_{CC} = 12V$，求 U_{T+}、U_{T-} 及 ΔU_T 的值；当 $V_{CC} = 9V$、外接控制电压 $V_{CO} = 5V$ 时，求 U_{T+}、U_{T-} 及 ΔU_T 各为多少？

6-2 在图 6-30 电路中，若已知输入电压波形如图 6-31 所示，试画出输出电压波形。

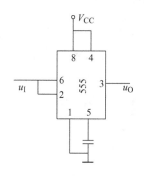

图 6-30 题 6-1 电路图

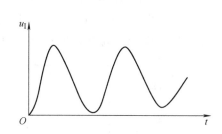

图 6-31 题 6-2 波形图

6-3 图 6-32 是用 555 定时器构成的一个单稳态触发器。

（1）已知电阻 $R = 11k\Omega$，要求电路的输出脉冲宽度是 1s，应选取多大的电容 C 合适？

（2）如果已知电容 $C = 6200\text{pF}$，要求电路的输出脉冲宽度是 $150\mu\text{s}$，应选取多大的电阻 R 合适？

6-4　在图 6-33 所示电路中，已知 $R_1 = R_2 = 5.1\text{k}\Omega$，$C = 0.01\mu\text{F}$，$V_{CC} = 12\text{V}$。试：

（1）判断 555 定时器构成何种电路？

（2）计算电路的振荡频率。

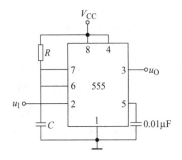
图 6-32　题 6-3 电路图

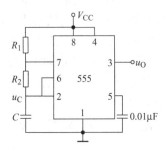
图 6-33　题 6-4 电路图

6-5　图 6-34a 是用两个集成单稳态触发器 74121 所组成的脉冲变换电路，外接电阻和外接电容的参数如图所示。试计算在输入触发信号 u_1 作用下 u_{O1}、u_{O2} 输出脉冲的宽度，并画出相对应的 u_{O1}、u_{O2} 的电压波形，已知 u_1 的波形如图 6-34b 所示。

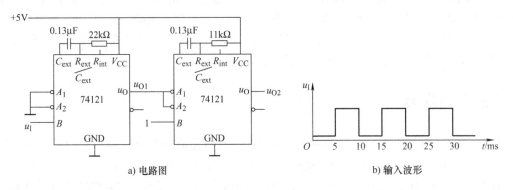

a) 电路图　　　　　　　　　　　　b) 输入波形

图 6-34　题 6-5 电路图和输入波形

6-6　图 6-35 是救护车扬声器发音电路。在图中给出的电路参数下，试计算扬声器发出声音的高、低频率以及高、低音的持续时间。已知当 $V_{CC} = 12\text{V}$ 时，555 定时器输出的高、低电平分别为 11V 和 0.2V，输出电阻小于 100Ω。

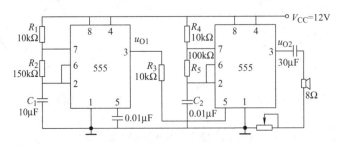
图 6-35　题 6-6 电路图

拓展链接： 中国超级计算机

我国的计算机行业起步并不算晚，通过学习苏联的计算机技术，1958年8月1日，我国第一台数字电子计算机诞生。进入20世纪70年代，我国对于超级计算机的需求日益激增，中长期天气预报、模拟风洞实验、三维地震数据处理，甚至于新武器的开发和航天事业都对计算能力提出了新的要求。为此，我国开始了对超级计算机的研发，并于1983年12月4日研制成功银河一号超级计算机。之后，我国继续成功研发了银河二号、银河三号、银河四号为标志的银河系列超级计算机，成为世界上少数几个能发布5至7天中期数值天气预报的国家之一，并于1992年研制成功曙光一号超级计算机。在发展银河和曙光系列同时，我国发现由于向量型计算机自身的缺陷，需要发展并行型计算机，于是我国开始研发神威超级计算机，并在神威超级计算机基础上研制了神威蓝光超级计算机。

2010年11月，经过技术升级的我国"天河一号"曾登上榜首，但此后被日本超算赶超。2013年6月，"天河二号"从美国超算"泰坦"手中夺得榜首位置，并在此后3年"六连冠"，直至2016年6月被我国"神威·太湖之光"取代。区别于"天河2号"采用的英特尔Xeon E5-2692v2 12核处理器，"神威·太湖之光"首次采用国产核心处理器"申威26010"。"申威26010"大小约$25m^2$，集成了260个运算核心，内置数十亿晶体管。每块"申威26010"运算能力为每秒3万多亿次，约等于20台家用计算机。目前，美国超算"顶点"超越"四连冠"的"神威·太湖之光"登顶。

中美两国在超级计算机领域"你超我赶"的形势仍在继续。超级计算机的"下一顶皇冠"将是E级超算，即每秒可进行百亿亿次运算的超级计算器。要实现这一目标，超算系统规模、扩展性、成本、能耗、可靠性等方面均面临挑战。

第 **7** 章

数/模和模/数转换

内容及目标

◆ 本章内容

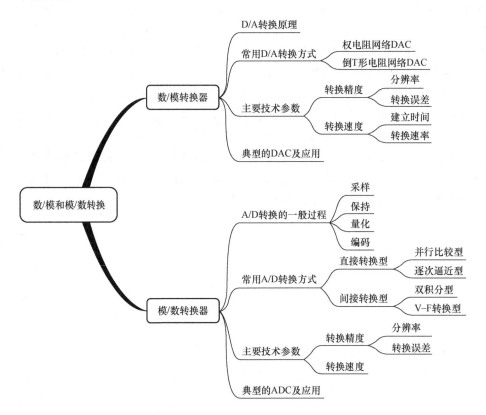

◆ 学习目标

1. 知识目标

1) 掌握数/模转换器（DAC）和模/数转换器（ADC）的定义及应用。

2) 了解 DAC 的组成，熟悉倒 T 形电阻网络 DAC 的工作原理。

3) 了解 A/D 转换过程，熟悉逐次逼近型 ADC、积分型 ADC 的工作原理。

4) 熟悉 DAC 和 ADC 的转换精度和转换速度的概念。

2. 能力目标

1）能够使用 DAC 设计实现数/模转换应用电路。

2）能够使用 ADC 设计实现模/数转换应用电路。

3. 价值目标

1）形成精益求精的学习和工作态度，以及辩证的思维方法。

2）形成创新意识和全局观念。

项目研究：锯齿波产生电路的设计

1. 任务描述

制作一个锯齿波发生器，输出波形满足图 7-1 所示的指标要求。

2. 任务要求

1）选用 DAC0832 和四位二进制加法计数器 74LS161 来实现。

2）画出总体电路图，并计算确定各参数。

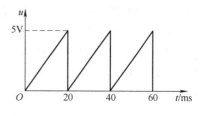

图 7-1 锯齿波波形图

知识链接

2021 年 6 月 27 日，国家航天局发布中国天问一号火星探测任务着陆和巡视探测系列实拍影像。祝融号火星车在火星表面移动过程的视频是人类首次获取火星车在火星表面的移动过程影像。这些影像资料的获取就需要用到数码相机，其内部有一个模/数转换器，将模拟信号进行数字化处理，才能传回地球。

由于数字电子技术的迅速发展，尤其是计算机在自动检测、自动控制等许多领域中的广泛应用，用数字电路处理模拟信号的情况更加普遍了。

为了能够使用数字电路处理模拟信号，必须将模拟信号转换成相应的数字信号，才能送到数字系统中进行处理。同时，往往还要求将处理后得到的数字信号再转换成相应的模拟信号输出。

将模拟信号转换为数字信号称为模/数转换（A/D 转换）。实现 A/D 转换的电路称为A/D 转换器，简写为 ADC（Analog-Digital Converter）。

将数字信号转换为模拟信号称为数/模转换（D/A 转换）。实现 D/A 转换的电路称为D/A 转换器，简写为 DAC（Digital-Analog Converter）。

7.1 数/模转换器（DAC）

本节思考问题：

1）什么是 D/A 转换？什么情况下需要 D/A 转换？

2）DAC 的主要技术参数有哪些？

3）分辨率是如何定义的？如何表示？如果输入 10 位数字量，其分辨率为多少？

4）倒 T 形电阻网络 DAC 由几部分构成？其输出电压如何表示？与权电阻网络 DAC 相比，它有哪些优点？

5）DAC0832 是几位的 DAC？有哪些工作方式？

7.1.1　D/A 转换原理及电路组成

1. D/A 转换原理

DAC 用于将数字信号转换成与该数字量成正比的模拟电压或模拟电流信号。D/A 转换框图如图 7-2a 所示，图中 n 位数字信号 D 经过 DAC 后输出模拟信号 u_O。n 位数字输入有 2^n 种二进制数字的组合，对应有 2^n 个模拟电流或电压值。一个 3 位 DAC 的理想传输特性如图 7-2b 所示。可以看出，转换后的模拟信号并不是连续的，其最小值由最低代码位（LSB）的权值决定。这个最小值通常称为量化单位，是信息所能分解的最小量，对于 n 位二进制代码，该值为满量程的 $1/(2^n-1)$。因此，数字代码的位数越多，对于同样的满量程输入，输出信号变化的台阶越小，输出信号越接近连续的模拟信号。

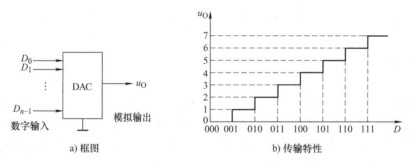

图 7-2　D/A 转换框图与理想传输特性

2. DAC 的电路构成

DAC 主要由模拟电子开关电路、电阻网络、求和电路及基准电压等部分组成，其电路结构如图 7-3 所示。

图 7-3　DAC 电路结构图

数字量的每位数码驱动对应数位上的电子开关，利用电阻网络得到相应数位权值送入求和电路，在求和电路中将各位权值相加，从而得到与数字量对应的模拟量。

DAC 按照电阻网络的不同，可以分为权电阻网络 DAC、倒 T 形电阻网络 DAC 等几种类型。

7.1.2 常用的 D/A 转换方式

7.1.2数/模转换
常用方式

1. 权电阻网络 DAC

图 7-4 所示为 4 位权电阻网络 DAC 的电路。它由权电阻网络 2^3R、2^2R、2^1R、2^0R，4 个模拟电子开关 S_3、S_2、S_1、S_0 和求和放大器组成。d_3、d_2、d_1、d_0 为二进制代码输入端（MSB 表示最高位，LSB 表示最低位），U_{REF} 为基准电压。

由图 7-4 可以看出，权电阻网络是 D/A 转换电路的核心，其电阻值与 4 位二进制数的权值成反比，每降低一位，电阻值增加一倍。

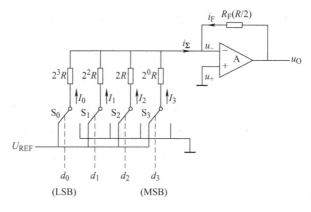

图 7-4　4 位权电阻网络 DAC

d_3、d_2、d_1、d_0 分别控制模拟电子开关 S_3、S_2、S_1、S_0 的工作状态。当第 i 位数字信号 $d_i = 1$ 时，开关 S_i 合向 1 端接到基准电压 U_{REF} 上，此时该支路中有电流；当 $d_i = 0$ 时，开关 S_i 合向 0 端而接地，此时该支路中无电流。因此，流入求和运算放大器的总电流为

$$i_\Sigma = I_0 d_0 + I_1 d_1 + I_2 d_2 + I_3 d_3 = \frac{U_{REF}}{2^3 R} d_0 + \frac{U_{REF}}{2^2 R} d_1 + \frac{U_{REF}}{2^1 R} d_2 + \frac{U_{REF}}{2^0 R} d_3$$

$$= \frac{U_{REF}}{2^3 R}(2^0 d_0 + 2^1 d_1 + 2^2 d_2 + 2^3 d_3)$$

若取反馈电阻 $R_F = R/2$，由于 $i_\Sigma = -i_F$，因此运算放大器的输出电压 u_O 为

$$u_O = i_F R_F = -i_\Sigma R_F$$

$$= -\frac{U_{REF} R_F}{2^3 R}(2^3 d_3 + 2^2 d_2 + 2^1 d_1 + 2^0 d_0)$$

$$= -\frac{U_{REF}}{2^4}(2^3 d_3 + 2^2 d_2 + 2^1 d_1 + 2^0 d_0)$$

对于 n 位权电阻网络 D/A 转换电路,则有

$$u_O = -\frac{U_{REF}}{2^n}(d_{n-1}2^{n-1} + d_{n-2}2^{n-2} + \cdots + d_1 2^1 + d_0 2^0) = -\frac{U_{REF}}{2^n}D_n$$

由此可见，输出电压与输入数字量成正比，从而实现了 D/A 转换。

【例7-1】 在图7-4所示的权电阻网络DAC中，已知基准电压为10V，试求：

（1）当输入数字量 $d_3d_2d_1d_0 = 0001$ 时，输出电压的值。

（2）当输入数字量 $d_3d_2d_1d_0 = 1000$ 时，输出电压的值。

（3）当输入数字量 $d_3d_2d_1d_0 = 1111$ 时，输出电压的值。

解： 根据DAC的输出电压表达式，可求出各输出电压值为

（1）$u_O = -\dfrac{10}{2^4} \times (0 \times 2^3 + 0 \times 2^2 + 0 \times 2^1 + 1 \times 2^0)\,\text{V} = -\dfrac{10}{2^4}\text{V} = -0.625\text{V}$

（2）$u_O = -\dfrac{10}{2^4} \times (1 \times 2^3 + 0 \times 2^2 + 0 \times 2^1 + 0 \times 2^0)\,\text{V} = -\dfrac{10}{2^4} \times 2^3\text{V} = -5\text{V}$

（3）$u_O = -\dfrac{10}{2^4} \times (1 \times 2^3 + 1 \times 2^2 + 1 \times 2^1 + 1 \times 2^0)\,\text{V} = -\dfrac{10}{2^4} \times 15\text{V} = -9.375\text{V}$

总结： 当输入的 n 位数字量全为0时，输出的模拟电压 $u_O = 0$；当输入的 n 位数字量全为1时，输出的模拟电压 $u_O = -\dfrac{2^n - 1}{2^n}U_{\text{REF}}$。所以 u_O 的取值范围是 $0 \sim -\dfrac{2^n - 1}{2^n}U_{\text{REF}}$。

权电阻网络DAC的优点是电路简单，速度较快；缺点是各个电阻的阻值相差很大，而且随着输入二进制代码位数的增多，电阻的差值也随之增加，难以保证对电阻精度的要求，这给电路的转换精度带来很大影响，同时也不利于集成化，因此在目前的集成电路中已很少采用这种DAC。

2. 倒T形电阻网络DAC

图7-5所示为4位 R–2R 倒T形电阻网络D/A转换电路。它主要由模拟电子开关 $S_0 \sim S_3$、R–2R 倒T形电阻网络、基准电压和求和运算放大器等部分组成。

为了分析方便，可将运算放大器近似看成是理想运算放大器，满足虚短（$u_+ \approx u_-$）和虚断（$i_\Sigma = i_F$）的条件，由此可将4位倒T形电阻网络DAC等效为如图7-6所示的简化电路。由该图可看出：从 A、B、C、D 各点往左看，对地等效电

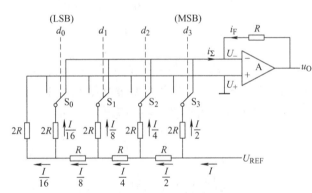

图7-5 4位 R–2R 倒T形电阻网络D/A转换电路

阻均为 R。因此，由基准电压 U_{REF} 流出的总电流 I 是固定不变的，其值恒为 $I = U_{\text{REF}}/R$，每经过一个节点，电流被分流一半。从数字量高位到低位的电流分别为

$$I_3 = \frac{1}{2}I = \frac{1}{2}\frac{U_{\text{REF}}}{R}, \quad I_2 = \frac{1}{4}I = \frac{1}{4}\frac{U_{\text{REF}}}{R}, \quad I_1 = \frac{1}{8}I = \frac{1}{8}\frac{U_{\text{REF}}}{R}, \quad I_0 = \frac{1}{16}I = \frac{1}{16}\frac{U_{\text{REF}}}{R}$$

流入运算放大器的总电流为

$$i_\Sigma = I_3d_3 + I_2d_2 + I_1d_1 + I_0d_0 = \frac{1}{2}Id_3 + \frac{1}{4}Id_2 + \frac{1}{8}Id_1 + \frac{1}{16}Id_0$$

$$= \frac{U_{\text{REF}}}{2^4R}(2^3d_3 + 2^2d_2^2 + 2^1d_1 + 2^0d_0)$$

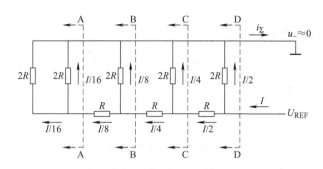

图 7-6 4 位倒 T 形电阻网络等效电路

运算放大器反馈电阻 $R_F = R$，因此其输出电压 u_O 为

$$u_O = i_F R = -i_\Sigma R = -\frac{U_{REF}}{2^4}(d_3 2^3 + d_2 2^2 + d_1 2^1 + d_0 2^0)$$

进一步推广，可到 n 位数字量的输出电压 u_O 为

$$u_O = -\frac{U_{REF}}{2^n}(d_{n-1} 2^{n-1} + d_{n-2} 2^{n-2} + \cdots + d_1 2^1 + d_0 2^0) = -\frac{U_{REF}}{2^n} D_n$$

4 位倒 T 形电阻网络 DAC 有如下特点。

1）电阻网络仅有 R 和 $2R$ 两种规格的电阻，这不仅简化了电阻网络，而且便于集成化。

2）倒 T 形电阻网络流过各支路的电流恒定不变，在开关状态转换时，不需要电流的建立时间，所以该电路的转换速度高，在集成 DAC 中被广泛应用。

【例 7-2】 如图 7-5 所示的倒 T 形电阻网络 DAC 中，设 $U_{REF} = -12V$，$R_F = R$，试分别计算 4 位和 8 位 DAC 输出的最大电压 U_{FSR}（输入数字量的所有位均为 1）和最小电压 U_{LSB}（输入数字量的最低位为 1，其余各位都为 0）。

解： 当 $d_{n-1} d_{n-2} \cdots d_1 d_0 = 11 \cdots 11$ 时，$U_{FSR} = -\frac{U_{REF}(2^n - 1)}{2^n}$。

当 $d_{n-1} d_{n-2} \cdots d_1 d_0 = 00 \cdots 01$ 时，$U_{LSB} = -\frac{U_{REF}}{2^n}$。

所以有

$$U_{FSR}（4 位） = -\frac{U_{REF}(2^4 - 1)}{2^4} = -\frac{-12 \times (2^4 - 1)}{2^4}V = 11.25V$$

$$U_{LSB}（4 位） = -\frac{U_{REF}}{2^4} = -\frac{-12}{2^4}V = 0.75V$$

$$U_{FSR}（8 位） = -\frac{U_{REF}(2^8 - 1)}{2^8} = -\frac{-12 \times (2^8 - 1)}{2^8}V = 11.95V$$

$$U_{LSB}（8 位） = -\frac{U_{REF}}{2^8} = -\frac{-12}{2^8}V = 0.047V$$

可以得到结论：DAC 的位数越多，其分辨最小输出电压的能力就越强，即分辨率越高。

7.1.3　DAC 的主要技术参数

为了保证数据处理结果的准确性，ADC 和 DAC 必须有足够的转换精度，另外为了适应过程控制和检测需求，ADC 和 DAC 必须有足够的转换速度。故转换精度和转换速度是 ADC 和 DAC 的主要性能指标。

1. 转换精度

在 DAC 中通常用分辨率和转换误差来描述转换精度。

（1）**分辨率**　分辨率用于表示 DAC 对输入微小量变化敏感程度的，定义为 DAC 模拟输出电压可能分成的等级数，从 $00\cdots00$ 到 $11\cdots11$ 全部 2^n 个不同的状态，给出 2^n 个不同的输出电压，位数越多，等级越多，意味着分辨率越高。所以在实际应用中，往往用输入数字量的位数表示 DAC 的分辨率。

7.1.3 DAC参数

另外也用 DAC 能够分辨出的最低位有效数字量 $00\cdots01$ 对应输出模拟电压 U_{LSB} 与最大数字量 $11\cdots11$ 对应输出满刻度电压 U_{FSR} 的比值，即

$$\text{分辨率} = \frac{U_{\mathrm{LSB}}}{U_{\mathrm{FSR}}} = \frac{1}{2^n - 1}$$

假设模拟电压满量程 U_{FSR} 为 10V，8 位 DAC 分辨率约为 0.004，可分辨输出最小电压为 40mV；10 位 DAC 分辨率约为 0.001，可分辨输出最小电压为 10mV。

（2）**转换误差**　转换误差是指 DAC 实际输出的模拟电压与理论输出模拟电压的最大偏差，常用百分比来表示。它是一个综合指标，包括零点误差、增益误差、非线性误差等，不仅与 DAC 的元器件参数、放大器的温漂有关，还与环境温度、分辨率等有关。

转换误差一般用最低有效位的倍数表示，通常要求 DAC 的转换误差小于 $U_{\mathrm{LSB}}/2$。

2. 转换速度

通常用建立时间来定量描述 DAC 的转换速度。建立时间 t_{set} 是指从输入的数字信号开始转换，到模拟输出电压（或电流）达到稳定值所需要的时间，也称转换时间。输入二进制数变化越大，建立时间越长。因此，通常用输入二进制数从全"0"变为全"1"的时间来衡量 DAC 的转换速度。转换时间越短，工作速度越快。

对于外接运算放大器的 DAC，运放的建立时间会成为 DAC 建立时间的主要因素。为了获得更快的转换速度，应该选择转换速率更快的运算放大器。

根据建立时间 t_{set} 的大小，DAC 可以分为超高速型（$t_{\mathrm{set}} < 0.01\mu s$）、高速型（$0.01\mu s < t_{\mathrm{set}} < 10\mu s$）、中速型（$10\mu s < t_{\mathrm{set}} < 300\mu s$）、低速型（$t_{\mathrm{set}} > 300\mu s$）等几种类型。

7.1.4　常用 DAC 器件及其应用

集成 DAC 在实际应用中不仅可以利用其电路输入、输出电量之间的关系构成数控电压源（电流源）、数字式可编程增益控制电路和波形产生电路，还常作为接口电路广泛应用于微型计算机系统电路中。集成 DAC 有很多种型号，这里介绍一下 DAC0832 和 AD7520。

1. DAC0832

（1）**DAC0832 的结构和引脚功能**　集成 DAC 通常是将倒 T 形电阻网络、模拟电子开关

等集成到一块芯片上，较多集成 DAC 不包含运算放大器。因此用 DAC 构成有关应用电路时，还需要外接运算放大器。

7.1.4 典型的 DAC

DAC0832 是比较常用的一种 8 位 DAC，它是采用 CMOS 工艺集成的 20 引脚双列直插式封装，输出为电流信号。其引脚排列图和结构框图如图 7-7a 所示。该系列产品还有 DAC0830、DAC0831 等，它们之间可以相互替代。

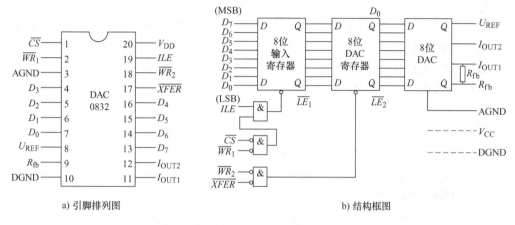

a) 引脚排列图　　　　　　　　　　　　　b) 结构框图

图 7-7　集成 DAC0832

1）结构原理。DAC0832 结构框图如图 7-7b 所示，输入数据 $D_0 \sim D_7$ 经输入寄存器和 DAC 寄存器两次缓冲，最后进行 D/A 转换。DAC 的输出是 I_{OUT1} 和 I_{OUT2}，$I_{OUT1} + I_{OUT2} = U_{REF}/R_{fb}$（常数）。当需要电压输出时，应外接运算放大器将电流转换成电压，R_{fb} 是片内电阻，为运算放大器提供反馈以保证输出电压在合适的范围内。

在 DAC0832 内部的两个 $\overline{LE}$ 信号为寄存器锁存命令。当 $\overline{LE}_1 = 0$ 时，$D_0 \sim D_7$ 上的数据锁存到输入寄存器中，不随输入变化；当 $\overline{LE}_1 = 1$ 时，输入寄存器的输出随输入变化而变化。同理，$\overline{LE}_2$ 为 DAC 寄存器的锁存控制信号，工作过程与此相同。

ILE 为高电平，$\overline{CS}$ 与 $\overline{WR}_1$ 同时为低电平时，$\overline{LE}_1 = 1$；$\overline{WR}_1$ 变为高电平，则 $\overline{LE}_1 = 0$。

$\overline{XFER}$ 与 $\overline{WR}_2$ 同时为低电平时，$\overline{LE}_2 = 1$；将 $\overline{WR}_2$ 变为高电平，则 $\overline{LE}_2 = 0$。

要完成 8 位的 D/A 转换工作，只要使 $\overline{XFER} = 0$，$\overline{WR}_2 = 0$（即 DAC 寄存器为不锁存状态），$ILE = 1$，然后在 $\overline{CS}$ 与 $\overline{WR}_1$ 端接负脉冲信号即可完成一次转换；或者使 $\overline{WR}_1 = 0$，$\overline{CS} = 0$，$ILE = 1$（即输入寄存器为不锁存状态），然后在 $\overline{XFER}$ 与 $\overline{WR}_2$ 端接负脉冲信号，也可达到同样的目的。

2）引脚功能。

$\overline{CS}$：片选信号，低电平有效。

ILE：输入锁存允许信号，高电平有效。

$\overline{WR}_1$：输入寄存器数据选通信号，低电平有效。

$\overline{WR}_2$：DAC 寄存器数据传送选通信号，低电平有效。

$\overline{XFER}$：数据传送控制信号，低电平有效。

$D_0 \sim D_7$：8 位输入数据信号。

U_{REF}：基准电压输入端，电压范围为 $-10 \sim 10V$。

R_{fb}：反馈电阻输入端。

I_{OUT1}：电流输出 1 端，在 DAC 的电流输出转换为电压输出时，该端应和运放的反相端连在一起。

I_{OUT2}：电流输出 2 端，在 DAC 的电流输出转换为电压输出时，该端应和运放的同相端连在一起，共同接地。

当 DAC 寄存器内容全为 1 时，I_{OUT1} 最大。

当 DAC 寄存器内容全为 0 时，$I_{OUT1} = 0$，I_{OUT1} 最小。

当 DAC 寄存器内容为 N 时，$I_{OUT1} = \dfrac{N}{2^8} \cdot \dfrac{U_{REF}}{R_{fb}}$，$I_{OUT2} = \dfrac{U_{REF}}{R_{fb}} - I_{OUT1}$。

U_{CC} 为电源电压，范围为 $5 \sim 15V$，$15V$ 最佳。

AGND 和 DGND 分别为模拟地和数字地，一般连接在一起。

（2）DAC0832 的工作方式

1）直通方式。将 ILE 接高电平，$\overline{CS}$、$\overline{WR_1}$、$\overline{WR_2}$ 和 $\overline{XFER}$ 都接数字地，如图 7-8 所示，使 $\overline{LE_1} = \overline{LE_2} = 1$，即两者均为高电平，此时两个寄存器均处于直通放行状态，输入数据直接送入 8 位 DAC 进行 D/A 转换。这种方式可用于一些不采用微机的控制系统中。

2）单缓冲方式。

单缓冲方式适用于只有一路模拟量输出或有几路模拟量但不需要同时输出的场合。在这种方式下，DAC 寄存器处于常通状态，当需要 D/A 转换时，将 $\overline{WR_1}$ 接低电平，使输入数据经输入寄存器直接存入 DAC 寄存器中并进行转换。工作方式为单缓冲方式，即通过控制一个寄存器的锁存，达到使两个寄存器同时选通及锁存。

3）双缓冲方式。

首先 $\overline{WR_1}$ 接低电平，将输入数据先锁存在输入寄存器中；需要 D/A 转换时，再将 $\overline{WR_2}$ 接低电平，

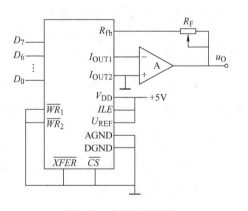

图 7-8 直通方式连接

将数据送入 DAC 寄存器中并进行转换。工作方式为双缓冲方式。双缓冲方式适用于同时使用多个 DAC0832，共用数据线，并要求多个 DAC0832 同时输出的场合。

2. AD7520

（1）AD7520 的结构和引脚功能 AD7520 是 10 位 CMOS 数模转换器，采用倒 T 形电阻网络，必须外接运算放大器，反馈电阻可采用片内电阻，其引脚排列图如图 7-9a 所示。

$D_0 \sim D_9$：10 位输入数据信号。

U_{REF}：基准电压输入端。

R_F：反馈电阻输入端。

I_{OUT1}：电流输出 1 端，在 DAC 的电流输出转换为电压输出时，该端应和运放的反相端连在一起。

I_{OUT2}：电流输出 2 端，在 DAC 的电流输出转换为电压输出时，该端应和运放的同相端连在一起，共同接地。

（2）**AD7520 的应用**　AD7520 的应用非常广泛，图 7-9b 所示为可编程增益控制放大器。AD7520 外接运算放大器，模拟电压输入 u_1 接到 AD7520 的基准电压输入端 U_{REF}，10 位数字量输入为 D_n（$d_9 \sim d_0$）。

$u_O = -\dfrac{U_{REF}}{2^n} D_n$，由于 $U_{REF} = u_I$，因此，$u_O = -\dfrac{u_I}{2^n} D_n$。

电压放大倍数 $A_u = \dfrac{u_O}{u_I} = -\dfrac{D_n}{2^n}$。

D_n 的取值范围为 000000000 ~ 111111111，也就是 $0 \sim 2^n - 1$。所以，电压放大倍数 A_u 可以在 $0 \sim -\dfrac{2^n - 1}{2^n}$ 范围内可调。如果在集成运放输出端和 AD7520 的 R_F 之间连接不同的电阻，也可以改变电压放大倍数 A_u。

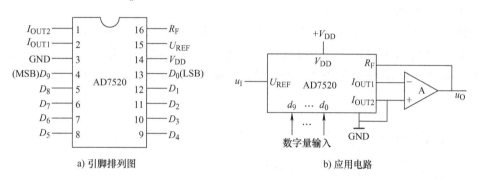

a) 引脚排列图　　　　b) 应用电路

图 7-9　AD7520 引脚排列图及应用电路

自测题

1. ［单选题］将数字信号转换为模拟信号应选择（　　）电路。

A. DAC　　　　　　B. ADC　　　　　　C. 施密特触发器　　　　D. 单稳态触发器

2. ［填空题］DAC 包括_____、_____、_____、_____四个部分。

3. ［多选题］DAC 的主要参数有（　　）。

A. 转换精度　　　　B. 基准电压　　　　C. 转换速度　　　　D. 分辨率

4. ［单选题］DAC 的分辨率取决于（　　）。

A. 输入数字量位数　　　　　　　　　B. 输出模拟电压 u_O 的大小

C. 基准电压 U_{REF} 的大小　　　　　　D. 最小输出电压变化量

5. ［多选题］以下关于 DAC0832 描述正确的是（　　）。

A. 8 位 DAC　　　　　　　　　　　B. 倒 T 形电阻网络

C. 内部包含集成运放　　　　　　　　D. 内部不包含集成运放

7.2 模/数转换器（ADC）

7.2.1 A/D 转换
过程及参数

本节思考问题：

1）什么是 A/D 转换？什么情况下需要 A/D 转换？

2）A/D 转换的一般过程是什么？

3）ADC 主要参数有哪些？ADC 的位数与分辨率有什么关系？

4）常用的 A/D 转换方式有哪些？

5）逐次逼近型 ADC 适用于什么场合？双积分型 ADC 适用于什么场合？

6）ADC0804 是什么类型的器件？它能转换成多少位的数字量？

7.2.1 A/D 转换的一般过程

为了将时间和幅值都连续变化的模拟信号转换成时间和幅值都离散变化的数字信号，A/D 转换通常按下面 4 个过程进行，首先对输入模拟信号进行采样、保持，再进行量化和编码。前两个过程在采样-保持电路中完成，后两个过程则在 A/D 转换电路中完成。

1. 采样-保持电路

所谓采样，就是将一个时间上连续变化的模拟信号 u_I 转化为时间上离散的采样信号 u_S。采样过程的实质就是将连续变化的模拟信号变成一串等距不等幅的脉冲。模拟信号的采样过程如图 7-10a 所示，其中 u_L 为采样脉冲信号，u_I 为输入模拟信号，u_S 为采样信号，u_O 为采样后保持信号。

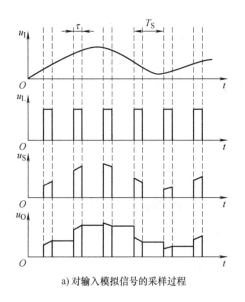

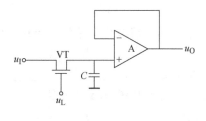

a) 对输入模拟信号的采样过程　　　　b) 采样-保持电路

图 7-10　采样过程及采样-保持电路

采样电路实质上是一个受控开关。在采样脉冲 u_L 有效期 τ 内，采样开关接通，使 $u_O = u_I$；在其他时间（$T_S - \tau$）内，输出 $u_O = 0$。因此，每经过一个采样周期，在输出端便得到输入信号的一个采样值。

为了保证采样后的输出信号 u_O 能用来表示输入模拟信号 u_I（即信号不失真），必须满足条件：

$$f_S \geq 2f_{imax}$$

式中，f_S 为采样频率；f_{imax} 为输入信号 u_I 中最高次谐波分量的频率。通常取 $f_S = (3 \sim 5) f_{imax}$ 即可满足要求，这一关系称为采样定理（取样定理）。

所谓保持，是指将采样后获得的模拟量保持一段时间，直到下一个采样脉冲到来为止，由于 A/D 转换需要一定的时间，每次采样完成后，应保持采样电压值在一段时间内不变，直到下次采样开始，所以采样之后应有保持电路。

采样与保持往往在同一电路中一次完成，这就是采样-保持电路，主要由采样开关、保持电容和缓冲放大器组成，如图 7-10b 所示。

在图 7-10b 中，场效应晶体管 VT 相当于采样开关。在取样脉冲 u_L 到来的时间 τ 内，开关接通，输入模拟信号 u_I 向电容器 C 充电，电容器 C 上的电压在时间 τ 内跟随 u_I 变化。采样脉冲结束后，开关断开，因电容的漏电很小且运算放大器的输入阻抗又很高，所以电容 C 上电压可保持到下一个采样脉冲到来为止。运算放大器构成电压跟随器，具有缓冲作用，以减小负载对保持电容器的影响。

2. 量化和编码

为了将模拟信号转换成数字信号，在 ADC 中必须将采样后的模拟量归并到与之最接近的 2^n 个离散电平中的某一个电平上，这个过程称为量化。将量化后的值转换为一定位数的二进制数值，以作为转换完成后输出的 n 位数字代码，这个过程称为编码。量化和编码是所有 ADC 中不可缺少的核心部分之一。

数字信号不仅在时间上是离散的，而且数值大小的变化也是不连续的。这就是说，任何一个数字量的大小只能是某个规定的最小数量单位的整数倍。所取的最小数量单位叫作量化单位，用 Δ 表示。数字信号最低有效位（Least Significant Bit，LSB）的"1"所代表的数量大小就等于 Δ，即模拟量量化后的一个最小分度值。由于模拟电压是连续的，它就不一定能被 Δ 整除，因而量化过程不可避免地会引入误差。这种误差称为量化误差。

量化误差的大小与转换输出的二进制代码的位数及基准电压 U_{REF} 的大小有关，还和量化电平的划分有关。例如，要求把 $0 \sim 1V$ 的模拟电压量化输出为 3 位二进制代码，可取基准电压 $U_{REF} = 1V$，然后将其平均分为 8 份，则量化单位 $\Delta = 1/8V$，并规定凡数值在 $0 \sim 1/8V$ 之间的输入模拟电压都用 0Δ 替代，输出的二进制数为 000；凡数值 $1/8 \sim 2/8V$ 之间的模拟电压都用 1Δ 代替，输出的二进制数为 001；依此类推。具体情况见表 7-1a 所示。可以看出，这种量化电平划分的最大量化误差可达 $\Delta = 1/8V$。

为了减小量化误差，通常采用表 7-1b 的改进方法划分量化电平。在这种划分量化电平的方法中，取量化电平处于每一段的中间，小于 $\Delta/2$ 则归并在本段对应的二进制码上，大于 $\Delta/2$ 则归并到高一段对应的二进制码上。取量化电平 $\Delta = 2/15V$，并规定 $0 \sim 1/15V$ 时，认为输入的模拟电压为 $0\Delta = 0V$，对应输出数字量为 000；$1/15 \sim 3/15V$ 时，认为输入的模拟电压为 $1\Delta = 2/15V$，对应输出数字量为 001；依此类推。如此每个输出的二进制数对应的模拟电压与其上下两个电平划分量之差的最大值为 $\Delta/2 = 1/15V$。由于使最大量化误差减少了一半，因此实际采用的往往都是这种方法。

表 7-1   划分量化电平的两种方法

(a) 量化误差大			(b) 量化误差小		
输入信号/V	二进制代码	代表的模拟电压/V	输入信号/V	二进制代码	代表的模拟电压/V
$7/8 \sim 1$	111	$7\Delta = 7/8$	$13/15 \sim 15/15$	111	$7\Delta = 14/15$
$6/8 \sim 7/8$	110	$6\Delta = 6/8$	$11/15 \sim 13/15$	110	$6\Delta = 12/15$
$5/8 \sim 6/8$	101	$5\Delta = 5/8$	$9/15 \sim 11/15$	101	$5\Delta = 10/15$
$4/8 \sim 5/8$	100	$4\Delta = 4/8$	$7/15 \sim 9/15$	100	$4\Delta = 8/15$
$3/8 \sim 4/8$	011	$3\Delta = 3/8$	$5/15 \sim 7/15$	011	$3\Delta = 6/15$
$2/8 \sim 3/8$	010	$2\Delta = 2/8$	$3/15 \sim 5/15$	010	$2\Delta = 4/15$
$1/8 \sim 2/8$	001	$1\Delta = 1/8$	$1/15 \sim 3/15$	001	$1\Delta = 2/15$
$0 \sim 1/8$	000	$0\Delta = 0$	$0 \sim 1/15$	000	$0\Delta = 0$

结论：量化级数分的越多，量化误差就越小，同时输出的数字量的位数也增多，电路变得更加复杂。因此应根据实际需要，来选择 ADC 的位数。

7.2.2   常用的 A/D 转换方式

ADC 的种类很多，具体划分如图 7-11 所示。

7.2.2 常用 A/D 转换方式

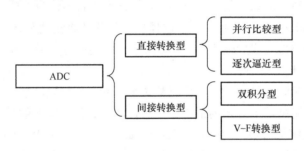

图 7-11   ADC 的分类

直接转换型 ADC 可将模拟信号直接转换为数字信号，这类 ADC 的转换速度较快；间接转换型 ADC 先将模拟信号转换为某一中间量，再将此中间量转换为数字量输出，这类 ADC 的转换速度较慢。

1. 直接转换型 ADC

直接转换型 ADC 主要有并行比较型和逐次逼近型。并行比较型转换速度最快，但是转换精度不会很高，因为转换精度越高，其电路会越复杂。逐次逼近型在小于 12 位时具有转换速度较高、功耗较低、价格较便宜的特点，因此被广泛应用。下面着重介绍逐次逼近型 ADC。

（1）逐次逼近型 ADC 原理   逐次逼近型 ADC 是一种反馈比较型转换电路，其结构框图如图 7-12 所示，主要包括电压比较器、逐次逼近寄存器、控制逻辑电路和 DAC 组成。

电路的启动脉冲启动后，在第一个 CLK 作用下，控制逻辑电路将逐次逼近寄存器最高位置成 1，使其输出为 $100\cdots0$，经 D/A 转换为相应的模拟电压 u_0 后送至电压比较器与 u_1 进行比较。若 $u_1 > u_0$，最高位存 1，反之最高位存 0；第二个 CLK 到来时，次高位置 1，再经

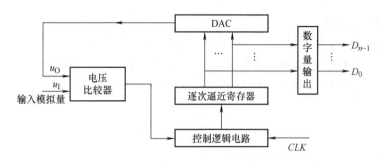

图 7-12　逐次逼近型 ADC 结构框图

D/A 转换为相应的模拟电压 u_O，由比较器再次比较，然后决定该位存 1 或存 0；依此类推进行比较，直至最低位为止。这样逐次逼近寄存器中的状态就是 u_I 转化后的输出数字量。

【例 7-3】　一个 4 位逐次逼近型 ADC，输入满量程电压为 5V，现加入的模拟电压 $u_I =$ 4.60V。求：①ADC 输出的数字量是多少？②转换误差是多少？

解：①第一步，使寄存器的状态为 1000，送入 DAC 后的输出模拟电压为

$$u_O = \frac{U_m}{2} = \frac{5}{2}\text{V} = 2.5\text{V}$$

因为 $u_O < u_I$，所以寄存器最高位的 1 保留。

第二步，寄存器的状态为 1100，由 D/A 转换后输出的电压为

$$u_O = \left(\frac{1}{2} + \frac{1}{4}\right)U_m = 3.75\text{V}$$

因为 $u_O < u_I$，所以寄存器次高位的 1 也保留。

第三步，寄存器的状态为 1110，由 D/A 转换后输出的电压为

$$u_O = \left(\frac{1}{2} + \frac{1}{4} + \frac{1}{8}\right)U_m = 4.38\text{V}$$

因为 $u_O < u_I$，所以寄存器第三位的 1 也保留。

第四步，寄存器的状态为 1111，由 D/A 转换后输出的电压为

$$u_O = \left(\frac{1}{2} + \frac{1}{4} + \frac{1}{8} + \frac{1}{16}\right)U_m = 4.69\text{V}$$

因为 $u_O > u_I$，所以寄存器最低位的 1 去掉，只能为 0。

故 ADC 输出的数字量为 1110。

② 转换误差为：$(4.60 - 4.38)\text{V} = 0.22\text{V}$

（2）逐次逼近型 ADC 的特点

1）具有较高的转换速度。逐次逼近型 ADC 的转换过程类似于用天平称物体的重量，但是所用的是一种二进制关系的砝码（砝码重量依次减半）。逐次逼近型 ADC 的速度与其位数和 *CLK* 的频率有关，位数越少，*CLK* 的频率越高，转换的速度就越快。

2）抗干扰性较差。逐次逼近型 ADC 是对输入模拟电压进行瞬时采样比较，如果输入电压上叠加了干扰信号，将会产生转换误差。

3）在低分辨率（小于 12 位）时其转换速度较高、功耗较低、价格较便宜，但需要高精度（大于 12 位）转换时，其电路较复杂，造价偏高。

2. 间接转换型 ADC

间接转换型 ADC 中最常用的是双积分型 ADC，属于电压-时间（V－T）变换型。

（1）双积分型 ADC 电路及工作原理 双积分型 ADC 的原理框图如图 7-13 所示，主要由积分器、过零比较器、时钟控制门和逻辑控制电路等部分组成。

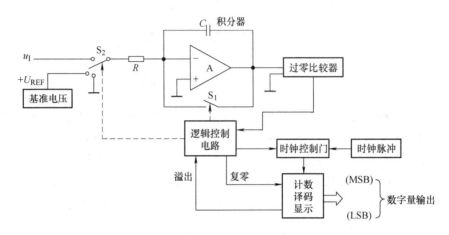

图 7-13 双积分型 ADC 的原理框图

双积分型 ADC 的特点是用同一积分器先后进行两次积分。第一次是对被测电压 u_I 的定时积分，第二次是对基准电压 U_{REF} 的定值积分，然后对两次积分进行比较。将 u_1 变换成与之成正比的时间间隔 T，并以 T 作为开门时间，对标准时钟脉冲进行计数，从而完成 A/D 转换。因此，这种 ADC 属于 V－T 变换式。

图 7-14 所示为双积分型 ADC 的工作波形图，其工作过程可分为如下 3 个阶段：

1）准备阶段（$t_0 \sim t_1$）。S_1 闭合，S_2 接地，使积分电容器 C 完全放电，为取样做准备。

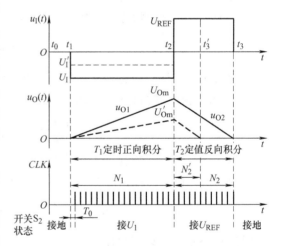

图 7-14 双积分型 ADC 工作波形

2）取样阶段（$t_1 \sim t_2$）。这个阶段也叫定时积分阶段。此时，S_1 断开，S_2 将积分器的输入端接输入电压 u_1，积分器对 u_1 定时积分（设正向充电）。经过预置时间 T_1，当计数器计数值为 $N_1 = 2^n$（t_2 时刻），计数器溢出脉冲使逻辑控制电路将 S_2 断开，定时积分结束。此时，积分器输出电压为

$$u_{O1} = -\frac{1}{RC} \int_{t_1}^{t_2} u_1 dt$$

t_2 时刻的输出电压为

$$U_{Om} = -\frac{T_1}{RC} u_1$$

可见，积分器的输出电压正比于被测电压 u_1。因为 $t_1 \sim t_2$ 区间是定时积分，u_{O1} 的斜率由 u_1 决定，u_1 越大，其斜度越大，U_{Om} 值则越高。当 u_1 减小（如减小为 u_1' 时），其顶点下降为以 U_{Om}'，如图 7-14 中的虚线所示。

3）比较阶段（$t_2 \sim t_3$）。

这个阶段也叫作定值积分阶段。此时，S_1 仍断开，S_2 打在与 u_1 极性相反的基准电压 U_{REF}（恒定值）处，积分器对 U_{REF} 反向积分。当积分器输出电压下降为零（t_3 时刻），逻辑控制电路控制计数器停止计数。此时，计数器计数值为 N_2，计数器所存的数字就是转换结果。

到 t_3 时刻积分器输出电压 $u_{O2} = 0$，获得的时间间隔为 T_2，在此期间输出电压为

$$u_{O2} = U_{Om} + \left(-\frac{1}{RC} \int_{t_2}^{t_3} U_{REF} dt \right)$$

t_3 时刻的输出电压为

$$u_{O2} = 0 = U_{Om} - \frac{T_2}{RC} U_{REF}$$

由 $t_1 \sim t_2$ 取样阶段的结论，可得

$$\frac{T_1}{RC} u_1 = \frac{T_2}{RC} U_{REF}$$

即

$$T_2 = \frac{T_1}{U_{REF}} u_1$$

若计数器在 T_1、T_2 时间间隔内的计数值分别为 N_1、N_2，计数器的时钟脉冲 CLK 周期为 T_C，故 $T_1 = N_1 T_C$，$T_2 = N_2 T_C$，则

$$N_2 = \frac{N_1}{U_{REF}} u_1 = \frac{2^n}{U_{REF}} u_1$$

双积分型 ADC 完成一次转换所需时间为

$$T = T_1 + T_2 = N_1 T_C + N_2 T_C = (2^n + N_2) T_C$$

（2）双积分型 ADC 的特点

1）抗干扰能力强。由于双积分型 ADC 在 T_1 时间采用的是输入电压 u_1 的平均值，对平均值为 0 的交流噪声有很强的抑制能力。如果积分时间是交流电网电压周期的整数倍，则可以基本消除电网的工频干扰。

2）工作性能稳定。由上面的公式可知，计数脉冲值 N_2 仅与参考电压 U_{REF} 和输入电压 u_1 相关，只要 U_{REF} 稳定，就能保证转换精度。R、C 的值以及时钟周期 T_C 在长时间发生的缓慢变化不会影响转换精度。因此可以选用精度比较低的元器件制成精度很高的双积分型 ADC。

3）工作速度低。完成一次转换需要时间为 $(2^n + N_2) T_C$。

双积分型 ADC 常用于高精度、低速度的场合，适用于对直流或缓慢变化的信号进行转换，如各种数字式仪表大都采用这种 ADC。

7.2.3 ADC 的主要技术参数

1. 转换精度

（1）**分辨率** 分辨率是指 ADC 输出数字量的最低位变化一个数码所对应输入模拟量的

变化范围。如输入最大模拟量为 15V，对于 8 位 ADC，其分辨率为 $15V/2^8 = 58.59mV$；而对于 12 位 ADC，其分辨率为 $15V/2^{12} = 3.66mV$。可见，位数越多，分辨最小模拟电压的值越小，分辨率就越高。

（2）**转换误差** 转换误差是指 ADC 实际输出数字量与理论输出数字量之间的最大差值，通常用最低有效位（LSB）的倍数来表示。如相对精度不大于 LSB/2，就表示实际输出数字量与理论输出数字量之间的误差小于最低有效位的半个字。

2. 转换速度

转换速度指 ADC 完成一次转换所需的时间，转换速度由 ADC 的类型决定。并联比较型 ADC 的转换速度最快，可以达到 10ns；逐次逼近型 ADC 的转换速度较快，在 50μs 左右；双积分型 ADC 速度最慢，约为数十毫秒。

7.2.4 常用 ADC 器件及其应用

集成 ADC 种类较多，现已生产出的有单片型和混合集成型，具有很高的技术指标。常用集成 ADC 逐次逼近型的有 ADC0804、ADC0809 等，双积分型的有 CC14433 等。下面着重介绍 ADC0804。

1. ADC0804 的引脚功能

ADC0804 是采用 CMOS 工艺的 8 位逐次逼近型 ADC，它具有 20 个引脚，采用双列直插式（Dual In-line Package，DIP）封装，其引脚排列图如图 7-15 所示。

各主要引脚功能说明如下。

$\overline{CS}$、$\overline{RD}$、$\overline{WR}$：分别是片选、读、写数字控制输入端，均为低电平有效。当 $\overline{CS}$ 和 $\overline{WR}$ 同时为低电平时，允许 ADC 开始工作；$\overline{CS}$、$\overline{RD}$ 用来读取 ADC 的结果，当它们同时为低电平时，输出 $D_0 \sim D_7$ 各端上输出 8 位并行二进制数码。

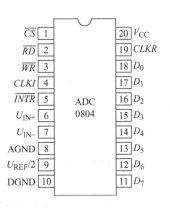

图 7-15 ADC0804 引脚排列图

$CLKI$、$CLKR$：频率输入/输出端。ADC0804 片内有时钟电路，只要在外部 $CLKI$ 和 $CLKR$ 两端外接一对电阻器、电容器即可产生 A/D 转换所要求的时钟，其振荡频率为：$f_{CLK} \approx 1/1.1RC$。若采用外部时钟，则外部 f_{CLK} 可从 $CLKI$ 端送入，此时不接 R、C。允许的时钟频率范围为 100 ～ 1460kHz。

$\overline{INTR}$：中断请求。转换期间为高电平，等到转换完毕时 $\overline{INTR}$ 会变为低电平，告知其他的处理单元已转换完成，可读取数字数据。

U_{IN+}、U_{IN-}：差动模拟信号输入端。输入电压 $U_{IN} = U_{IN+} - U_{IN-}$，通常使用 U_{IN+} 单端输入，而将 U_{IN-} 接地。

AGND、DGND：ADC 一般都有这两个引脚。模拟地 AGND 和数字地 DGND 分别设置引入端，使数字电路的地电流不影响模拟信号回路，以防止寄生耦合造成的干扰。

$U_{REF}/2$：参考电压 $U_{REF}/2$ 可以由外部电路供给，从 $U_{REF}/2$ 端直接送入。$U_{REF}/2$ 端电压值应是输入电压范围的 1/2，所以输入电压的范围可以通过调整 $U_{REF}/2$ 引脚处的电压加以改变，转换器的零点无须调整。

2. ADC0804 的工作性能

ADC0804 的性能指标具有以下特点：

1）高阻抗状态输出，输出为三态结构。

2）分辨率：8 位（0～255）。

3）存取时间：135μs。

4）转换时间：100μs。

5）总误差：1LSB。

6）工作温度：ADC0804C 为 0～70℃。ADC0804L 为 –40～85℃。

7）模拟输入电压范围：0～5V。

8）参考电压：2.5V。

9）工作电压：5V。

3. ADC0804 的应用举例

图 7-16 所示是 ADC0804 与微型计算机接口的典型应用电路。图中 4 脚和 19 脚外接电路与内部时钟电路共同形成电路时钟，其时钟频率为

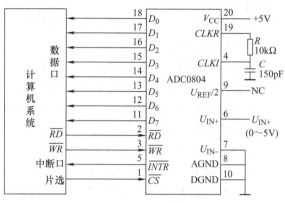

图 7-16 ADC0804 与微型计算机接口的典型应用电路

$$f_{CLK} \approx \frac{1}{1.1RC} = \frac{1}{1.1 \times 10 \times 10^3 \times 150 \times 10^{-12}} Hz = 606 kHz$$

电路的工作过程是：计算机给出片选信号 $\overline{CS}$（低电平）及写入信号 $\overline{WR}$（低电平），使 ADC 启动工作，当转换数据完成，转换器的 $\overline{INTR}$ 端向计算机发出低电平中断信号，计算机接收后发出读信号 $\overline{RD}$（低电平），则转换后的数据便出现在 $D_0 \sim D_7$ 数据端口上，并送入到计算机的数据口进行运算处理。

📝 自测题

1.［单选题］将模拟信号转换为数字信号应选择（　　）电路。

A. DAC　　　　　　　　　　　　B. ADC

C. 施密特触发器　　　　　　　　D. 单稳态触发器

2.［填空题］A/D 转换的一般步骤包括_____、_____、_____、_____。

3.［填空题］ADC 的位数越多，对模拟信号的分辨能力越_____。

4.［单选题］如果要求精度高、抗干扰能力强、转换速度较慢的场合，可以选择（　　）ADC。

A. 逐次逼近型　　　B. 双积分型　　　C. 并行比较型

5.［单选题］要求转换速度较高、功耗较低、体积较小、价格较便宜，应该选择（　　）ADC。

A. 逐次逼近型　　　　B. 双积分型　　　　C. 并行比较型

☑ **项目实现**

下面，完成本章开始时提出的"叮咚电子门铃的设计"项目。

设计思路：从设计要求的波形图可以看到，需要设计周期为20ms，幅值为5V的锯齿波信号。可以利用计数器重复性地产生一组逐渐增大的数字信号，然后经过D/A转换为模拟信号，即为周期性的锯齿波信号。

如果选择8位的DAC0832，需要8路数据输入，可以利用两片74LS161并行进位方式级联，8个输出端与DAC0832的8个输入端连接，DAC0832设置为直通方式。由于DAC0832为电流输出，所以输出端要加一个运放741，并且接好反馈线。此时，计数器能够产生2^{16}个状态，D/A转换后就可以得到256个点构成的锯齿波信号。

电路图如图7-17所示。在这个电路中，CLK的频率$f_0 = 12.8$kHz，即$T_0 = 0.078$ms。两个74LS161构成$16 \times 16 = 256$进制计数器。DAC0832为直通工作方式，输出为256个点构成的锯齿波，其周期为：$T = 0.078 \times 256$ms≈ 20ms。

最大输出电压为

$$U_{\text{FSR}} = \frac{U_{\text{REF}}}{2^8}(2^7 + 2^6 + 2^5 + 2^4 + 2^3 + 2^2 + 2^1 + 2^0) = -\frac{-5}{2^8} \times (2^8 - 1)\,\text{V} = 4.98\text{V}$$

此电路满足设计要求。

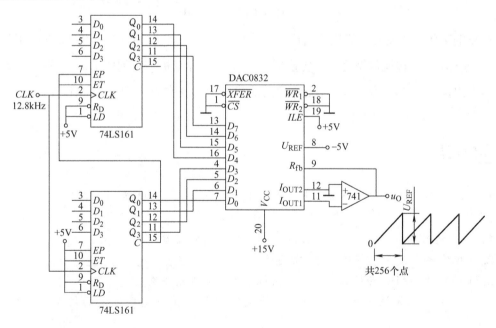

图7-17　锯齿波产生电路

✴ **仿真电路**：锯齿波产生电路Multisim仿真

连接仿真电路如图7-18所示，在Multisim中没有DAC0832这个集成块，可以在元器件工具栏中找 Mixed→ADC_DAC 中选择 VDAC8，这是一个电压输出 8 路数据输入的 DAC。由于此模块为电压输出，可以直接得到输出电压，不需要再接集成运放。我们用示波器观测输出波形，时基标度为 10ms/Div（每格），观测到一个周期占了两格，正好 20ms。把示波器中通道 A 刻度调为 5V/Div，观测到波形最大值正好一格 5V，满足设计要求。

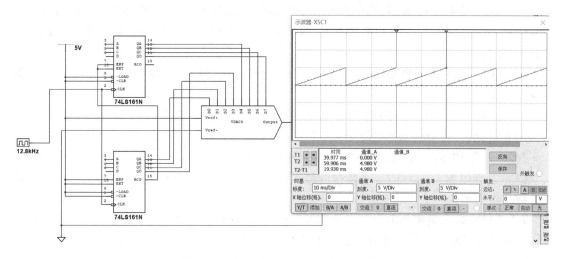

图 7-18 锯齿波产生电路仿真及波形图

本章小结

1. A/D 转换器和 D/A 转换器集成芯片简称为 ADC、DAC，它们都是大规模集成芯片，在电子系统中被广泛应用。

2. DAC 可将数字量转换成模拟量，其电路形式按其解码网络结构分为权电阻网络、权电流网络、T 形电阻网络、倒 T 形电阻网络等多种。其中以倒 T 形电阻网络应用较广。由于其支路电流流向运放反相端时不存在传输时间，因而具有较高的转换速度。

3. ADC 可将模拟量转换成数字量，按其工作原理可分为直接型和间接型。直接型典型电路有并行比较型、逐次比较型，特点是工作速度快，但精度不高。间接型典型电路为双积分型和电压频率转换型，特点是工作速度较慢，但抗干扰性能较好。

4. 以 DAC0832 和 ADC0804 为例，重点掌握单片集成 DAC 和 ADC 的外特性及其使用方法。随着电子技术的不断发展，高精度、高速度的 ADC 和 DAC 集成芯片层出不穷，极大地方便了各种应用。

5. 通过锯齿波产生电路设计的装调训练，进一步熟悉 DAC0832 等器件的功能，从而掌握实用电子产品的制作方法，为学习单片机技术、检测技术等打下良好的基础。

思考与练习

7-1 填空题

（1）计算机只能接收和处理_____信号，也只能输出_____信号。

(2) A/D 转换分为_____和_____两种类型。

(3) 在 ADC 中，抗干扰能力最强的是_____型。

(4) 模拟信号最高频率分量 $f = 20\text{kHz}$，对该信号采样时，最低采样频率应该为_____kHz。

7-2 在图 7-4 所示的权电阻网络 D/A 转换电路中，已知 $U_{\text{REF}} = -8\text{V}$，试计算当 $d_3 d_2 d_1 d_0 = 0001$、$d_3 d_2 d_1 d_0 = 0010$、$d_3 d_2 d_1 d_0 = 0100$、$d_3 d_2 d_1 d_0 = 1000$ 时，在输出端所产生的模拟电压值各为多少？

7-3 DAC 的输出电压范围为 $0 \sim 10\text{V}$，当 8 位数字量 $(10110110)_B$ 输入时，输出电压为多少？

7-4 某 8 位 D/A 转换电路可分辨的最小输出电压为 20mV，若输入数字量为 $(10000000)_B$ 时，相应的输出电压为多少？

7-5 一个 10 位逐次逼近型 ADC，其最小量化单位电压为 0.005V。试求：

(1) 基准电压 U_{REF}；(2) 可转换的最大模拟电压；(3) 若输入电压 $u_I = 3.568\text{V}$，其转换成数字量为多少？

7-6 ADC 输入的模拟电压不大于 10V，基准电压应为多大？如转换成 8 位二进制代码时，它能分辨最小的模拟电压有多大？如转换成 16 位二进制代码时，它能分辨最小的模拟电压有多大？

7-7 双积分型 ADC 的参考电压 $U_{\text{REF}} = 10\text{V}$，试问：

(1) 被转换电压的极性是正还是负？

(2) 被转换电压的最大值（绝对值）是否可以大于 10V？为什么？

🔍 拓展链接："天问一号"火星探测器

2020 年 7 月 23 日，我国在文昌发射基地成功发射"天问一号"火星探测器，开启了中国首个火星探测任务。2021 年 5 月 15 日，经过漫长的"奔火"和环绕火星的旅途后，我国火星探测任务天问一号探测器携"祝融号"首辆火星车在火星乌托邦平原南部预选着陆区着陆，在火星首次留下了中国印迹，并开展了科学研究。

天问一号环绕器搭载了 7 台有效载荷，用于火星科学探测，包括 7 个部分。

1）高分辨率相机：用于拍照火星表面重点区域精细观测图像，研究火星地形地貌和地质构造。

2）中分辨率相机：用于探测火星地形地貌及其变化，绘制火星全球遥感影像图。

3）火星矿物光谱探测仪：用于分析研究火星整体化学成分与化学演化历史、火星矿物组成与分布以及分析火星资源及其分布区。

4）次表层探测雷达：用于探测研究火星的内部结构、主要成分以及火星表面地形等。

5）火星磁强计：用于探测研究火星电离层和火星空间磁场环境等。

6）火星能量粒子分析仪：用于绘制火星全球和地火转移轨道不同种类能量粒子辐射的空间分布图，研究近火星空间环境和地火转移轨道能量粒子的能谱、元素成分和通量的特征及其变化规律。

7）火星离子与中性粒子分析仪：用于研究太阳风和火星大气相互作用、火星激波附近中性粒子加速机制，以及火星等离子体中的粒子特性等。

"祝融号"火星车要完成的科学探测任务有：火星巡视区形貌和地质构造探测，火星巡视区土壤结构（剖面）探测和水冰探查，火星巡视区表面元素、矿物和岩石类型探查，以及火星巡视区大气物理特征与表面环境探测。火星车搭载了6台科学载荷，包括：

1）次表层探测雷达：用于对火星地下一定深度进行探测，从而研究巡视区火星表层、次表层地质分层结构与组成类型。

2）地形相机：拍摄广角图片，指导火星车的移动并寻找感兴趣的目标（岩石/土壤等）；结合环绕器上搭载的高分辨率相机，将它们拍摄到的地面图像进行比对，可以校准火星表面的真实情况；为其他科学载荷寻找感兴趣的探测目标或区域。

3）多光谱相机：主要用途为获取着陆区及巡视区多光谱图像，进而进行火星表面物质类型分布的分析工作。滤光轮、调焦轮机构、星上在轨定标这三种新技术都是首次应用于我国深空探测。

4）火星气象测量仪：用于监测火星表面温度、压力、风场和声音等的时间和空间变化。在着陆之前，还可以在环火轨道上收集温度和声音数据。

5）火星表面成分探测仪：包括激光诱导击穿光谱仪（LIBS），短波红外光谱显微成像仪（SWIR）和微成像相机。LIBS（240～850nm）用于元素组成分析；SWIR（850～2400nm）用于矿物和岩石的分析和识别；微成像相机（900～1000nm）可以获得探测目标的高空间分辨率图像。

6）火星表面磁场探测仪：用于探测研究着陆区火星磁场、火星空间磁场和火星内部局部构造。

天问一号已经传回了火星探测任务着陆和巡视探测系列实拍影像，我国太空探索取得了新的成就。

第 **8** 章

半导体存储器与可编程逻辑器件

☑ 内容及目标

◆ 本章内容

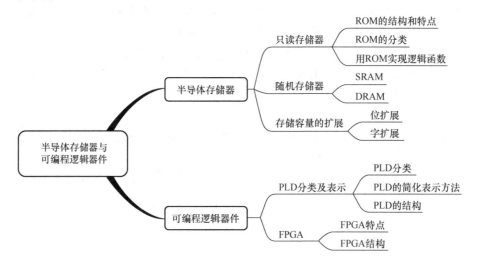

◆ 学习目标

1. 知识目标

1) 了解半导体存储器及其特点。

2) 了解可编程逻辑器件分类及特点。

2. 能力目标

1) 能够对存储容量进行扩展。

2) 会用 ROM 表示逻辑函数。

3. 价值目标

1) 了解集成电路的发展，建立创新意识。

2) 软硬结合，提升创新能力。

🌐 知识链接

前面主要介绍了中小规模的数字集成器件，本章将介绍两种类型的大规模集成器件：半导体存储器和可编程逻辑器件。

8.1 半导体存储器

本节思考问题：

1）什么是半导体存储器？有哪些分类？

2）ROM 有哪些特点？其结构包括哪几部分？有哪些分类？

3）存储容量是如何定义的？如何对存储容量进行扩展？

4）如何用 ROM 表示逻辑函数？

5）RAM 有哪些特点？其结构包括哪几部分？有哪些分类？

存储器种类很多，按照存储介质可以分为半导体存储器和磁性存储器，下面着重讨论半导体存储器。半导体存储器是一种能存储大量二值信息的半导体器件。半导体存储器属于大规模集成电路，它具有集成度高、体积小、外围电路简单、易于接口等特点，广泛应用于计算机和数字系统中，用来存储数据、运算程序和资料等。

计算机中全部信息，包括输入的原始数据、计算机程序、中间运行结果和最终运行结果都保存在存储器中。有了存储器，计算机才有记忆功能，才能正常工作。在计算机系统中往往采用三级层次结构来构成存储系统。一是主存储器，又叫内存，用于存放活动的程序和数据，其速度高、容量较小，价格较昂贵；二是辅助存储器，又叫外存储器，主要用于存放当前不活跃的程序和数据，其速度慢、容量大，价格较低；三是缓冲存储器，主要解决内存和外存之间速度不匹配的问题。

半导体存储器按存取方式可分为只读存储器（Read Only Memory，ROM）和随机存储器（Random Access Memory，RAM）；按制造工艺可分为双极型和 MOS 型。

8.1.1 只读存储器（ROM）

1. ROM 的结构和特点

（1）**ROM 的特点** ROM 在正常工作时只能读取信息，而不能写入信息。优点：电路结构简单，断电后数据不丢失，具有非易失性；缺点：只适用于存储固定数据的场合。

（2）**ROM 的结构** ROM 的电路结构框图如图 8-1 所示，它主要由地址译码器、存储矩阵和输出缓冲器组成。

地址译码器由与阵列构成，其作用是将输入的 n 位二进制地址代码 $A_0 \sim A_{n-1}$ 翻译为 2^n（$W_0 \sim W_{2^n-1}$）个相应的控制信号，也就是输出为地址线的 2^n 个最小项，每一条译码输出线 W_i 称为"字线"。当给定一组输入地址时，译码器只有一条输出字线被选中，该字线可以在存储矩阵中找到一个相应的存储单元，并将该单元中的 m 位信息 $d_0 \sim d_{m-1}$ 送至输出缓冲器。

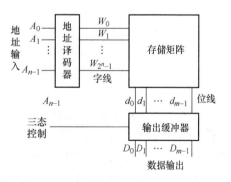

图 8-1 ROM 的电路结构框图

存储矩阵是存放信息的主体，它由许多存储单元排列组成，由或阵列构成。每一个存储单元能存放一位二进制代码（0 或 1），每一个或一组存储单元有一个对应的地址代码。存储矩阵可以由二极管构成，也可用双极型晶体管或 MOS 管构成。

输出缓冲器是 ROM 的数据读出电路，通常用三态门构成，它不仅可以实现对输出数据的三态控制，以便与系统总线连接，还可以提高存储器的负载能力。

在图 8-1 中，地址输入 $A_0 \sim A_{n-1}$ 称为地址线；地址译码器输出的每一个代码称为字，$W_0 \sim W_{2^n-1}$ 称为字线；存储矩阵的输出线称为位线，即数据 $d_0 \sim d_{m-1}$；存储器中所存储的二进制信息的总位数称为存储容量，也就是存储矩阵的大小。图 8-1 中有 n 位地址线，m 位数据线，因此，其存储容量为

$$存储容量 = 字线数 \times 位线数 = 2^n \times m \ 位$$

（3）**ROM 的工作原理**　图 8-2a 是具有两位地址输入码和 4 位数据输出的 ROM 电路，它的存储单元由二极管构成。A_1、A_0 为地址线，经地址译码器得到 4 条字线 $W_0 \sim W_3$。$d_0 \sim d_3$ 为位线（或数据线）。字线和位线的每一个交叉点都是一个存储单元，交叉点的数目就是存储单元数（存储容量）。图 8-2 中 ROM 的存储容量可表示成 $2^2 \times 4$ 位（或 4×4 位）。

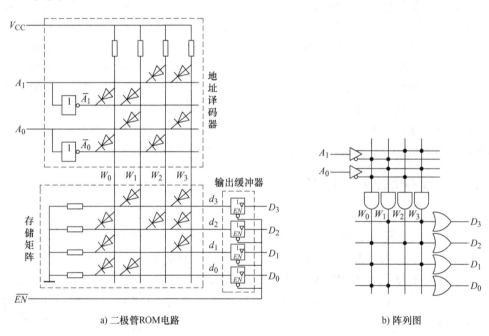

a) 二极管ROM电路　　　　　　　b) 阵列图

图 8-2　二极管 ROM 电路及其阵列图

工程上，常把图 8-2a 简化为图 8-2b 所示的阵列图，地址译码器相当于是与阵列，存储矩阵相当于是或阵列。在与阵列中的小圆点"·"表示各变量之间的与运算，或阵列中的小圆点"·"表示各最小项之间的或运算。可以看到，D_3 这根数据线有两个二极管导通，在图 8-2b 中是打了两个黑点，分别对应 W_1 和 W_3，因此，当 A_1A_0 为 01 和 11 时 D_3 为 1。同理，D_2 这根数据线有 3 个二极管导通，分别是 A_1A_0 为 00、10 和 11 时 D_2 为 1；当 A_1A_0 为 00 和 11 时 D_1 为 1；A_1A_0 为 00、01 时 D_0 为 1。可以得到表 8-1 所示的 ROM 存储的数据表。当 $\overline{EN} = 0$ 时，输出缓冲器将 $D_3D_2D_1D_0$ 数据送出，可以写出其表达式：

$$\begin{cases} D_3 = \overline{A}_1 A_0 + A_1 A_0 \\ D_2 = \overline{A}_1 \overline{A}_0 + A_1 \overline{A}_0 + A_1 A_0 \\ D_1 = \overline{A}_1 \overline{A}_0 + A_1 A_0 \\ D_0 = \overline{A}_1 \overline{A}_0 + \overline{A}_1 A_0 \end{cases}$$

表 8-1　图 8-2 ROM 存储的数据表

地 址		数 据			
A_1	A_0	D_3	D_2	D_1	D_0
0	0	0	1	1	1
0	1	1	0	0	1
1	0	0	1	0	0
1	1	1	1	1	0

【例 8-1】　某台计算机的内存储器设置有 32 位的地址线，16 位并行数据输入/输出端，试计算它的最大存储量是多少？

解： 存储器的最大存储量为 $2^{32} \times 16$ 位 $= 68.7 \times 10^9$ 位 $= 68.7$G 位

2. ROM 的分类

ROM 的编程是指将信息存入 ROM 的过程。根据编程和擦除方法的不同，ROM 可分为掩膜 ROM、可编程 ROM 和可擦除可编程 ROM 三种类型。

(1) **掩膜 ROM**　掩膜 ROM 中存放的信息是由生产厂家采用掩膜工艺专门为用户制作的，这种 ROM 出厂时其内部存储的信息就已经"固化"在里边了，所以也称为固定 ROM。它在使用时只能读出，而不能写入，因此通常只用来存放固定数据、固定程序和函数表等。这种方法适合大批量产品的生产。

(2) **可编程 ROM**（PROM）　PROM 在出厂时，存储的内容为全 0（或全 1），用户根据需要，可将某些单元改写为 1（或 0）。这种 ROM 采用熔丝（反熔丝）或 PN 结击穿的方法编程，由于熔丝烧断或 PN 结击穿后无法再恢复，因此 PROM 只能改写一次。对 PROM 的编程是在编程器上通过计算机来进行的。这种方法适合定型产品的小批量生产。

(3) **可擦除可编程 ROM**（EPROM）　EPROM 可实现多次编程，早期的 EPROM 芯片大多采用 UVCMOS 工艺生产。它的写入方法与 PROM 相同，擦除则采用紫外线灯通过照射芯片的透明窗口 $10 \sim 30$min 即可将芯片中的编程信息擦除，以便重新写入。重新写入信息后需要将擦除窗口用非透明材料封住，以防紫外线照射，丢失编程信息。由于它具有擦除功能，因此适合于产品开发，由于擦除和编程时间较慢，次数也不宜多。

虽然用紫外线擦除的 EPROM 具备了可擦除重写的功能，但擦除操作复杂，擦除速度很慢。为了克服这些缺点，又研制出了可以用电信号擦除的可编程 ROM（E^2PROM）。

在 E^2PROM 的存储单元中采用了浮栅隧道氧化层 MOS 管（Flotox 管），Flotox 管有两个栅极：控制极 G_C 和浮置栅 G_F。Flotox 管的特点是浮置栅和漏极之间有一个氧化层极薄的隧道区，由于其隧道效应，Flotox 管的信息可以利用一定宽度的电脉冲擦除和编程。有的 E^2PROM 芯片内部含有编程电压发生器，单字节或整片写入就像存入 RAM 一样。E^2PROM

与 RAM 的不同之处是掉电后存入的信息不会丢失。

快闪存储器（Flash Memory）是新一代电信号擦除的可编程 ROM，它既吸收了 EPROM 结构简单、编程可靠的优点，又保留了 E^2PROM 用隧道效应擦除的快捷的特性，而且集成度可以很高。

快闪存储器的写入方法和 EPROM 相同，即利用雪崩注入的方法使浮栅充电。其擦除方法是利用隧道效应进行的，类似于 E^2PROM 的写 0 操作，但一次只能擦除一个扇区或整个芯片的所有数据，这是不同于 E^2PROM 的一个特点。

3. 用 ROM 实现逻辑函数

用 ROM 实现组合逻辑函数时，具体做法就是将逻辑函数的输入变量作为 ROM 的地址输入，将每组输出对应的函数值作为数据写入相应的存储单元中即可，这样按地址读出的数据便是相应的函数值。

利用 ROM 不仅可以实现逻辑函数（特别是多输出函数），而且可以将 ROM 用作序列信号发生器和字符发生器，也能存放数学函数表等。

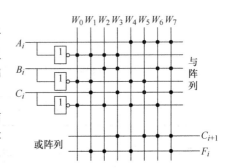

图 8-3　例 8-2ROM 阵列图

【例 8-2】 分析图 8-3 所示电路，指出该电路的功能。

解：由图 8-3 可以写出 C_{i+1} 和 F_i 的表达式，即

$$C_{i+1} = m_3 + m_5 + m_6 + m_7 = \sum m(3,5,6,7)$$
$$F_i = m_1 + m_2 + m_4 + m_7 = \sum m(1,2,4,7)$$

列出真值表见表 8-2，可以判断出该电路实现了一位全加器的功能。

表 8-2　例 8-2 真值表

A_i	B_i	C_i	F_i	C_{i+1}
0	0	0	0	0
0	0	1	1	0
0	1	0	1	0
0	1	1	0	1
1	0	0	1	0
1	0	1	0	1
1	1	0	0	1
1	1	1	1	1

8.1.2　随机存储器（RAM）

RAM 在正常工作时可以随时对任何地址的数据进行读取和写入操作。优点：读、写方便，使用灵活；缺点：一旦停电所存储的数据将随之丢失（易失性）。RAM 分为静态随机存储器 SRAM 和动态随机存储器 DRAM 两大类。

1. 静态随机存储器（SRAM）

SRAM 通常由地址译码器、存储矩阵和读/写控制电路组成，其结构框图如图 8-4 所示。

存储矩阵由许多存储单元排列而成，每一个存储单元能存放一位二进制代码（0 或 1），在译码器和读/写电路的控制下，既可以写入 1 或 0，也可以将存储的数据读出。地址译码器一般分成行地址译码器和列地址译码器。读/写控制电路用来对电路的工作状态进行控制。

读/写控制电路上都设有片选输入端 $\overline{CS}$。当 $\overline{CS} = 0$ 时 RAM 为正常工作状态；当 $\overline{CS} = 1$ 时所有的输入/输出端均为高阻态，不能对 RAM 进行读/写操作。

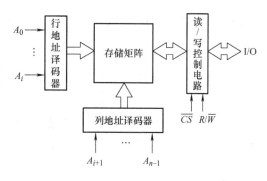

图 8-4　SRAM 结构框图

I/O 既是数据输入端又是数据输出端。当 $\overline{CS} = 0$，且 $R/\overline{W} = 1$ 时，读/写控制电路工作在读出状态，这时由地址译码器选中的存储单元中的数据被送到 I/O 口；当 $\overline{CS} = 0$，且 $R/\overline{W} = 0$ 时，读/写控制电路工作在写入状态，这时加到 I/O 口的输入数据被写入指定的存储单元中。

SRAM 的静态存储单元是在 RS 锁存器的基础上附加门控管而构成的。因此，它是靠锁存器的自保护功能存储数据的。

在大容量的静态存储器中几乎都采用 CMOS 存储单元。采用 CMOS 工艺的 SRAM 不仅正常工作时功耗很低，而且还能在降低电源电压的状态下保存数据，因此它可以在交流供电系统断电后用电池供电以继续保持存储器中的数据不丢失，从而弥补了随机存储器数据易失的缺点。

2. 动态随机存储器（DRAM）

DRAM 的存储单元为动态存储单元，它是利用 MOS 管栅-源间电容对电荷的暂存效应来实现信息存储的。为了避免所存信息丢失，必须定时给电容补充漏掉的电荷，这一操作称为刷新。因此，DRAM 工作时必须辅以必要的刷新控制电路。

DRAM 的优点是单元电路简单，单片集成度高，功耗比 SRAM 低，且价格更便宜，所以在大容量、高集成度的 RAM 中得到了普遍的应用。其缺点是需要刷新操作，另外由于电容中的信号较弱，读出时需要进行放大。

8.1.3　存储容量的扩展

一片 ROM 或 RAM 的存储容量是一定的，当一片 ROM 或 RAM 不能满足存储容量需要时，就需要将若干片 ROM 或 RAM 组合起来，扩展成满足存储容量要求的存储器。存储容量的扩展分为位扩展和字扩展两种。

1. 位扩展

如果每一片 ROM 或 RAM 的字数已经够用，而每个字的位数不够用，则采用位扩展的方式。

【例 8-3】　试用 8 片 1024×1 位的 RAM 扩展为 1024×8 位的存储器。

解：由于 8 片的字线都是 1024，所以只需要对位进行扩展即可，如图 8-5 所示。首先，将 8 片的 10 个地址线 $A_0 \sim A_9$、读/写线 $R/\overline{W}$、片选输入端 $\overline{CS}$ 分别并接在一起；然后，将 8

片的输出端作为路数据输出即可实现 1024×8 位的存储器功能。

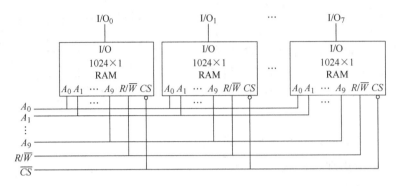

图 8-5 RAM 的位扩展接法

2. 字扩展

如果每一片存储器的数据位够用而字数不够用，则需要采用字扩展方式，将多片存储器（ROM 或 RAM）芯片接成一个字数更多的存储器。

【例 8-4】 试用 4 片 256×8 位的 RAM 扩展为 1024×8 位的存储器。

解：由于 4 片的数据输出位线都是 8 位，所以只需要对字进行扩展即可。

首先将 4 片 256×8 位的 RAM 的 8 个地址线 $A_0 \sim A_7$、读/写线 $R/\overline{W}$ 分别并接在一起。由于字线需要扩展为 1024，需要 10 个地址输入，因此要增加两根地址线 A_8、A_9，而两根地址线要控制 4 个 RAM，所以需要设计一个 2 线-4 线译码器，A_8、A_9 作为 2 线输入，4 线输出分别接到 4 个 RAM 的片选端 $\overline{CS}$。当 $A_8 A_9 = 00$ 时，$\overline{Y_0} = 0$，第 1 片 RAM 工作；当 $A_8 A_9 = 01$ 时，$\overline{Y_1} = 0$，第 2 片 RAM 工作；当 $A_8 A_9 = 10$ 时，$\overline{Y_2} = 0$，第 3 片 RAM 工作；当 $A_8 A_9 = 11$ 时，$\overline{Y_3} = 0$，第 4 片 RAM 工作。电路图如图 8-6 所示，可以实现 1024×8 位存储器的功能。

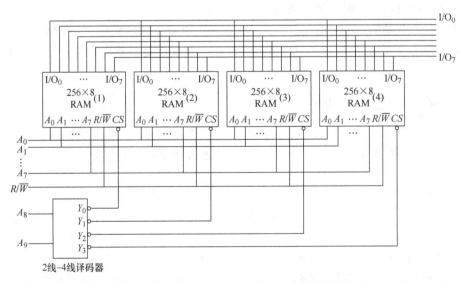

图 8-6 RAM 的字扩展接法

如果一片 RAM 或 ROM 的位数和字数都不够用，就需要同时采用位扩展和字扩展方法，用多片器件组成一个大的存储器系统，以满足对存储容量的要求。

自测题

1. ［单选题］ROM 存储器具有（　　）功能。

A. 读和写　　　　　　　　B. 只读　　　　　　　　C. 只写　　　　　　　　D. 没有读

2. ［单选题］当断电后，RAM 中的内容会（　　）。

A. 全部消失　　　　　　　B. 不变　　　　　　　　C. 全变为 1　　　　　　D. 部分变为 1

3. ［单选题］容量为 1K×4 的存储器有（　　）个存储单元。

A. 1K　　　　　　　　　B. 4K　　　　　　　　　C. 8K　　　　　　　　　D. 16K

4. ［单选题］容量为 4K×4 的 RAM 需要（　　）根地址线。

A. 4　　　　　　　　　　B. 8　　　　　　　　　　C. 12　　　　　　　　　D. 16

5. ［填空题］1K×4 的 RAM 有_____根地址线，_____根数据线。

8.2　可编程逻辑器件

本节思考问题：

1）可编程逻辑器件主要有哪些？共同的特点是什么？

2）FPGA 有什么特点？如何构成？

3）常用的硬件描述语言有哪些？

传统的系统设计方法采用 SSI、MSI 标准通用器件对电路板进行设计，由于器件种类多、数量多、连线复杂，因而系统板往往体积大、功耗大、可靠性差。可编程逻辑器件（Programable Logic Device，PLD）的出现为数字系统设计带来了崭新的变化，采用 PLD 进行系统设计时，可将原来的板级设计改为芯片级设计，而且可以利用电子设计自动化（Electronic Design Automation，EDA）工具来完成，从而简化了系统设计，极大地提高了设计效率，缩短了系统设计周期，增强了设计灵活性，同时减少了芯片数量，缩小了系统体积，降低了功耗，提高了系统的速度和可靠性，降低了系统成本。

8.2.1　可编程逻辑器件分类及表示

1. PLD 分类

PLD 经历了从低密度可编程逻辑器件 LDPLD 到高密度可编程逻辑器件 HDPLD 的发展。

LDPLD 的主要产品有只读存储器 PROM、可编程逻辑阵列 PLA、可编程阵列逻辑 PAL、通用阵列逻辑 GAL。这些器件结构简单，具有成本低、速度高、设计简单等优点，但其规模较小，难以实现复杂逻辑。

HDPLD 包括可擦除可编程逻辑器件 EPLD、复杂可编程逻辑器件 CPLD 和现场可编程门阵列 FPGA 三种类型。EPLD 和 CPLD 是在 PAL、GAL 的基础上发展起来的，其基本结构由与或阵列组成，因此通常称为阵列型 PLD；而 FPGA 具有门阵列的结构形式，通常称为单元型 PLD。

2. PLD 的简化表示方法

为了便于画图，PLD 往往采用一种简化的方法，如图 8-7 所示。图 8-7a 上图表示多输入端与门，输入线通常画成行（横）线，输入变量称为输入项，画成与行线垂直的列线，列线与行线的相交处若为 "·"，表示固定连接；"×" 表示编程连接，交叉处无标记表示不连接。图 8-7a 上图等同于下图，$P = ABD$。图 8-7b 上图是与门输出恒等于 0 时的简化画法，等同于图 8-7b 下图，$P = 0$。图 8-7c 上图为多输入端或门，等效于图 8-7c 下图，$Y = P_1 + P_3 + P_4$。图 8-7d 表示互补输出的缓冲器。图 8-7e 表示三态输出的缓冲器。

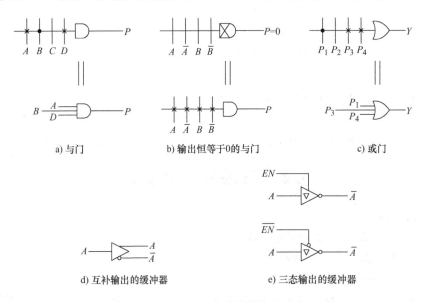

图 8-7　PLD 门电路的简化画法

3. PLD 的结构

PLD 器件的基本结构如图 8-8 所示，电路的主体是与阵列和或阵列，输入电路由缓冲器组成，可以使输入信号具有足够的驱动能力，并产生原变量和反变量互补信号。输出电路可以提供不同的输出结构，如直接输出即为组合输出，若通过寄存器输出则为时序输出，此外，输出端口通常有三态门。

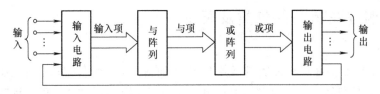

图 8-8　PLD 器件基本结构

图 8-9 给出了三种 PLD 的电路结构形式，其中图 8-9a 为 PROM 的电路结构，图 8-9b 为其简化的结构图，它的与阵列固定、或阵列可编程；图 8-9c 为 PLA 的电路结构，其与阵列和或阵列均可编程；图 8-9d 为 PAL 的电路结构，其与阵列可编程、或阵列固定。

从图 8-9 可以看出，与-或阵列可以分为三种形式：

1）与阵列固定、或阵列可编程：PROM 常采用这种形式。

2）与阵列可编程、或阵列固定：PAL、GAL、CPLD 常采用这种形式。

3）与阵列和或阵列都可以编程：PLA 常采用这种形式。

随着 PLD 器件的发展，第二种形式相对于1）和3）具有一定的技术优势，是目前 PLD 发展的主流，如图 8-9d 所示。

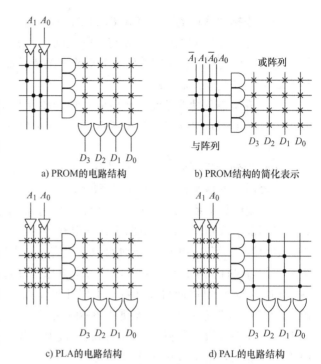

a) PROM的电路结构   b) PROM结构的简化表示

c) PLA的电路结构   d) PAL的电路结构

图 8-9 三种 PLD 的电路结构

8.2.2 现场可编程门阵列

1. 特点

现场可编程门阵列（Field Programmable Gate Array，FPGA）是现场可编程逻辑器件，是在 PAL、GAL 等逻辑器件的基础上发展起来的。FPGA 实际上是一个子系统部件，可以替代几十块甚至几千块通用 IC 芯片，其内部由许多独立的可编程逻辑模块组成，用户可以通过编程将这些模块连接起来实现不同的设计。基于查找表（Look-Up Table，LUT）结构的 FPGA 有英特尔（Intel）的 Stratix、Arria、Cyclone 系列，赛灵思（Xilinx）的 Spartan、Virtex 系列等。

2. 结构

FPGA 由 6 部分组成，分别为可编程逻辑单元（Configurable Logic Block，CLB）、可编程输入/输出单元（I/O Block，IOB）、嵌入式块 RAM、连接逻辑块的互连资源（Programmable Interconnect，PI）、底层嵌入功能单元和内嵌专用硬核等。

（1）**可编程逻辑单元 CLB** FPGA 的基本可编程逻辑单元是由查找表（LUT）和寄存器（Register）组成的，查找表完成纯组合逻辑功能。FPGA 内部寄存器可配置为带同步/异步复位和置位、时钟使能的触发器，也可以配置成为锁存器。FPGA 常依赖寄存器完成同步时序逻辑设计。一般来说，比较经典的基本可编程单元的配置是一个寄存器加一个查找表，但不同厂商的寄存器和查找表的内部结构有一定的差异，而且寄存器和查找表的组合模式也不同。

（2）**可编程输入/输出单元 IOB** 目前大多数 FPGA 的 I/O 单元被设计为可编程模式，即通过软件的灵活配置，可适应不同的电气标准与 I/O 物理特性，可以调整匹配阻抗特性和上、下拉电阻，还可以调整输出驱动电流的大小等。

（3）**嵌入式块 RAM** 目前大多数 FPGA 都有嵌入式块 RAM。嵌入式块 RAM 可以配置为单端口 RAM、双端口 RAM、伪双端口 RAM、CAM、FIFO 等存储结构。

CAM 为内容地址存储器。写入 CAM 的数据会和其内部存储的每一个数据进行比较，并返回与端口数据相同的所有内部数据的地址。简单说，RAM 是一种写地址，读数据的存储单元；CAM 与 RAM 恰恰相反。

（4）**连接逻辑块的互连资源 PI** 互连资源连通 FPGA 内部所有单元，由各种长度的连线组成，它们将 CLB 之间、CLB 与 IOB 之间以及各 IOB 之间连接起来，实现复杂的逻辑功能。连线的长度和工艺决定着信号在连线上的驱动能力和传输速度，布线资源的优化与使用和实现结果有直接关系。

（5）**底层嵌入功能单元** 底层嵌入功能单元是指通用程度较高的嵌入式功能模块。如 PLL（Phase Locked Loop）、DLL（Delay Locked Loop）、DSP（Digital Signal Processing）和 CPU 等。

（6）**内嵌专用硬核** 与"底层嵌入单元"是有区别的，这里指的硬核主要是那些通用性相对较弱，不是所有 FPGA 器件都包含的硬核。

人们设计数字系统时，往往要把元器件焊接在电路板上来测试其功能。当设计发现问题时，就不得不重新设计印制电路板，使得设计效率降低。大规模可编程逻辑器件 CPLD、FPGA 的出现改变了这一切。设计师可以在没有设计电路时就把 CPLD、FPGA 焊接在印制电路板上，然后设计调试，可以随时改变整个电路的硬件逻辑关系，而不必改变电路板的结构。基于 EDA 技术，可以使得设计者的工作几乎仅限于利用软件的方式，即利用硬件描述语言 HDL 和 EDA 软件来完成对系统硬件功能的实现。常用的硬件描述语言主要有 VHDL、Verilog HDL 等，前面在第 3 章和第 5 章的拓展链接中，我们用 VHDL 语言进行了简单的设计。关于 EDA 技术相关内容会在后续课程中继续学习。

自测题

1. ［单选题］可编程逻辑器件也称为（　　）。
A. PLA　　　　　　　　B. PAL　　　　　　　　C. PLD　　　　　　　　D. PDL
2. ［单选题］PROM 的电路结构中与阵列（　　），或阵列（　　）。
A. 固定，固定　　　　　　　　　　　　　　B. 固定，可编程
C. 可编程，固定　　　　　　　　　　　　　D. 可编程，可编程
3. ［单选题］CPLD 的电路结构中与阵列（　　），或阵列（　　）。
A. 固定，固定　　　　　　　　　　　　　　B. 固定，可编程
C. 可编程，固定　　　　　　　　　　　　　D. 可编程，可编程
4. ［判断题］FPGA 可以通过编程设计改变其电路的硬件逻辑关系。（　　）

本章小结

本章介绍的半导体存储器和可编程逻辑器件属于大规模逻辑电路。

1. 半导体存储器包括只读存储器（ROM）和随机存储器（RAM）。ROM 适用于存储固定的数据，只能读不能写，具有非易失性，断电后信息不会丢失；RAM 存储的数据是随机的，断电后信息会丢失。

2. 可编程逻辑器件内部结构包含与阵列和或阵列，通过对与阵列或者或阵列进行编程来实现逻辑函数的设计。FPGA 和 CPLD 属于大规模集成电路，可以代替几十块甚至几千块通用 IC 芯片。

3. FPGA 是以 CLB 为基本逻辑单元，并且每个单元可编程，单元之间可以灵活地互相连接，没有与-或阵列的局限。可以通过硬件描述语言编程来改变 FPGA 电路内部的硬件逻辑关系来实现逻辑功能，而不必对电路板进行更换。

思考与练习

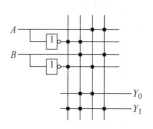

图 8-10 题 8-2ROM 与或阵列图

8-1 某台计算机的内存储器设置有 32 位地址线，16 位并行数据输入/输出端，计算其最大存储容量是多少？

8-2 根据图 8-10 所示的 ROM 与或阵列图，写出逻辑函数 Y_0 和 Y_1 的表达式。

8-3 用 ROM 设计一个产生下列一组逻辑函数的组合逻辑电路，画出存储矩阵的点阵图。

$$\begin{cases} Y_1 = \overline{A}\,\overline{B}\,\overline{C}\,\overline{D} + \overline{A}B\,CD + A\overline{B}\,C\overline{D} + ABCD \\ Y_2 = \overline{A}B\,\overline{D} + \overline{B}\,C\overline{D} \\ Y_3 = BD + \overline{B}\,D \end{cases}$$

8-4 分析图 8-11 所示电路的工作原理，画出输出电压 u_O 的波形图。

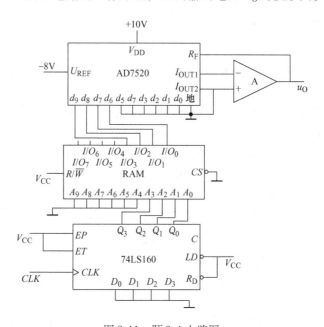

图 8-11 题 8-4 电路图

AD7520 为 10 位倒 T 形电阻网络集成 DAC，74LS160 为同步十进制加法计数器。表 8-3 给出了 RAM 的 16 个地址单元中所存数据。RAM 的高 6 位地址 $A_9 \sim A_4$ 均接地，始终为 0，表中没有列出，低 4 位地址 $A_3 \sim A_0$ 连接 74LS160 的输出端；RAM 的低 4 位输出 $I/O_3 \sim I/O_0$ 接 AD7520 的输入 $d_9 \sim d_6$，高 4 位输出 $I/O_7 \sim I/O_4$ 没有用，表中也没有列出。

表 8-3　图 8-11 中的 RAM 数据表

A_3	A_2	A_1	A_0	I/O_3	I/O_2	I/O_1	I/O_0
0	0	0	0	0	0	0	0
0	0	0	1	0	0	0	1
0	0	1	0	0	0	1	1
0	0	1	1	0	1	1	1
0	1	0	0	1	1	1	1
0	1	0	1	1	1	1	1
0	1	1	0	0	1	1	1
0	1	1	1	0	0	1	1
1	0	0	0	0	0	0	1
1	0	0	1	0	0	0	0
1	0	1	0	0	0	0	1
1	0	1	1	0	0	0	1
1	1	0	0	0	1	0	1
1	1	0	1	0	1	0	1
1	1	1	0	1	0	0	1
1	1	1	1	1	0	1	1

拓展链接：科技赋能，让冬奥更精彩

北京冬奥会从筹办伊始，就确定了以科技创新赋能的思路。科技部会同各方成立科技冬奥领导小组，设立并组织实施"科技冬奥"重点专项，强调应用导向、场景驱动，重点围绕科学办赛、运动科技、智慧观赛、安全保障、绿色智慧综合示范五个方面部署科研任务。科技创新成果已深度融入北京冬奥会，一大批我国自主创新的科技成果得到充分展示和应用，使一场精彩、非凡、卓越的冬奥会展现在世界面前。

开幕式出现在地面上的那块显示屏，是由 8K 超高清地面显示系统构成，面积为 $10393m^2$，包含超过 4 万个 LED 模块。为了保证在如此大的画面上达到完美融合并产生绚烂的色彩和画面，采用了多个 8K + 级分辨率的画面融合技术。利用超大光学校正算法，对每个画面进行像素点级的光学校正，可实现 100000:1 超高对比度，29900×15096 超高分辨率和 3840Hz 超高刷新率。

国家速滑馆采用的是二氧化碳跨临界直冷制冰技术，这是当前世界上最先进的制冰技术。其设计理念、技术工艺等多个方面都实现了创新和突破，不仅能精准控温将赛道冰面温差控制在 0.5℃ 以内，还能实现余热回收。在冰立方馆内，3 个区域空间保持着 3 种不同的温度。冰层表面，保持在 −8.7℃；高出冰面 1.5m，控制在 8~12℃ 之间；而观众席上，保持在 16~20℃ 之间。这种人性化的温度设计，既能确保冰壶比赛对冰面温度的需求，同时又能照顾到坐在观众席上观众们的身体感受。

高山滑雪训练防护服采用了新型的柱状阵列式抗冲击结构和新型吸能缓振材料，能有效保护高山滑雪运动员穿越旗门时的抽打伤害。短道速滑比赛服则全身使用防切割面料，全面保护运动员身体，通过大量的数值模拟和风洞测试，速度滑冰项目比赛服的综合阻力系数下降了10%。领奖服应用炽热科技，可实现－20℃御寒保暖。

三维运动员追踪技术平台3DAT，基于计算机视觉，无须任何传感器，只有摄像头和服务器。从标准视频源中，提取运动员的关键骨骼点信息、身体关键部位的姿态、运动轨迹和位置信息等，并进行三维重建，同时生成生物力学数据，并输出运动表现分析。与此同时，在云AI管道中分析海量数据，可在20s内最终交付给广播端口。

此次冬奥会的智慧餐厅面积达到5400m²，配备了120台制餐机器人，24h待命，能同时容纳1700余人用餐。在这里，"空中云轨"与智能炒锅联动，当智能炒锅装盘后，菜品上传到空中云轨，然后就会有云轨小车来接菜品，自动送到对应的餐桌上空，再通过下菜机送下来。

本届冬奥会，无论是场馆建设、赛事服务，还是观赛体验、装备设计，处处都彰显出"中国智造"的强大科技底蕴。

第 **9** 章

综合项目设计

✓ 内容及目标

◆ 本章内容

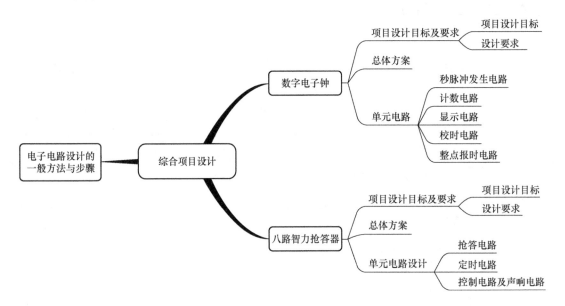

◆ 学习目标

1. 知识目标

1）了解电子电路设计的一般方法与步骤。

2）熟悉已经学过的相关知识。

2. 能力目标

1）能够实现综合项目的设计。

2）能够利用学习过的集成块完成复杂电路的设计。

3. 价值目标

1）能够将复杂问题拆分为多个单元电路，形成全局观念。

2）小组合作完成任务，建立团队意识。

知识链接

本章首先介绍了电子系统设计的一般方法与步骤，然后分析设计了两个综合项目。

9.1 电子电路设计的一般方法与步骤

电子系统设计的一般步骤按照如图9-1所示，确定总体方案→设计单元电路→选择元器件→计算参数→画出总体电路图→组装调试。

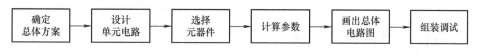

图9-1 电子系统设计的一般步骤

1. 确定总体方案

拿到项目后，首先应该研究项目的要求，进行调研，查阅资料。可以拟定多种方案，然后对比是否能实现功能要求、结构是否简单、能否达到设计要求、是否经济等方面，通过比较论证，最终确定系统设计的总体方案，并将系统分为若干个单元功能模块，画出总体框图。

2. 设计单元电路

对总体方案中的每一个单元电路进行设计。设计单元电路时，可以选择自己比较熟悉的或成熟的电路，也可以改进创新，要保证每个单元电路设计合理，还要注意各个单元电路之间的关联，尽可能使用较少的元器件和接口电路。

3. 选择元器件

设计电路时需要考虑尽可能地减小系统的体积、成本，并能够方便安装、调试。根据设计的电路选择元器件时，需要考虑性能因素（如功耗、电压、速度、温度、价格等），集成电路还要考虑其封装形式，以及不同系列的参数要求。

4. 计算参数

每个单元电路结构确定以后，还要对影响技术指标的元器件参数进行计算。主要考虑：元器件的电压、电流、频率、功耗等要满足指标要求；环境温度、电网电压等工作条件要合适；元器件的极限参数要留有足够的裕量，一般 1.5 倍左右；电阻尽可能选择在 $1M\Omega$ 以内，非电解电容尽可能在 $100pF \sim 0.1\mu F$ 范围内。

5. 画出总体电路图

完成上面的各个步骤后，就可以画出系统的整体电路图了。在画电路图时要注意：

1）布局合理，每个单元电路的元器件应集中布置在一起，并尽可能按照信号流向排列。

2）使用标准的电气符号，并在图上加适当的标注。集成电路一般使用其逻辑功能示意图，而不是引脚图，并标出每个引脚名称，还要注意多余的引脚要处理好。

3）信号流向一般从输入端或信号源开始到输出，按照从左向右或者自上而下的流向依次画出单元电路。

4）连接线应该为直线，尽量减少交叉、折弯，如有交叉须标注节点符号。

6. 组装调试

电路设计好，检查无误后，转换为 PCB 版图，并制作印制电路板，购买元器件，然后将元器件按照电路图焊接到电路板上。最后利用各种测量仪器对安装好的电路板或电子装置进行检查和调试，以保证电路或装置正常工作，同时判断其性能的好坏、各项指标是否符合要求等。

9.2 数字电子钟的设计与实现

9.2.1 项目设计目标及要求

1. 项目设计目标

数字电子钟的设计是一个综合性的数字电路项目，包含了组合逻辑电路、时序逻辑电路、时基电路等。通过本项目达到以下目标：

1）学会数字电路中基本 RS 触发器、单稳态触发器、时钟发生器、计数器、译码器及显示器等单元电路的综合应用。

2）掌握时、分、秒计数电路的实现方法。

3）学会数字电子钟的整机调试方法。

2. 项目设计要求

要求用中小规模数字集成电路设计一个数字电子钟，具有以下功能：

1）显示时、分、秒。

2）采用 24h 制。

3）具有校时功能，可以对小时和分单独校时，对分校时的时候，停止分向小时进位，校时时钟源可以手动输入或借用电路中的时钟。

4）具有正点报时功能，正点前 1s 蜂鸣器响。

9.2.2 确定总体方案

根据本项目要求的功能进行分析，数字电子钟主要由秒脉冲发生电路、计数电路、显示电路、校时电路和整点报时电路几部分构成，总体设计框图如图 9-2 所示，可以看出本项目需要完成五个单元电路的设计。

9.2.3 设计单元电路

1. 秒脉冲发生电路的设计

根据项目设计要求，秒脉冲发生电路需要得到 1s（即频率为 1Hz）的标准秒脉冲信号，并将产生的秒脉冲

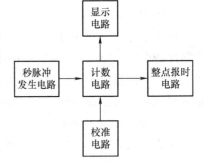

图 9-2 数字电子钟总体设计框图

信号送入计数器进行计数。因此，秒脉冲发生电路可以由振荡器和分频器构成。

（1）**振荡器的选择** 秒脉冲发生电路是数字电子钟的核心部分，可以选择 555 定时器

构成的多谐振荡器，也可以选择门电路构成的多谐振荡器。由于秒脉冲发生电路的准确度和稳定度决定了整个数字电子钟的质量，因此，通常用石英晶体振荡器构成信号产生电路。可以选择一个频率为 32768Hz 的石英晶体振荡器，然后对其分频，得到 1Hz 的标准秒脉冲信号。

（2）**分频器的选用** 分频器可以用前面学习过的触发器或者集成计数器来实现，一个触发器可以实现二分频，十进制计数器则可以对信号十分频。当然，有些集成块可以直接作为分频器使用，比如 CD4060，它内部由两部分组成，一部分是 14 级二分频器，由 $Q_4 \sim Q_{14}$（缺少 Q_{11}）输出二进制分频信号；另一部分是振荡器，由内含两个串接的反相器和外接电阻电容构成，因此该集成电路可以直接实现振荡和分频的功能。CD4060 的工作电压通常为 $4.5 \sim 18V$。

CD4060 引脚排列图如图 9-3 所示，其中 $Q_4 \sim Q_{14}$ 为各个频率输出端，8 脚接地，16 脚接电源，CR 为复位端，当其为高电平时，计数器清零且振荡器无效。CD4060 功能表见表 9-1。

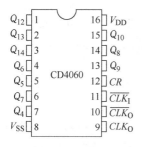

图 9-3 CD4060 引脚排列图

表 9-1 CD4060 功能表

$\overline{CLK}_{\mathrm{I}}$	CR	功能
×	1	复位
↓	0	计数

（3）**秒脉冲信号的实现** 石英晶体振荡器发出的脉冲信号为 32768Hz，可以对这个信号进行 15 次二分频后得到 1Hz 的信号。如果选取 CD4060，它只能进行 14 次二分频，在其 3 脚可以得到 2Hz 信号，还需要进行 1 次分频，可以选用 D 触发器进行 1 次二分频。由石英晶体振荡器和分频器 CD4060 构成的秒脉冲信号产生电路如图 9-4 所示。

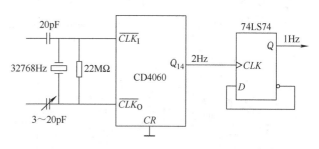

图 9-4 秒脉冲信号产生电路

2. 计数电路的设计

（1）**任务目标** 计数电路需要设计时、分、秒三个计数电路，其中时计数电路设计为二十四进制，分和秒计数电路都设计为六十进制。

秒计数电路的作用是对输入的秒信号进行计数，得到秒数，并送到秒位的显示电路；同时每计数满 60（达到 60s）就将本位清零，并产生向分位的进位信号。分位采用的也是六十进制，工作原理和秒位是一样的，当计数满 60（达到 60min）将本位清零，并产生向时位的进位信号。

（2）任务分解

1）分和秒计数电路。要实现六十进制可选用的中规模集成计数器较多，如 74LS160、74LS161 或 74LS190 等。采用两片中规模十进制计数器，一块组成十进制，另一块组成六进制，组合起来就构成六十进制计数器，当计数为 60 时产生反馈清零信号。

2）时计数电路。时计数电路为二十四进制，也可以采用两片中规模集成十进制计数器构成，当计数到第 24 个来自分计数电路的进位信号时，产生反馈清零信号。

（3）任务实现　电路设计如图9-5 所示，设计两个六十进制计数器、一个二十四进制计数器。图 9-5a 是由 74LS160 实现的六十进制计数器，按照人们观测时间的习惯，将高位片放在左边，两片 74LS160 的输出接显示译码器 74LS48 的地址输入端，其中 74LS160（2）连接分（或秒）的十位，74LS160（1）连接分（或秒）的个位。低位片的计数脉冲 CLK 来自于秒脉冲信号产生电路。图 9-5b 用整体置零方式构成的二十四进制计数器。低位片的 CLK 来自于分的进位脉冲。

3. 显示电路的设计

（1）任务目标　秒信号经秒计数器、分计数器、时计数器之后，分别得到"秒"个位、十位，"分"个位、十位以及"时"个位、十位的计时输出信号，然后送至译码显示电路，以便实现用数字显示时、分、秒的要求。

（2）任务准备　选用器件时要考虑译码器和显示器的相互配合：一是驱动功率要足够大；二是逻辑电平要匹配。采用共阴极的 LED 数码管作为显示器件时，则应采用输出为高电平的译码电路，且因数码管工作电流较大，不能用普通的 TTL 译码器，应选用功率门或OC 门，这里显示译码器可选用 74LS48 芯片，或者选用 CMOS 电路的 CD4511 芯片。

（3）任务实现　显示电路设计可参考第 3 章中关于显示译码器的内容，建立如图 9-6 所示的由 74LS48 驱动共阴极数码管电路，74LS48 拉电流能力小，在驱动数码管时需要外接上拉电阻 6 个 74LS48 分别与 6 个集成计数器的输出端连接，显示时、分、秒。

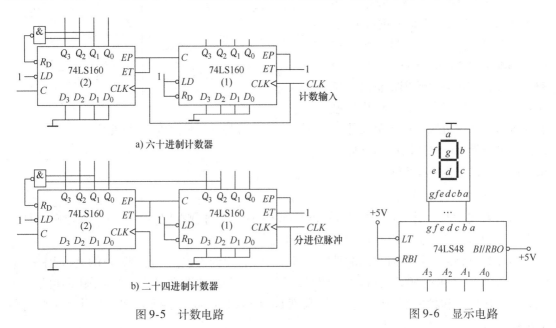

a) 六十进制计数器

b) 二十四进制计数器

图 9-5　计数电路

图 9-6　显示电路

4. 校时电路的设计

（1）**任务目标** 在刚接通电源或者时钟走时出现误差时，则需要进行时间的校准，本设计要求对时和分能够单独校准。

（2）**任务准备** 可以设计一个由与非门构成的二选一电路来实现校准的功能，电路的两个输入端分别为校时脉冲和计时脉冲，控制端采用手动开关控制，在控制端须增加由 RS 触发器构成的去抖动电路，防止电路误操作。

（3）**任务实现** 校时电路设计如图9-7所示。

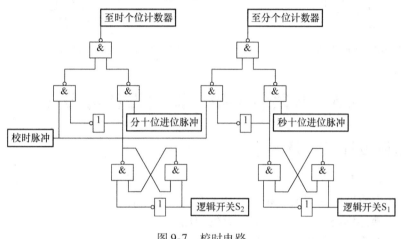

图9-7 校时电路

5. 整点报时电路的设计

（1）**任务目标** 本设计要求 59 分 59 秒时扬声器发出报时声音，即分的十位为 5（$Q_3Q_2Q_1Q_0 = 0101$）、个位为 9（$Q_3Q_2Q_1Q_0 = 1001$），秒的十位为 5（$Q_3Q_2Q_1Q_0 = 0101$）、个位为 9（$Q_3Q_2Q_1Q_0 = 1001$）时，扬声器发出声音。

（2）**任务准备** 可以利用与门，将分和秒十位的 Q_2Q_0、个位的 Q_3Q_0，分别接到与门的输入端，使得 59 分 59 秒时在与门的输出端可以得到一个高电平信号，再经晶体管放大后驱动扬声器发出声音。

（3）**任务实现** 根据以上叙述画出电路，如图9-8所示，其中一个与非门分别接"分"十位的 Q_2 和 Q_0，"分"个位的 Q_3 和 Q_0；另一个与非门分别接"秒"十位的 Q_2 和 Q_0，"秒"个位的 Q_3 和 Q_0；或非门的输出接蜂鸣器。当计数到 59 分 59 秒时，两个与非门同时输出为 0，此时或非门输出为高电平，推动蜂鸣器发出报时声音。

9.2.4 总体电路图

将以上各单元电路按照图 9-9 数字钟设计原理图连接起来，可以得到数字电子钟的整机电路，要求列出电路元器件清单，并画出整机电路图，最后调试，实现设计功能。

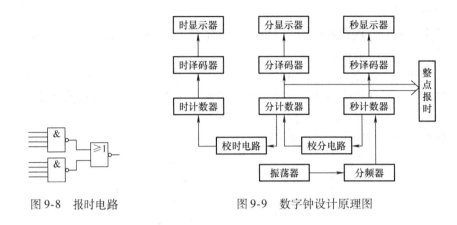

图 9-8　报时电路　　　　　　　　图 9-9　数字钟设计原理图

9.3　八路智力抢答器的设计与实现

9.3.1　项目设计目标及要求

1. 项目设计目标

1) 熟悉数字电路中编码器、锁存器和 555 定时器等的应用。

2) 进一步熟悉译码、显示等单元电路的使用。

3) 学习电路系统的整机调试方法。

2. 项目要求

设计一个智力竞赛抢答器，可同时供 8 名选手或 8 个代表队参加比赛，要求抢答器具有以下功能：

1) 主持人控制一个开关，用于控制系统的复位和抢答开始。

2) 抢答器具有数据锁存和显示功能。抢答开始后，有选手按抢答按钮，编号立即锁存，并显示选手编号，同时扬声器发出音响提示，同时封锁输入电路，禁止其他选手抢答。

3) 抢答器具有定时抢答功能，主持人可以预定一次抢答时间。参赛选手在设定时间内抢答有效，定时器停止工作，显示器显示选手的编号和抢答时刻的时间，并保持到主持人将系统清零为止。

4) 如果定时抢答的时间已到，却没有选手抢答，则本次抢答无效，系统短暂报警，并封锁输入电路，禁止选手超时后抢答。

9.3.2　确定总体方案

根据本项目要求的功能进行分析，抢答器的设计可以分成两部分：主体电路和扩展电路。主体电路完成基本的抢答功能，扩展电路完成定时抢答的功能。电路设计框图如图 9-10 所示。

9.3.3　设计单元电路

1. 抢答电路的设计

(1) **任务目标**　抢答电路的功能有两个：一是分辨出选手按下按钮的先后顺序，并锁

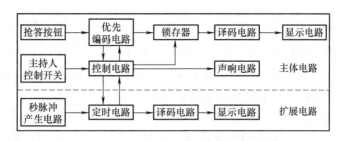

图9-10　抢答器电路设计框图

存优先抢答者的编号送入显示译码器；二是要使其他选手的操作无效。因此，抢答电路由编码器、锁存器、译码器及显示器构成。

（2）**任务准备**　根据项目设计要求，抢答电路的器件可选用8线-3线优先编码器74LS148、RS锁存器74LS279、显示译码器74LS48和共阴极数码管。其中优先编码器74LS148、显示译码器74LS48和共阴极数码管的功能及使用已在第3章中叙述，这里主要介绍RS锁存器74LS279。

RS锁存器74LS279引脚图如图9-11所示，该集成块内部有4个锁存器，其中第1个和第3个锁存器都有两个置位端和1个复位端，第2个和第4个锁存器有1个置位端和1个复位端。

74LS279功能表见表9-2，其中 $\bar{S} = \bar{S}_1 \bar{S}_2$，$\bar{S} = 0$ 是指 $\bar{S}_1$ 和 $\bar{S}_2$ 至少有一个为0，$\bar{S} = 1$ 是指 $\bar{S}_1$ 和 $\bar{S}_2$ 同时为1。

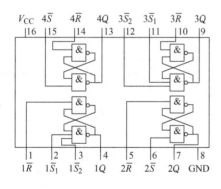

图9-11　74LS279引脚图

表9-2　74LS279功能表

输　入		输　出
$\bar{S}$	$\bar{R}$	Q
0	0	1（不稳定）
0	1	1
1	0	0
1	1	锁存原状态

（3）**任务实现**　抢答电路如图9-12所示。

抢答电路的工作原理是：当主持人控制开关处于"清除"位置时，RS触发器中的 $\bar{R}$ 为低电平，输出端 $1Q \sim 4Q$ 全为低电平，74LS48中的 $\overline{BI/RBO} = 0$，显示器灭灯，此时74LS148的选通输入端 $\bar{S} = 0$，74LS148处于工作状态，而此时锁存电路不工作。当主持人开关拨到"开始"位置时，优先编码器74LS148和RS锁存器同时处于工作状态，等待输入端 $\bar{I}_0 \sim \bar{I}_7$ 输入信号，当有选手按下按钮时（如按下 S_5），74LS148的输出 $\bar{Y}_2\bar{Y}_1\bar{Y}_0 = 010$，$\bar{Y}_{EX} = 0$，经RS锁存后，$4Q3Q2Q1Q = 1011$，因此74LS48的 $\overline{BI/RBO} = 1$，其输入端 $A_2A_1A_0 = 101$，译码后显示器显示"5"；同时由于 74LS148 的 $\overline{S}=1$，处于禁止工作状态，封锁了其他按钮的输入。

当 S_5 按钮松开后，74LS148 的 $\overline{Y}_{EX}=1$，但 $1Q$ 维持高电平不变，所以 74LS148 仍处于禁止工作状态，其他按钮的输入信号不会被接收，保证了抢答电路的准确性。当优先抢答者回答完问题后，由主持人操作控制开关使抢答电路复位，以便下一轮抢答。

2. 定时电路的设计

（1）**任务目标** 主持人根据抢答题的难易程度，要求能预定一次抢答时间，并通过预置的时间电路对计数器进行预置，开始后，计数器做减法计数，减至 0 时，计时时间到。

（2）**任务准备** 可选用同步十进制可逆计数器 74LS192 进行设计，其引脚图如图 9-13 所示，功能表见表 9-3。

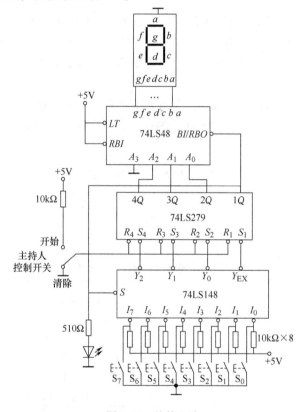

图 9-12 抢答电路

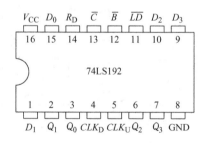

图 9-13 74LS192 引脚图

表 9-3 **74LS192 功能表**

输　入								输　出			
R_D	$\overline{LD}$	CLK_U	CLK_D	D_3	D_2	D_1	D_0	Q_3	Q_2	Q_1	Q_0
1	×	×	×	×	×	×	×	0	0	0	0
0	0	×	×	d	c	b	a	d	c	b	a
0	1	↑	1	×	×	×	×	加计数			
0	1	1	↑	×	×	×	×	减计数			

（3）**任务实现** 定时电路如图 9-14 所示，其计数的时钟由秒脉冲电路提供（可参考图 9-4），显示译码器选用 74LS48，两片 74LS192 可构成 99 以内的定时计数器，具体电路如图 9-14 所示。当主持人将开关拨到"开始"时，$1Q = 0$，$1\overline{Q} = 1$，开始计时；一旦有选手按下按钮，$1Q = 1$，$1\overline{Q} = 0$，图 9-14 中与非门被封锁，计数器停止计数。

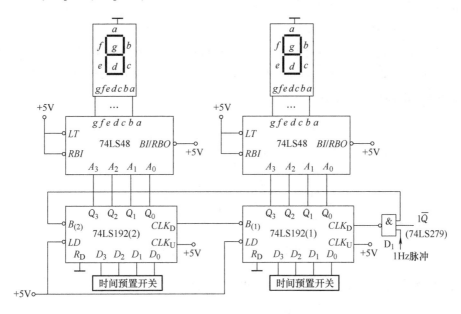

图 9-14 定时电路

3. 控制电路及声响电路的设计

（1）**任务目标** 控制电路是抢答器设计的关键，它要完成以下 3 项功能：

1）主持人将控制开关拨到"开始"位置时，扬声器发声，抢答电路和定时电路进入正常抢答工作状态。

2）当参赛选手按动抢答按钮时，扬声器发声，抢答电路和定时电路禁止工作。

3）当设定的抢答时间到，无人抢答时，扬声器发声，同时抢答电路和定时电路停止工作。

（2）**任务准备**

1）抢答与定时的控制电路。抢答与定时的时序控制电路的作用：一是控制时钟信号 CLK（1Hz）的放行与禁止，二是控制 74LS148 的输入使能端 $\overline{S}$，可以用两个与非门 D_1 和 D_2 来实现。

工作原理：主持人控制开关从"清除"位置拨到"开始"位置后，来自于 74LS279 的输出 $1Q = 0$，经非门反相后输出为 1，时钟信号 CLK（1Hz）能够通过 D_1 加到 74LS192 的 CLK_D 时钟输入端，定时电路进行减计时。同时在定时时间未到之前，来自 74LS279 的借位输出端 $\overline{B}_{(2)} = 1$，使得与非门 D_2 输出为 0，而 D_2 输出与 74LS148 的输入使能端 $\overline{S}$ 相连，从而使 74LS148 处于正常工作状态，实现任务目标 1）的要求。当选手在定时时间内按下抢答按钮时，$1Q = 1$，经 D_3 反相后输出为 0，与非门 D_1、D_2 同时被封锁，时钟信号不能通过，定时电路处于保持状态，同时 D_2 输出为 $\overline{S} = 1$，74LS148 处于禁止工作状态，实现任务目标 2）

的要求。当定时时间到，来自 74LS192 的借位输出端 $\overline{B}_{(2)} = 0$，与非门 D_1、D_2 同时被封锁，与前面叙述相同，定时电路和 74LS148 均处于禁止工作状态，实现任务目标 3) 的要求。

2) 声响及其控制电路。声响电路可以由 555 定时器和晶体管构成，555 定时器构成多谐振荡器，其输出信号经晶体管推动扬声器；单稳态触发器 74LS121 用于控制声响电路及声响的时间。

（3）任务实现

1) 抢答与定时的控制电路。抢答与定时的时序控制电路如图 9-15 所示，图中与非门 D_1 的作用是控制时钟信号 CLK（1Hz）的放行与禁止，与非门 D_2 的作用是控制 74LS148 的输入使能端 $\overline{S}$。电路功能如上述的工作原理。

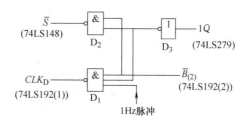

图 9-15 抢答与定时的控制电路

2) 声响及其控制电路。声响及其控制电路如图 9-16 所示。

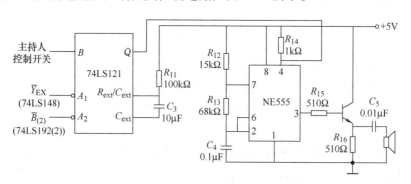

图 9-16 声响及其控制电路

单稳态触发器 74LS121 的输出端 Q 与 555 定时器的 4 脚复位端 $\overline{R}_D$ 相接，$\overline{R}_D = 1$，多谐振荡器工作，$\overline{R}_D = 0$，电路停振。主持人将控制开关拨到"清除"位置时，74LS121 的 $B = 0$，因此其输出端 $Q = 0$，使得 555 定时器的 4 脚 $\overline{R}_D = 0$，声响电路停止工作。主持人将控制开关从"清除"位置拨到"开始"位置，74LS121 的 $B = 1$，抢答器处于等待状态，当有选手将按钮按下时，74LS148 的 $\overline{Y}_{EX}$ 由 1 变为 0，触发器 74LS121 触发进入暂稳态，Q 端输出一个正脉冲，声响电路工作，扬声器发出声音，声响的时间为

$$t \approx 0.7 R_{11} C_3 = 0.7 \times 100 \times 10^3 \times 10 \times 10^{-6} \text{s} = 0.7 \text{s}$$

当定时时间到，74LS192（2）的 $\overline{B}_{(2)}$ 由 1 变为 0，同样可以使 74LS121 触发，扬声器发出声响。

9.3.4 整机电路

1. 抢答器工作过程

接通电流源后，主持人将开关置于"清除"位置，抢答器处于禁止工作状态，编号显示器灭灯，定时显示器显示设定时间。当主持人宣布"抢答开始"，同时将控制开关拨到"开始"位置，扬声器给出声响提示，抢答器处于工作状态，定时器倒计时。当计时时间到，却没有选手抢答时，系统报警，并封锁输入电路，禁止选手超时后抢答。当选手在定时时间内按下抢答按钮时，抢答器可以完成以下4项工作：

1）优先编码电路立即分辨出抢答者的编号，并由锁存器进行锁存，然后由译码显示电路显示编号。

2）扬声器发出短暂声响，提醒主持人注意。

3）控制电路要对输入编码进行封锁，避免其他选手再次抢答。

4）控制电路使定时器停止工作，时间显示器上显示剩余的抢答时间，并保持到主持人将系统清零为止。当选手将问题回答完毕，主持人操作控制开关，使系统恢复到禁止工作状态，以便进行下一轮抢答。

2. 整机电路设计

将以上各单元电路按照原理框图连接起来，可以得到八路智力抢答器的整机电路，要求列出电路元器件清单，并画出整机电路图，最后调试，实现设计功能。

参 考 文 献

[1] 阎石. 数字电子技术基础 [M]. 6 版. 北京：高等教育出版社，2016.

[2] 康华光. 电子技术基础：数字部分 [M]. 6 版. 北京：高等教育出版社，2014.

[3] 姜春玲，高培金，陈亮. 数字电子技术 [M]. 济南：山东大学出版社，2010.

[4] 刘祝华. 数字电子技术 [M]. 2 版. 北京：电子工业出版社，2020.

[5] 李景宏，王永军，等. 数字逻辑与数字系统 [M]. 5 版. 北京：电子工业出版社，2013.

[6] 郭宏，武国财. 数字电子技术及应用教程 [M]. 北京：人民邮电出版社，2010.

[7] 黄天录，张玉峰. 数字电子技术项目式教程 [M]. 西安：西安电子科技大学出版社，2016.

[8] 毕秀梅. 数字电子技术：项目化教程 [M]. 北京：化学工业出版社，2014.

[9] 段有艳，刘成莉. 数字电子技术应用：项目化教程 [M]. 北京：机械工业出版社，2011.

[10] 李福军. 数字电子技术项目教程 [M]. 北京：清华大学出版社，2011.

[11] 陈国庆，贾卫华. 电子技术基础实训教程 [M]. 北京：北京理工大学出版社，2008.

[12] 谢兰清. 电子应用技术项目教程 [M]. 北京：电子工业出版社，2010.

[13] 刘守义，钟苏. 数字电子技术基础 [M]. 北京：清华大学出版社，2008.

[14] 潘松，黄继业. EDA 技术实用教程：VHDL 版 [M]. 6 版. 北京：科学出版社，2010.

[15] 李国丽，朱维勇. EDA 与数字系统设计 [M]. 3 版. 北京：机械工业出版社，2019.

[16] 张新喜，许军，王新忠，等. Multisim10 电路仿真及应用 [M]. 北京：机械工业出版社，2011.